教育部职业教育与成人教育司推荐教材

中等职业教育数控专业规划教材

数控车床加工工艺与编程操作

第 2 版

主　编　任国兴

副主编　郎一平　王青云

参　编　黄美英　梅玉龙

主　审　沈华良

机械工业出版社

本书是教育部职业教育与成人教育司推荐教材，是在第 1 版的基础上修订而成的。本书分为基础篇和实训篇两部分。基础篇分为三章，第一章为数控车床概述，讲述了数控车床的结构、性能特点和主要部件等，让读者对数控车床结构有一个大体框架的了解。第二章为数控车床加工工艺，从图样分析、坐标系建立、数值运算、工艺分析、编程加工等方面介绍数控加工工艺的内容，让读者理解如何进行数控加工工艺分析和加工工艺设计。第三章为数控车床编程基础，详细介绍了数控编程指令的用法、实例等。实训篇分为十四个课题，从相关知识、实例、工艺分析、参考程序、注意事项等方面进行讲解或提示，由易到难，结合实例，列出了 HNC-21T、FANUC 0i、SINUMERIK 802C/S 等系统在机床通过后的参考程序。

本书内容深入浅出，内容丰富，详简得当，既注重内容的先进性，又有实用性，有理论又有实例，是一本实用性很强的教材。

本书可作为数控技术应用专业、机电技术应用专业的中等职业教育教材，也可用作从事数控车床工作的工程技术人员的参考书和数控车床短期培训用书。

图书在版编目（CIP）数据

数控车床加工工艺与编程操作/任国兴主编 . —2 版 . —北京：机械工业出版社，2014.2（2024.8 重印）
教育部职业教育与成人教育司推荐教材　中等职业教育数控专业规划教材
ISBN 978-7-111-45876-0

Ⅰ.①数… Ⅱ.①任… Ⅲ.①数控机床-车床-加工工艺-中等专业学校-教材②数控机床-车床-程序设计-中等专业学校-教材
Ⅳ.①TG519.1

中国版本图书馆 CIP 数据核字（2014）第 030153 号

机械工业出版社（北京市百万庄大街 22 号　邮政编码 100037）
策划编辑：汪光灿　责任编辑：张云鹏
版式设计：霍永明　责任校对：樊钟英
封面设计：张　静　责任印制：张　博
北京建宏印刷有限公司印刷
2024 年 8 月第 2 版第 11 次印刷
184mm×260mm · 17.25 印张 · 418 千字
标准书号：ISBN 978-7-111-45876-0
定价：48.00 元

凡购本书，如有缺页、倒页、脱页，由本社发行部调换
电话服务　　　　　　　　　　网络服务
服务咨询热线：010-88379833　机 工 官 网：www.cmpbook.com
读者购书热线：010-88379649　机 工 官 博：weibo.com/cmp1952
　　　　　　　　　　　　　　教育服务网：www.cmpedu.com
封面无防伪标均为盗版　金 书 网：www.golden-book.com

第 2 版　前言

　　本书是教育部职业教育与成人教育司推荐教材，是在第 1 版的基础上修订而成的。此次修订在第 1 版的基础上融入了近年来数控加工的新技术、新应用，以及编者多年的教学经验，改进了部分内容的叙述方式和部分例题的解题方法，增加了数控车工技能竞赛试题内容和新的实际应用案例，更符合实际教学的要求，并兼顾了当今中等职业学校应用型人才的培养要求。

　　本书以操作技能为主导，在分析加工工艺的基础上应用多种实例，重点讲述了常见产品的数控加工操作方法和编程思路，并给出了参考程序。本书的编写力求理论表述简洁易懂，步骤清晰明了，便于初学者学习使用。在本书内容的组织和讲解方面，力求做到符合教学规律和认知特点，在突出主要概念的同时，更加贴近实际，增强了学生对所学知识系统性、规律性的认识。为提高学生的学习效果，增强学生自主解决问题的能力，在精选了丰富的例题和习题的同时，增加了数控车工技能竞赛试题内容，开拓了学生的视野，激发了学习兴趣。同时，以国家职业标准为依据，使本书的内容涵盖数控车工国家职业标准的相关要求，以促进学校"双证书"制度的贯彻和落实。另外，为了方便教学工作的开展，在本书的修订过程中，同时开发教学指导书、教学课件和相关的习题册，力求为教师提供更多的教学资源和更好的教学服务。

　　本书由江苏省徐州机电工程高等职业学校任国兴任主编，长春机械工业学校郎一平、湖北省机械工业学校王青云任副主编，徐州机电工程高等职业学校黄美英、贵州省机械工业学校梅玉龙参加编写。全书由浙江科技工程学校沈华良主审，他为本书提出了许多宝贵的修改意见，在此表示衷心的感谢。

　　由于编者的水平和经验所限，书中难免有欠妥和错误之处，恳请读者批评指正。

编　者

第1版　前言

　　本书是教育部职业教育与成人教育司推荐教材，是根据教育部数控技术应用专业技能型紧缺人才培养方案的指导思想和最新的数控技术应用专业教学计划编写的。数控车床已经在许多加工企业得到了广泛应用，为了适应社会和市场的需求，作者在多年教学实践的基础上，以培养和提高学生在数控加工过程中的工艺分析能力以及实际加工编程的操作技能为目标进行编写。

　　以突出操作技能为主导，在分析加工工艺的基础上应用多种实例是本书的特点，比较详实地介绍了采用国内外主流数控系统的数控车床编程与加工操作。编写时力求表述简洁易懂，步骤清晰明了，便于初学者学习使用。

　　本书由江苏省徐州机电工程高等职业学校任国兴主编。参加本书编写的有长春机械工业学校郎一平、徐州机电工程高等职业学校黄美英、湖北省机械工业学校王青云、贵州省机械工业学校梅玉龙等老师。浙江省科技工程学校沈华良主审了这本教材，并提出了许多宝贵的修改意见，在此表示衷心感谢。

　　由于编者的水平和经验所限，书中难免有欠妥和错误之处，恳请读者批评指正。

编　者

目　　录

基 础 篇

第 一 章
数控车床概述

【学习目的】

初步掌握数控车床的基本结构和原理知识，对加工不同产品选择不同规格的数控车床有一个明确的概念。

【学习重点】

掌握数控车床的坐标系的应用，明确数控加工过程。

第一节　数控车床组成与工作原理

将对机床的各种控制、操作要求、动作尺寸等，都用数字和文字编码的形式表示出来，再通过信息载体（如穿孔纸带、磁盘等）送给专用电子计算机或数控装置，经过计算机的运算处理，发出各种指令，控制机床按照人们预先要求的操作顺序依次动作，自动地进行加工的车床就是数控车床。

在数控车床上加工零件时，要先根据零件图样的要求，确定零件加工的工艺过程、工艺参数和使用刀具的参数，按规定编程格式要求编写成数控加工程序，将编制好的数控程序输入到数控装置中，再经过分析和数据处理后输出控制信号，信号通过伺服系统转换放大，驱动车床上的运动部件运动，从而控制数控车床进行零件的自动加工。

一、数控车床组成

数控车床的原理如图 1-1 所示，它主要由程序输入装置、数控系统、伺服系统、位置检测反馈装置和机床运动部件组成。

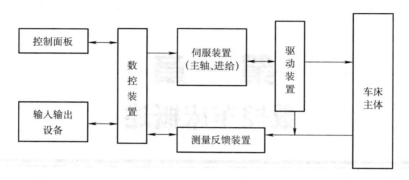

图 1-1　数控车床原理图

1. 输入装置

数控程序编制后需要存储在存储介质上。存储介质就是由穿孔带或磁盘等存储数控程序的介质。目前，存储介质大致分为纸介质和电磁介质。

纸带输入方法是在专用的纸带上穿孔，用不同孔的位置组成数控代码，再通过纸带阅读机将代表不同含义的信息读入。穿孔纸带使用 ISO 和 EIA 两种标准信息代码，数控机床能自动识别。

手动输入是将数控程序通过数控机床上的键盘输入，程序内容将存储在数控系统的存储器内，使用时可以随时调用。数控程序的产生由计算机编程软件或手工输入到计算机中，也可采用机床与计算机通信方式来传递数控程序到数控系统中。通信接口一般有 RS232C 串行口、485 口、RJ45 口等。

2. 数控装置

数控装置是数控机床的中枢，一般由输入装置、控制器、运算器和输出装置组成。数控装置是数控车床的核心部分，它将接受到的数控程序，经过编译、数学运算和逻辑处理后，输出各种信号到输出接口上。

3. 伺服系统

伺服系统的作用是把来自数控装置的脉冲信号转换成机床移动部件的运动。接收数控装置输出的各种信号，经过分配、放大、转换等功能，驱动各运动部件，完成零件的切削加工。

4. 位置检测反馈装置

位置检测、速度反馈装置根据系统要求不断测定运动部件的位置或速度，转换成电信号传输到数控装置中，数控装置将接受的信号与目标信号进行相比较、运算，对驱动系统不断进行补偿控制，保证运动部件的运动精度。

5. 车床运动部件

机床的作用和通用机床相同，只是操作由数控系统去自动地完成全部工作，由伺服器驱动伺服电动机带动部件运动，完成工件与刀具之间的相对运动。

二、数控车床工作过程

数控车床的工作过程如图 1-2 所示，大致分为下面几个步骤：

1）根据零件图要求的加工技术内容，进行数值计算、工艺处理和程序设计。

2）将数控程序按数控车床规定的程序格式编制出来，并以代码的形式完整记录在存储介质上，通过输入（手工、计算机传输等）方式，将加工程序的内容输送到数控装置。

3）由数控系统接收来的数控程序（NC 代码），NC 代码是由编程人员在 CAM 软件上生成或手工编制的，它是一个文本数据，表达比较直观，较容易地被编程人员直接理解，但却无法为硬件直接使用。数控装置将 NC 代码"翻译"为机器码，机器码是一种由 0 和 1 组成的二进制文件，再转换为控制 X、Z 等方向运动的电脉冲信号，以及其他辅助处理信号，以脉冲信号的形式向数控装置的输出端口发出，要求伺服系统进行执行。

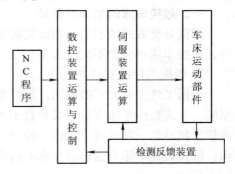

图 1-2　数控车床的工作过程

4）根据 X、Z 等运动方向的电脉冲信号由伺服系统处理并驱动机床的运动机构（主轴电动机、进给电动机等）动作，使车床自动完成相应零件的加工。

三、数控车床的特点与应用

1. 数控车床的特点

与卧式车床加工相比，数控车床加工具有如下特点：

（1）自动化程度高　在数控车床上加工零件时，除了手工装卸零件外，全部加工过程都可由数控车床自动完成，大大地减轻了操作者的劳动强度，改善了劳动条件。

（2）具有加工复杂形状的能力　用手工难以控制尺寸的零件，如外形轮廓为椭圆、内腔为成形面的零件，有些复杂零件加工质量直接影响整体新产品的性能，数控车床任意控制其完成卧式车床难以加工的复杂型面的加工。

（3）加工精度高，质量稳定　数控车床是按照编制好的加工程序进行工作的，加工过程很少有人参与或调整，因此成熟的数控程序在运行中不受操作者的技术水平或者情绪的影响，加工精度稳定。

（4）生产效率高　因为数控车床自动化程度高，具有自动换刀和其他辅助操作自动化等功能，而且工序较为集中。同时在加工中可采用较大的切削用量，有效地减少了加工中的切削时间，大大地提高了劳动生产率，缩短了生产周期。

（5）不足之处　要求操作者技术水平高，数控车床价格高，加工成本高，技术复杂，对加工编程要求高，加工中难以调整，维修困难等。

2. 数控车床的加工适用范围

1）形状复杂、加工精度要求高，特别是较为复杂的回转曲线等方面的零件。

2）产品更换频繁、生产周期要求短的场合。

3）小批量生产的零件。

4）价值较高的零件等。

第二节　数控车床及其坐标系统

一、数控车床的结构与分类

根据分类方式的不同，如按安装方式、工艺处理方式、结构特点、伺服类型、经济特征等，数控车床可分为不同的类型。

1. 根据工件的安装方式分

根据工件安装方式的不同，数控车床分为卧式数控车床、立式数控车床和立卧两用数控车床。立式数控车床卡盘轴线垂直于水平面，以加工盘类零件为主，如针对汽车及零配件行业加工制动鼓、制动盘、轮体、轮箍、调速箱，传动齿轮、卡环和滑轮等零件，如图1-3a所示；卧式数控车床卡盘轴线与水平面平行，主要加工较长轴类的零件，用途较为广泛，如图1-3b 所示。

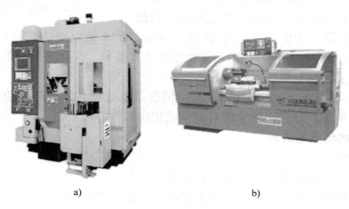

a)　　　　　　　　　　　　　b)

图 1-3　数控车床

a）立式数控车床　b）卧式数控车床

2. 根据系统伺服方式分

根据系统伺服方式的不同，数控车床可分为开环、闭环和半闭环数控车床等。

1）开环控制系统采用步进电动机作为驱动部件，没有位置和速度反馈器件，所以控制简单，价格低廉，但它们的负载能力小，位置控制精度较差，进给速度较低，主要用于经济型数控装置。

2）半闭环和闭环位置控制系统采用直流或交流伺服电动机作为驱动部件，可以采用由装在电动机内的脉冲编码器、旋转变压器作为位置/速度检测器件来构成半闭环位置控制系统，也可以采用直接安装在工作台的光栅或感应同步器作为位置检测器件，来构成高精度的全闭环位置控制系统。

由于螺距误差的存在，半闭环系统位置检测器反馈的丝杠旋转角度变化量还不能精确地反映进给轴的直线运动位置，但经过数控系统对螺距误差的补偿后，它们也能达到相当高的位置控制精度。与全闭环系统相比，它们的价格较低，安装在电动机内部的位置反馈器件的密封性好，工作更加稳定可靠，几乎无需维修，所以广泛地应用于各种类型的数控机床。

直流伺服电动机的控制比较简单，价格也较低，其主要缺点是电动机内部具有机械换向装置，电刷容易磨损，维修工作量大。交流伺服电动机是无刷结构，几乎不需维修，体积相对较小，有利于转速和功率的提高，目前已在很大范围内取代了直流伺服电动机。

3. 按数控车床结构上的特点分

1）按主轴速度控制方式分为变频主轴、分级控制主轴和伺服主轴的数控车床等。变频主轴控制速度的数控车床，其主轴速度是无级调速的，但主轴转矩小，为解决这个问题，在主轴箱内设置几个变速挡，每个挡内调速，保证各自转矩需求。伺服主轴用伺服电动机直接驱动，既保证了无级调速，又保证了转矩的要求。

2）按卡盘夹紧形式分为手动卡盘、电动卡盘、液压卡盘等形式的数控车床。

3）按床身结构形式分为平床身、斜床身的数控车床。

4）按尾座结构分为普通尾座、液压尾座、可编程序尾座等的数控车床。

5）按刀架位置形式分为前置和后置式，前置式刀架安装在工件与操作者之间，后置式刀架安装在工件和操作者之外，一般采用较为特殊的机架底座，如斜床身机床。按刀架形式分为四工位、六工位等；按刀架运动形式可分为转塔式、排刀式等，如图1-4所示。

图1-4 刀架

4. 按综合性能分

按数控车床的综合性能分为经济型、普及型和高档数控车床（全机能数控车床、车削中心等）。不同数控类型的数控车床，因为其性能与结构不同，价格也不同。经济型数控车床从性能、数控系统、伺服结构等方面配置都是比较低的，因此价格较便宜；而高档的数控车床控制要求高，加工精度高，如配置 FANUC 16i、SIEMENS 840D 以上数控系统、闭环伺服系统等车削中心，刀架配置动力头，有自动对刀装置、可编程尾座等，能完成车、铣、钻、铰等功能，自动化程度高，但价格较昂贵，如图1-5所示。

二、数控车床主要的技术参数

1）床身上最大工件回转直径（mm）：允许工件的最大直径。

2）滑板上最大工件回转直径（mm）：可加工的工件直径。

3）最大工件长度（mm）：允许工件的长度，如750mm、1000mm。

4）最大加工长度（mm）：可加工的工件长度，如500（750规格）、810（1000规格）。

5）横向最大行程（mm）：X向刀架能

图1-5 车削中心

移动的范围。

6）纵向最大行程（mm）：Z向刀架能移动的范围。

7）主轴转速范围（r/min）：允许主轴转速，如50～4000 r/min。

8）主轴通孔直径（mm）：允许通过主轴孔的工件的最大直径。

9）主电动机功率（kW）：主轴电动机额定功率。

10）刀位数、换刀时间及刀架最大回转直径：如CK 6140数控车床的四工位刀架，刀架回转直径160mm。

11）尾座套筒最大行程、锥孔锥度、套筒直径。

12）最小控制精度（或脉冲当量）：如X轴0.005，Z轴0.01。

13）定位精度、重复定位精度（mm）：定位精度是指刀具实际位置与理想位置的一致性，如Z向≤0.01/300 mm、X向≤0.01/300 mm。重复定位精度是指在同一台机床上用相同程序加工一批零件得到连续结果的一致程度，如Z向≤±0.005 mm、X向≤±0.005mm。

14）快进速度（mm/min）：如10000 mm/min。

15）数控系统：如FANUC 0i-Mate、安川J50L、西门子802C/S、华中世纪星HNC-21T及广州980T等满足用户要求的数控系统。

16）机床外形尺寸（长×宽×高）（mm）。

17）机床净重（kg）。

三、数控车床的使用条件

1. 机床位置环境要求

机床的位置应远离振源，避免阳光直接照射和热辐射的影响，避免潮湿和气流的影响。例如，机床附近有振源，则机床四周应设置防振沟，否则将直接影响机床的加工精度及稳定性，将使电子元件接触不良，发生故障，影响机床的可靠性。

2. 电源要求

一般数控车床安装在机加工车间，不仅环境温度变化大，使用条件差，而且各种机电设备多，致使电网波动大。因此，安装数控车床的位置，电源电压波动必须在允许范围内，并且保持相对稳定，否则会影响数控系统的正常工作。

3. 温度条件

数控车床的环境温度应低于30℃，相对湿度小于80%。一般来说，数控电控箱内部设有排风扇或冷风机，以保持电子元件，特别是中央处理器工作温度恒定或温度差变化很小。过高的温度和湿度将导致控制系统元件寿命降低，并导致故障增多。温度和湿度的增高，灰尘增多会在集成电路板产生粘结，并导致短路。

4. 按说明书的规定使用机床

用户在使用机床时，不允许随意改变控制系统内制造厂设定的参数。这些参数的设定直接关系到机床各部件动态特征，只有间隙补偿参数数值可根据实际情况予以调整。

用户不能随意更换机床附件，如使用超出说明书规定的液压卡盘，盲目更换造成各项环节参数的不匹配，甚至造成估计不到的事故。使用液压卡盘、液压刀架、液压尾座、液压缸的压力，都应在许用应力范围内，不允许任意提高。

四、影响数控车床加工精度的因素

加工精度系指零件加工后，其实际几何参数（尺寸、形状和位置）与理想几何参数符合的程度。数控车床是用车削刀具在工件上加工旋转表面的机床，加工范围较广，主要有车外圆、车端面、车槽、钻孔、镗孔、车锥面、车螺纹、车成形面、钻中心孔及滚花等。一般车床的加工精度可达 IT7～IT10，表面粗糙度值可达 $Ra1.6\mu m$。

尺寸精度是指零件表面本身的尺寸精度和表面间相互距离尺寸的精度。尺寸公差是允许尺寸的变动量，它等于上极限尺寸减去下极限尺寸之差，或上偏差减去下偏差之差。

数控车床精度检验分为几何精度的检验和工作精度的检验。几何精度是指机床在不运转时，部件之间相互位置精度和主要零件的形状精度和位置精度。对于通用机床国家已规定其检验标准。工作精度是机床在动态条件下，对工件进行加工时所反映出来的机床精度。影响机床工作精度的主要因素为机床的变形和振动。

金属切削机床试验是为检验机床的制造质量、加工性质和生产能力而进行的试验，主要进行空转试验和负荷试验。

1）机床的空转试验是在无载荷状态下运转机床，检验各机构的运转状态、温度变化、功率消耗以及操纵机构动作的灵活性、平稳性、可靠性和安全性。

2）机床的负荷试验是用以试验机床最大承载能力。

五、数控车床坐标轴与运动方向

为简化编程和保证程序的通用性，对数控机床的坐标轴和方向命名制订了统一的标准，规定直线进给坐标轴，用 X、Y、Z 表示基本坐标轴，其相互关系用右手定则决定。

1. 数控车床坐标轴和方向命名原则

1）机床坐标系符合右手直角笛卡儿坐标定义原则，如图 1-6 所示。

2）数控车床的 Z 坐标轴规定为传递切削动力的主轴轴线方向；X 坐标轴规定为水平方向，X 坐标的方向是在工件的径向上，且平行于横向滑板。规定远离卡盘中心方向为正方向。

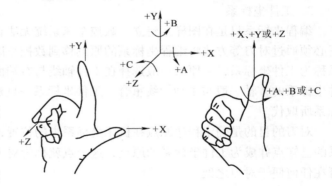

图 1-6　直角笛卡儿坐标系

2. 数控车床坐标系的确定与应用

1）先确定 Z 轴，Z 轴是传递切削动力的主要轴，然后确定其 X 轴。

2）数控车床坐标系的原点一般定义在卡盘中心轴线与中间端面交点，如图 1-7 所示。

六、数控车床坐标系

1. 数控车床坐标系

数控车床生产厂家按照笛卡儿规则，在数控车床上建立一个 Z 轴与 X 轴的直角坐标系，称为机床坐标系。机床坐标系的零点称为机床原点，是机床上的一个固定点，一般定义在主轴旋转中心线与车头端面的交点或参考点上。

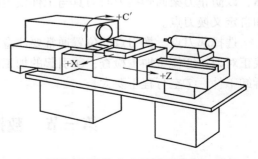

图 1-7　数控车床坐标系的建立

数控系统上电时并不知道机床坐标系的零点在什么位置，为了正确地在机床工作时建立机床坐标系，通常在每个坐标轴的移动范围内设置一个机床参考点，数控车床起动后进行机动或手动回参考点（称为"回零"），以建立机床坐标系。

参考点为机床上一固定点，由 X 向与 Z 向的机械挡块或系统定义的位置来确定，一般设定在 X、Z 轴正向最大位置，位置的设定由制造商完成。当进行回参考点的操作时，装在纵向和横向滑板上的行程开关碰到挡块后，向数控系统发出信号，由系统控制滑板停止运动，完成回参考点的操作，由此建立了数控车床 X、Z 轴向的直角坐标系。

参考点是机床制造商在机床上用行程开关设置或系统参数定义的物理位置，与机床原点的相对位置是固定的，机床参考点可以与机床零点重合，也可以不重合，通过参数指定机床参考点到机床原点的距离。

机床坐标系不能直接用来供用户编程，它是帮助机床生产厂家确定机床参考点（零点）的。机床参考点由厂家设定后，用户不得随意改变，否则会影响机床的精度。

2. 编程坐标系

编程坐标系是通过分析后人为设定的坐标系，它应既要符合图样尺寸又要便于计算，还要便于编程。一般先找出图样上加工基准的要求，在满足工艺和精度要求下，确定编程原点。编程人员选择工件图样上的某一已知点为原点（也称程序原点），建立一个新的坐标系，称为编程坐标系。

3. 工件坐标系

编程坐标系只是在图样上建立，数控车床系统无法直接识别编程者设定的坐标系，操作者必须通过对刀等方式将编程坐标系的原点移到数控车床上，此时在数控车床上建立的坐标系称为工件坐标系，其原点一般选择在工件轴线与右端面、左端面或其他位置的交点上，工件坐标系的 Z 轴一般与主轴轴线重合。工件坐标系一旦建立便一直有效，直到被新的工件坐标系所取代。

对刀的目的是确定程序原点在机床坐标系中的位置，将编程坐标系原点转换成机床坐标系的已知点并成为工件坐标系的原点，这个点就称为对刀点。对刀点可与程序原点重合，也可在任何便于对刀之处。

对刀时，可以用 G92 指令或用 G54～G59 指令等方式建立工件坐标系。

起刀点是零件程序加工的起始点，其位置的设定通常以换刀时刀架不受干涉和最接近工件的距离的位置为依据。

在零件车削过程中需要自动换刀，为此必须设置一个换刀点，该点应离开工件有一定距离，以防止刀架回转换刀时刀具与工件发生碰撞。换刀点通常分为两种类型，即固定换刀点和自定义换刀点。

选择起刀点、换刀点的位置通常要注意以下内容：①方便数学计算和简化编程；②容易找正对刀；③便于加工检查；④引起的加工误差小；⑤不要与机床、工件发生碰撞；⑥方便拆卸工件；⑦空行程不要太长。

第三节　数控车床加工技术

数控机床是按照事先编制好的数控程序自动地对工件进行加工的高效自动化设备。理想的数控程序不仅应该保证能加工出符合图样要求的合格工件，还应该使数控机床的功能得到合理的应用与充分的发挥，以使数控机床能安全、可靠、高效地工作。

在程序编制以前，编程人员应了解所用机床的规格、性能，以及数控系统所具备的功能及编程格式等。编制程序时，需要先对零件图样规定的技术要求、几何形状、尺寸及工艺要求进行分析，确定加工方法和加工路线，再进行数值计算，获得刀具中心运动轨迹的位置数据。然后，按数控机床规定采用的代码和程序格式，将工件的尺寸、刀具运动中心轨迹、位移量、切削参数（主轴转速、进给量、背吃刀量等）及辅助功能（换刀、主轴的正转与反转、切削液的开关等）编制成数控加工程序。在大部分情况下，要将加工程序记录在加工程序存储介质上。常见的存储介质有磁盘、磁带、穿孔带等。通过存储介质将零件加工程序输入数控系统，由数控系统控制机床自动地进行加工。

因此，数控机床的程序编制主要包括分析零件图样、工艺处理、数学处理、编写程序单、制作存储介质及程序较验等。

一、数控车床加工过程

1. 分析零件图样和工艺处理

根据图样对零件的几何形状尺寸、技术要求进行分析，明确加工的内容及要求，制订加工方案，确定加工顺序，设计夹具，选择刀具，确定合理的走刀路线及选择合理的切削用量等。同时还应发挥数控系统的功能和数控机床本身的能力，正确选择对刀点、切入方式，尽量减少诸如换刀、转位等辅助时间。

2. 数学处理

编程前，根据零件的几何特征，先建立工件坐标系，再根据零件图样的要求，制订加工路线，在建立的工件坐标系上计算出刀具的运动轨迹。对于形状比较简单的零件（如直线和圆弧组成的零件），只需计算出几何元素的起点、终点、圆弧的圆心、两几何元素的交点或切点的坐标值。

3. 编写零件程序清单

加工路线和工艺参数确定以后，根据数控系统规定的指定代码及程序段格式，编写零件程序清单。

4. 程序输入

将编制好的格式文件输入到数控车床中的过程就是程序输入。

5. 程序校验与首件试切

在数控车床上对程序进行验证程序是否能在系统中通过，并在机床上进行试切加工，完成工艺方面的调整。

二、数控车床编程方法

根据数控加工程序复杂程度的不同，编程可以通过手工编程或自动编程完成。

手工编程是指从零件图样的分析、工艺处理、数值计算、加工方案、编制程序和程序检验等都是由人工来完成的，它要求编程人员不仅要熟悉数控机床的性能、数控指令及编程规则，而且要具备数控车床加工工艺和计算能力。目前，手工编程是一种普遍的编程方法，也是学习数控编程的重要环节，它广泛用于零件轮廓不太复杂、工作量不是很大的场合。

自动编程是借助于计算机或数控系统提供的编程软件辅助程序完成数控程序的编程方法，编程人员只需借助软件提供的各种功能对加工零件的几何参数、工艺参数和加工过程进行描述后，由计算机自动完成程序编制的全过程，因此自动编程解决了手工编程难以解决的复杂零件的编程问题，减轻了编程人员的劳动强度，又提高了效率和准确性，在数控加工中应用日益广泛。使用自动编程辅助软件（如 MasterCAM、UG、Pro/E、CAXA 等）对零件造型后，设置各项参数，通过软件后置处理生成数控加工程序，传输到数控车床后就可加工零件了。

三、数控加工技术的发展

数控机床非常适合那些形状复杂、精密和批量小的零件加工，而一般的普通机床根本无法满足这个要求，就连仿形机床和组合机床也解决不了高精度与小批量这个矛盾。因此，数控加工非常适合航空航天、电力、交通和电子等制造业的零件加工技术。

零件加工面临的一个主要问题是产品的高精度、多样性和批量小的矛盾。这就要求从机床到数控都需要柔性，数控系统由于采用软件控制，具有了很大的柔性。现代的数控机床其突出的优点是可以进行高精度加工和多样化加工，完全可以取代其他的加工方法，由于数控机床是按照预定的程序自动加工，加工过程不需要人工干预，加工精度还可以通过软件进行校正及补偿，因此可以提高零件的加工精度，稳定产品的质量。特别对于多品种、少批量的零件更是如此。

另外，采用数控机床可以提高生产率，一般可以提高生产效率 2 ~ 3 倍，对于某些复杂零件的加工精度，生产率可提高十几倍，甚至更高。一些数控机床，具有多工序、自动换刀装置，因此可以实现一机多用，不但提高了生产效率，也能节省厂房面积。

数控机床的指标中最重要的是可靠性，一般采用平均无故障时间（MTBF 单位为小时），采用故障率（Failure rate 单位为次/（月·台））。数控机床的无故障时间一般为 500h，这就要求数控系统的无故障时间大于它。数控系统的无故障时间可以达到 5 000 ~ 10 000h，甚至更高，如 FANUC 公司的 FS-O 系统的故障率为 0.008 次/（月·台），相当于无故障时间为 90 000h。

数控机床功能强大与否要看数控系统的指令值范围是否满足机床的需要，如最小输入增量、最小指令增量、最大编程尺寸、最大快移速度、进给率范围等，分辨率与快速运动的速度以及加工速度范围是数控系统的基本指标。

日益增多的复杂形状零件和高精、高效的加工对数控编程技术提出了越来越高的要求。CAM 技术的发展在数控加工中得到了广泛的应用，对于制造业，尤其是对于模具加工业来说，就是要在保证模具加工精度的前提下，充分利用数控机床的性能，提高加工效率，缩短加工时间，保证产品及时上市。在现代社会生产领域中，计算机辅助设计（CAD）、计算机辅助制造（CAM）、计算机辅助分析（CAE）、计算机辅助质量管理（CAQ）以及将它们有机集成起来的计算机集成制造系统（CIMS）已经成为企业科技进步和实现现代化的标志。

制造是产品生产的基本环节，制造业的发展水平影响了产品制造的品质和效率，制造设备的数控化是现代制造业的基本标志。如何发挥数控设备，特别是提高数控加工设备的效率是摆在制造业面前的一个重要课题。

复习思考题

1-1 数控车床应用有哪些特点？

1-2　数控车床由哪些部分组成？数控装置的作用是什么？

1-3　数控车床坐标系是如何建立的？

1-4　什么是机床零点？机床坐标系、编程坐标系与工件坐标系之间的联系是什么？

1-5　简述对刀点、换刀点和工件坐标原点的定义。

1-6　什么是程序编制？程序编制的方法有哪几种？

第 二 章
数控车床加工工艺

【学习目的】

　　了解数控车床加工工艺的特点及主要内容，掌握数控车床加工工艺的编制方法，确定加工路线、工艺参数、编程坐标原点及工件的装夹方法；掌握刀具的选用、编程尺寸及基点坐标的计算方法；学会编制数控车床加工工艺文件。

【学习重点】

　　加工路线、工艺参数、编程原点及工件装夹方法的确定，编程尺寸与基点坐标的计算。

第一节　数控车床加工工艺概述

　　数控车床加工工艺是采用数控车床加工各种回转体零件时所运用的各种方法和技术手段的总和，应用于整个数控车床加工工艺过程。它是伴随着数控车床的产生、发展而逐步完善起来的应用技术，是人们在大量数控车床加工实践基础上的经验总结。

　　数控车床加工工艺过程是利用车刀在数控车床上直接改变零件的形状、尺寸、表面位置和表面状态等，使其成为成品或半成品的过程。

一、数控车床加工工艺特点

　　由于数控车床加工具有加工自动化程度高、精度高、质量稳定、生产率高、设备使用费用高等特点，使数控车床加工相应形成下列特点。

1. 数控车床加工工艺内容要求具体、详细

在使用普通车床加工时，许多具体的工艺问题，如工艺中各工步的划分与安排、刀具的几何形状及尺寸、走刀路线、加工余量和切削用量等，在很大程度上都是由操作人员根据自己的实践经验自行考虑决定的，一般不需要工艺人员在设计工艺规程时进行过多的规定，零件的尺寸精度也可以通过试切保证。而在数控车床加工时，原本在普通车床上由操作工灵活掌握并可适时调整来处理的上述工艺问题，不仅成为数控车床工艺设计时必须认真考虑的内容，而且编程人员还必须事先将其设计和安排好，并做出正确的选择后，再将其编入加工过程中。

数控车床加工工艺不仅包括详细的加工步骤，还包括切削用量和其他特殊要求的内容，以及标有数控加工坐标位置的工序图等。

2. 数控车床加工工艺要求更严密、精确

数控车床自适应性较差，它不能同普通车床加工那样根据加工过程中出现的问题灵活地进行人为调整。如在钻孔时，数控车床不知道孔中是否已挤满切屑，是否需要退刀清理切屑后再继续进给，这些情况必须事先由工艺员精心考虑，否则可能会导致严重的后果。

普通车床在加工零件时，通常是经过多次试切来达到零件的精度要求的，而数控车床加工过程是严格按程序规定的尺寸来进给的，因此要准确无误。在实际工作中，由于一个小数点的差错而酿成重大机床事故和质量事故的例子屡见不鲜。因此，数控车床加工工艺设计要求更加严密、精确。

3. 制订数控车床加工工艺要求严格的分析计算

制订加工工艺前要进行零件图形的数学处理和编程尺寸设定值的计算。编程尺寸并不是零件图上设计的公称尺寸的简单再现，在对零件图进行数学处理和计算时，编程尺寸设定值要根据零件尺寸公差要求和零件的形状几何关系重新调整计算，才能确定合理的编程尺寸。这是编程前必须要做的一项基本工作，也是制订数控车床加工工艺必须要进行的分析工作。

4. 制订数控车床加工工艺选择切削用量时要考虑进给速度对加工零件形状精度的影响

数控车床加工时，刀具怎么从起点沿运动轨迹走向终点是由数控系统的插补装置或插补软件来控制的。根据插补原理分析，在数控系统已定的条件下，进给速度越快，则插补精度越低；插补精度越低，则工件的轮廓形状精度越差。因此，制订数控车床加工工艺选择切削用量时要考虑进给速度对加工零件形状精度的影响，特别是高精度加工时的影响非常明显。

5. 制订数控车床加工工艺的特殊要求

由于数控车床较普通车床的刚度高，所配的刀具也较好，因而在同等情况下，所采用的切削用量通常要比普通车床大，加工效率也较高，选择切削用量时要充分考虑这些特点。

由于数控车床的功能复合化程度越来越高，因此工序相对集中是现代数控车床工艺的特点，明显表现为工序数目少、工序内容多，并且由于在数控车床上尽可能安排较复杂的工序，所以数控车床加工的内容比普通车床加工的工序内容复杂。特别是对车削中心来说，零件上一些铣削加工的内容也可以在车削中心上进行，工序内容就更加复杂。

6. 数控车床加工程序的编写、校验与修改是数控加工工艺的一项特殊内容

普通车床加工工艺中划分工序、选择设备等重要内容，对数控车床加工工艺来说属于已基本确定的内容，所以制订数控车床加工工艺的着重点在整个数控加工过程的分析，关键在

确定进给路线及生成刀具运动轨迹。复杂表面的刀具运动轨迹生成需借助自动编程软件，是编程问题，是数控加工工艺问题，也是数控车床加工工艺与普通车床加工工艺最大的不同之处。

二、数控车床加工工艺主要内容

使用数控车床进行加工时，首要的问题是加工件必须符合数控车床的加工工艺特点，一般应是中、小批量，需重复投产，表面形状较复杂，需要配置夹具或需在线测量的零部件。

为了充分发挥数控车床的高效率，除选择合适的加工件和必须掌握机床特性外，还必须在编程之前正确地确定好加工方案。

在数控车床上加工零件，工序必须集中，在一次装夹中应尽可能完成所有工序，因此，划分工序显得尤为重要。一般情况下采用"先外后内、先粗后精、刀具集中"的原则，为了减少换刀次数，缩短空行程，减少不必要的定位误差，采用按"刀具集中"的工序办法，即将零件上用同一把刀加工的部位全部加工完成后，再换另一把刀来加工。要选用最合理、最经济、最完善的加工方案，即走刀路线最短、走刀次数和换刀次数要尽可能少、保证加工安全等。数控车床加工路线的确定至关重要，因为它关系到工件的加工精度和表面粗糙度，应尽量避免在连接处重复加工，否则会出现明显的界限痕迹。

1. 数控车床加工工艺的主要内容

1）选择适合在数控车床上加工的零件，确定工序内容。

2）分析加工零件的图样，明确加工内容及技术要求，确定加工方案，制订数控加工路线，如工序的划分、加工顺序的安排、非数控加工工序的衔接等。设计数控加工工序，如工序的划分、刀具的选择、夹具的定位与安装、切削用量的确定和走刀路线的确定等。

3）调整数控加工工序的程序，如对刀点、换刀点的选择和刀具的补偿等。

4）分配数控加工中的公差，保证加工后的零件合格。

5）处理数控机床上的部分工艺指令。

当选择并决定某个零件进行数控车床加工后，并不等于要把该零件的所有加工内容全部完成，而可能只是对其中一部分进行数控加工，所以必须对零件图样进行工艺分析，确定那些最适合、最需要进行数控加工的内容和工序。

2. 合理选用数控车床的原则

确定典型零件的工艺要求、加工工件的批量，拟订数控车床应具有的功能是做好前期准备、合理选用数控车床的前提条件。

典型零件的工艺要求主要是零件的结构尺寸、加工范围和精度要求。根据精度要求，即工件的尺寸精度、定位精度和表面粗糙度的要求来选择数控车床的控制精度。

选择结构合理、稳定可靠的数控车床进行加工是产品质量保证的基础。数控车床的可靠性是指机床在规定条件下执行其功能时，长时间稳定运行而不出故障的能力。

仔细考虑刀具和附件的配套，机床随机附件、备件及其刀具供应能力对已有的数控车床、车削中心来说是十分重要的，做到功能与精度不闲置、不浪费。必要时，机床可配备全封闭或半封闭的防护装置和自动排屑装置等。

3. 宜选用数控车床加工的内容

1）普通机床无法加工的内容应作为首先选择的内容。例如，由圆弧曲线构成的回转表面，具有微小尺寸且精度要求高的结构表面，表面间有严格几何关系要求，即组成回转表面的多段曲线间有相切、相交或成一定夹角等连接关系，加工中要求连续切削才能加工的表面等。

2）普通机床难加工、质量难保证的内容应作为重点选择内容。例如，表面间有严格位置精度要求，但在普通机床上无法一次安装加工的表面和表面质量要求很高的锥面、曲面和端面等。

3）普通机床加工效率低，工人手工操作劳动强度大的内容，可在数控机床尚有富余能力的基础上进行选择。

4. 不宜选用数控车床加工的内容

1）需要通过较长时间占机调整的加工内容。例如，偏心回转零件用单动卡盘长时间在机床上调整，但加工内容却比较简单。

2）不能在一次安装中加工完成的其他零部位，采用数控加工很麻烦，效果不明显，不如用普通车床进行加工。

此外，在选择和决定加工内容时，也要考虑生产批量、现场生产条件、生产周期等情况。当然，随着生产技术条件的不断进步，有些企业的全部零件 100% 采用数控机床生产，就不存在加工内容选择的问题。

三、对零件图进行数控加工工艺分析

对零件图进行数控加工工艺分析着重考虑以下几个方面。

1. 结构工艺性分析

零件的结构工艺性是指在满足使用要求的前提下，零件的加工可行性和经济性，即所设计的零件结构应便于加工成形，且成本低、效率高。结构工艺性分析要放在零件图样和毛坯图样初步设计与设计定型之间的阶段进行，否则当零件设计定型之后再分析，发现要修改某些设计就会产生大量的改动，那就很困难。通常，结构工艺性分析主要有以下几项内容。

1）分析零件图样中的尺寸标注方法是否适应数控加工的特点。对数控加工来说，最倾向于以同一基准引注尺寸或直接给出坐标尺寸，即坐标标注法。这种标注法既便于编程，也便于尺寸之间的相互协调，给保证设计、定位、检测基准与程编原点设置的一致性方面带来了很大方便。

2）分析零件图中构成轮廓的几何元素的条件是否充分、正确。由于零件设计人员在设计过程中往往存在考虑不周到的情况，如构成零件轮廓的几何元素的条件不充分或模糊不清甚至多余的情况，造成无法进行数学处理。

3）分析在数控车床加工时零件结构的合理性。零件的结构应使加工时尽量减少换刀和装夹次数，以利于提高加工效率。

2. 精度与技术要求分析

对被加工零件的精度及技术要求进行分析是零件工艺性分析的重要内容。只有在分析零件精度和表面粗糙度的基础上，才能对加工方法、装夹方式、进给路线、刀具及切削用量等进行正确而合理的选择。精度及技术要求分析主要有以下几项内容。

1）分析精度及各项技术要求是否齐全、合理。对采用数控加工的表面，其精度要求应尽量一致，以便最后能一刀连续加工。

2）分析本工序的数控车削加工精度能否达到图样要求。若达不到，需采取其他措施（如磨削）弥补的话，注意给后续工序留有加工余量。

3）找出图样上有较高位置精度要求的表面，这些表面应在一次装夹下完成加工。

4）对表面质量要求高的表面，应确定用恒线速度切削。

四、零件图形的数学处理及编程尺寸设定值的确定

数控加工是一种基于数字的加工，分析数控加工工艺过程不可避免地要进行数字分析和计算，数学处理正是数控加工特点的突出体现。数控工艺员在拿到零件图样后，必须要对它作数学处理并最终确定编程尺寸设定值。

1. 编程原点的选择

加工程序中的程序字大部分是尺寸字，这些尺寸字中的数据是程序的主要内容。同一个零件，同样的加工方法，由于编程原点不同，尺寸字中的数据就不一样，所以编程前首先要选定编程原点，以建立编程坐标系。

2. 编程尺寸设定值的确定

编程尺寸设定值理论上应为该尺寸误差分散中心，但由于事先无法知道分散中心的确切位置，可先由平均尺寸代替，最后根据试加工结果进行修正，以消除系统误差的影响。

五、数控车削加工工艺过程的拟订

一般根据零件的加工精度、表面粗糙度、材料、结构形状、尺寸及生产类型确定零件表的数控车削加工方法及加工方案，根据表面精度要求可分为粗车、半精车、精车、细车、精密车等方案进行加工。

1. 工序的划分原则

（1）工序集中 将若干个工步集中在一个工序内完成，因此一个工件的加工，只需集中在少数几个工序内完成。最大限度的集中是在一个工序内完成工件所有表面的加工。采用工序集中可以减少工件的装夹次数，在一次装夹中可以加工许多表面，有利于保证各表面之间的相互位置精度，也可以减少机床的数量，相应地减少工人的数量和机床的占地面积。但所需要的设备复杂，操作和调整工作也较复杂。

（2）工序分散 工序的数目多，工艺路线长，每个工序所包括的工步少。最大限度的分散是在一个工序内只包括一个简单的工步。工序分散可以使所需要的设备和工艺装备结构简单、调整容易、操作简单，但专用性强。

通常情况下，对于需要多台不同数控车床、多道工序才能完成加工的零件，工序划分自然以机床为单位来进行。而对于只需要很少的数控车床就能加工完零件全部加工内容的情况，数控加工工序的划分可按下列方法进行。

1）以一次安装所进行的加工作为一道工序。将位置精度要求较高的表面安排在一次安装下完成，以免多次安装所产生的安装误差影响位置精度。

2）以一个完整数控程序连续加工的内容为一道工序。有些零件虽然能在一次安装中加工出很多待加工表面，但考虑到程序太长，会受到某些限制，如控制系统的限制（主要是内存容量）、机床连续工作时间的限制（如一道工序在一个工作班内不能完成）等。此外，程序太长会增加出错率，查错与检索困难，因此程序不能太长。这样可以以一个独立、完整的数控加工程序连续加工的内容为一道工序。

3）以工件上的结构内容组合用一把刀具加工为一道工序。有些零件结构较复杂，既有回转表面也有非回转表面，既有外圆、平面，也有内腔、曲面。对于加工内容较多的零件，按零件结构特点将加工内容组合分成若干部分，每一部分用一把典型刀具加工。这时可以将

组合在一起的所有部位作为一道工序，然后将另外组合在一起的部位换一把刀加工，作为新的一道工序，以减少换刀次数，减少空程时间。

4）以粗、精车划分工序。对于容易发生加工变形的零件，通常粗加工后需要进行矫形，粗加工和精加工作为两道工序，可以采用不同的刀具或不同的数控机床加工。对毛坯余量大和加工精度要求较高的零件，应将粗车和精车分开，划分成两道或更多的工序。

在粗加工阶段，由于切除大量的多余金属，可以及早发现毛坯的缺陷、裂纹和气孔等，以便及时处理，避免过多地浪费工时。

粗加工阶段容易引起工件的变形，由于切除余量大，一方面毛坯的内应力重新分布而引起变形，另一方面由于切削力和夹紧力都比较大，因而造成工件的受力变形和热变形，可在粗加工之后留有一定的时间，再通过逐步减少加工余量和切削用量的办法消除变形。

划分加工阶段可以合理使用数控车床。如粗加工阶段可以使用功率大、精度较低的数控车床；精加工阶段可以使用功率小、精度高的数控车床，有利于充分发挥粗加工机床的效率，又有利于长期保持精加工机床的精度。

2. 回转类零件非数控车削加工工序的安排

1）零件上有不适合数控车削加工的表面，如渐开线齿形、键槽和花键表面等，必须安排相应的非数控车前工序加工工序。

2）零件表面硬度及精度要求均较高，热处理需安排在数控车削之后，则热处理之后一般安排磨削加工。

3）零件要求特殊，不能用数控车削加工完成全部加工要求，则必须安排其他非数控车削加工工序，如喷丸、滚压加工和抛光等。

3. 数控加工工序与普通工序的衔接

数控加工工序前后一般穿插有其他普通工序，如衔接得不好就容易产生矛盾，最好的办法是相互建立状态要求。例如，要不要留加工余量，留多少；定位面的尺寸精度要求及几何公差；对校形工序的技术要求和对毛坯的热处理要求等。其目的是达到相互能满足加工需要，且质量目标及技术要求明确，交接验收有依据。

4. 工序顺序的安排

工件表面的加工顺序，一般先粗加工后精加工，先基准面加工后其他面加工，先主要表面加工后次要表面加工，先外表面加工后内表面加工。制订零件数控车削加工工序一般遵循下列原则。

1）先加工精基准面。作为精基准的表面应安排在工艺过程开始时加工。精基准面加工好后，接着对精度要求高的主要表面进行粗加工和半精加工，并穿插进行一些次要表面的加工，然后进行各表面的精加工。要求高的主要表面的精加工一般安排在最后进行，即上道工序能为后面的工序提供精基准和合适的夹紧表面。

2）先加工简单的几何形状，再加工复杂的几何形状。

3）对精度要求高，粗、精加工需分开进行的，先粗加工后精加工。

4）以相同定位、夹紧方式安装的工序，最好接连进行，以减少重复定位次数和夹紧次数。

5）检验工序是保证产品质量和防止产生废品的重要措施。在每个工序中，操作者都必须自行检验。在操作者自检的基础上，在下列场合还要安排独立检验工序：粗加工全部结束后，精加工之前；送往下道工序加工的前后（如热处理工序的前后）；重要工序的前后；最终加工之后等。

5. 工步顺序和进给路线的确定

工步是工序的组成单位。在被加工的表面、切削用量（指切削速度、背吃刀量和进给量）、切削刀具均保持不变的情况下所完成的那部分工序，称为工步。

工序顺序安排好后，对一道工序内的加工工步应按照先粗后精、先远后近、内外交叉和保证工件加工刚度的原则来确定。被加工的某一表面，由于余量较大或其他原因，在切削用量不变的条件下，用同一把刀具对它进行多次加工，每加工一次，称为一次走刀。进给路线是指数控车床加工过程中刀具相对零件的运动轨迹和方向，也称走刀路线。刀具从起刀点开始到返回该点并结束加工程序所经过的路径，包括切削加工的路径和刀具切入、切出等非切削空行程。它不但包括了工步的内容，也反映了工步的顺序，是编写加工程序的依据之一。

6. 刀具和切削用量的选择

（1）刀具的选择　当数控车床进行粗加工时，要求刀具强度高，使用寿命长，以满足粗加工背吃刀量大、进给速度高的要求。

当数控车床进行精加工时，要选用精度高、锋利、使用寿命长的刀具，以保证加工精度。

为方便对刀和减少刀具安装时间，尽量使用机夹刀，刀片材料最好选用涂层硬质合金刀片。刀片的几何结构（如刀尖圆角、几何角度等）应根据加工零件的形状决定。特别要注意的是，在加工球面时要选择副偏角大的刀具，以免刀具的后刀面与工件产生干涉，如图2-1所示。

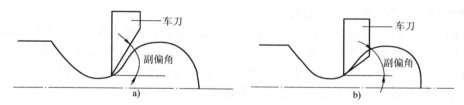

图 2-1　车刀的选择

a）副偏角大，不干涉　b）副偏角小，产生干涉

（2）数控车床加工的切削用量　数控车床加工的切削用量包括背吃刀量、主轴转速或切削速度（用于恒线速度切削）、进给速度或进给量。

1）背吃刀量的确定。背吃刀量是根据余量确定的。在工艺系统和机床功率允许的条件下，尽可能选取较大的背吃刀量，以减少进给次数。一般当毛坯直径余量小于6mm时，根据加工精度考虑是否留出半精车和精车余量，剩下的余量可一次切除。当零件的精度要求较高时，应留出半精车、精车余量。半精车余量一般为0.5mm左右，所留精车余量一般比普通车削时所留余量少，常取0.1~0.5mm。

2）主轴转速的确定。

① 光车时的主轴转速。光车时的主轴转速应根据零件上被加工部位的直径，并按零件和刀具的材料及加工性质等条件所允许的切削速度来确定。切削速度除了计算和查表外，还可根据实践经验确定。需要注意的是，交流以及变频调速数控机床低速输出力矩小，因而切削速度不能太低。切削速度确定之后，主轴转速为

$$n = 1000v_c/\pi d$$

式中　v_c——切削速度（m/min）；

　　　d——切削刃选定点处所对应的工件的回转直径（mm）。

　　　n——工件或刀具的转速（r/min）。

②　车螺纹时的主轴转速。在切削螺纹时，车床的主轴转速将受到螺纹的螺距（或导程）大小、驱动电动机的升降频特性及螺纹插补运算速度等多种因素影响，故对于不同的数控系统，推荐不同的主轴转速选择范围。大多数卧式车床数控系统推荐车螺纹时的主轴转速为

$$n \leqslant \frac{1200}{P_h} - k$$

式中　P_h——工件螺纹的导程（mm）；

　　　k——保险系数，一般取为 80；

　　　n——主轴转速（r/min）。

③　进给速度的确定。进给速度是指在单位时间内，刀具沿进给方向移动的距离（单位为 mm/min）。

确定进给速度的原则为：当工件的质量要求能够得到保证时，为提高生产率，可选择较高（2000mm/min 以下）的进给速度。切断、车削深孔或精车时，选择较低的进给速度。刀具空行程，特别是远距离回零时，可以设定尽可能高的进给速度。进给速度应与主轴转速和背吃刀量相适应。

进给速度包括纵向进给速度和横向进给速度，其值为

$$v = nf$$

式中　v——进给速度（mm/min）；

　　　f——进给量（mm/r）；

　　　n——工件或刀具的转速（r/min）。

式中的进给量，粗车时一般取为 0.3~0.8mm/r，精车时取为 0.1~0.3mm/r，切断时取为 0.05~0.2mm/r。

数控车床切削用量可参照表 2-1 选取。

3）加工余量。为了保证零件图上某平面的精度和表面粗糙度值，需要从其毛坯表面切去全部多余的金属层，这一金属层的总厚度称为该表面的加工总余量。每一工序所切除的金属层厚度称为工序余量。可见，某表面的加工总余量与该表面工序余量之间的关系为

$$Z_总 = Z_1 + Z_2 + \cdots + Z_n$$

式中　n——加工该表面的工序（或工步）数目。

工件加工余量的大小将直接影响工件的加工质量、生产率和经济性。例如，加工余量太小时，不易去掉上道工序所遗留下来的表面缺陷及表面的相互位置误差而造成废品；加工余量太大时，会造成加工工时和材料的浪费，甚至因余量太大而引起很大的切削热和切削力，使工件产生变形，影响加工质量。

4）单件加工时间。在一定的生产规模、生产技术和生产组织的条件下，为完成某一工件的某一工序所需要的时间，称为工序单件时间或工序单件时间定额。它由辅助时间、工人休息时间和加工时间等组成，是计算产品成本和企业经济核算的依据。

综上所述，制订数控加工工艺包括选择加工内容，从工艺结构和精度、技术要求两方面

分析零件图，对零件图进行数学处理，确定编程尺寸，计算编程坐标，划分工序和工步，确定加工路线，确定加工余量，确定切削用量等内容。确定了加工工艺后，就可以编写加工程序，然后进行首件试切加工，以检验加工工艺和加工程序是否能满足零件技术要求。如果实际加工工件的尺寸不能达到图样要求，则要根据实测结果和机床性能状况对所编工艺和加工程序进行修正，直到加工出来的工件能满足图样要求为止。

表 2-1　数控车削用量推荐表

工件材料	加工方式	背吃刀量/mm	切削速度 / (m/min)	进给量 / (mm/r)	刀具材料
碳素钢 $\sigma_b > 600MPa$	粗加工	5 ~ 7	60 ~ 80	0.2 ~ 0.4	YT 类
		2 ~ 3	80 ~ 120	0.2 ~ 0.4	
	精加工	0.2 ~ 0.3	120 ~ 150	0.1 ~ 0.2	
	车螺纹		70 ~ 100	导程	
	钻中心孔		500 ~ 800r/min		W18Cr4V
	钻孔		25 ~ 30	0.1 ~ 0.2	
	切断（宽度 <5mm）		70 ~ 110	0.1 ~ 0.2	YT 类
合金钢 $\sigma_b = 1470MPa$	粗加工	2 ~ 3	50 ~ 80	0.2 ~ 0.4	YT 类
	精加工	0.1 ~ 0.15	60 ~ 100	0.1 ~ 0.2	
	切断（宽度 <5mm）		40 ~ 70	0.1 ~ 0.2	
铸铁 200HBW 以下	粗加工	2 ~ 3	50 ~ 70	0.2 ~ 0.4	
	精加工	0.1 ~ 0.15	70 ~ 100	0.1 ~ 0.2	
	切断（宽度 <5mm）		50 ~ 70	0.1 ~ 0.2	
铝	粗加工	2 ~ 3	600 ~ 1000	0.2 ~ 0.4	YG 类
	精加工	0.2 ~ 0.3	800 ~ 1200	0.1 ~ 0.2	
	切断（宽度 <5mm）		600 ~ 1000	0.1 ~ 0.2	
黄铜	粗加工	2 ~ 4	400 ~ 500	0.2 ~ 0.4	
	精加工	0.1 ~ 0.15	450 ~ 600	0.1 ~ 0.2	
	切断（宽度 <5mm）		400 ~ 500	0.1 ~ 0.2	

第二节　图　样　分　析

确定了加工内容以后，要对数控车床加工部分的零件图进行仔细分析，除上节所述分析零件的结构工艺性、分析零件精度和技术要求以外，还必须对零件的尺寸进行处理，将零件图上的设计尺寸转换成编程尺寸。

一、零件尺寸与编程尺寸

所谓零件尺寸是指零件图上局部分散标注的设计尺寸，它反映的是零件的使用特性要求。编程尺寸是指适合于编程计算的集中引注或坐标式标注尺寸，它反映的是零件的加工特性要求。

设计人员往往在尺寸标注中较多地考虑使用特性要求，采取局部分散的标注方法，给工序安排与数控加工带来很多不便。但数控车床加工精度及重复定位精度都较高，不会因产生较大的积累误差而破坏使用特性，因而改变局部的分散标注法为集中引注或坐标式尺寸标注是完全可行的。

机械加工的加工误差不可避免，理论上零件的尺寸应呈正态分布状态，但由于不同的机床有不同的系统误差，这种误差只能通过试加工后，根据测量结果进行修正，消除常值系统误差。

二、确定编程尺寸

图样上提供的尺寸信息是根据加工零件的技术要求来确定的，它们必须得到合理的处理，再进行编程加工，控制在技术要求的范围之内，从而得到合格的零件。

若图样上的尺寸基准与编程所需要的尺寸基准不一致，应先将图样上的各个基准尺寸换算为编程坐标中的尺寸，再进行下一步数学处理工作。

1. 直接换算

例如，图样尺寸标注为 $59.94_{-0.12}^{0}$ mm，分别取两极限尺寸 59.94 mm 和 59.82 mm，求平均值 59.88 mm，得到的编程尺寸，也就是中值尺寸。

取中值尺寸时，如果遇到比机床所规定的最小编程单位还小一位的数值时，则应尽量向其最大实体尺寸靠拢并圆整。

2. 间接换算

图样中未直接标出的尺寸，需要通过尺寸基准、尺寸链的解算得到尺寸，如图 2-2 所示。

尺寸链主要由线性尺寸链和角度尺寸链组成。

封闭环的公称尺寸 L_0 = 所有增环公称尺寸（L_2）之和 – 所有减环公称尺寸（L_1）之和

封闭环的上极限尺寸 = 所有增环最大尺寸之和 – 所有减环最小尺寸之和

封闭环的下极限尺寸 = 所有增环最小尺寸之和 – 所有减环最大尺寸之和

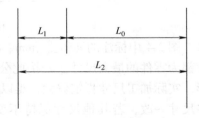

图 2-2 尺寸链简图

【实例】 已知条件如图 2-3 所示，求编制程序时的 L 尺寸。加工中需要控制 L 尺寸的变化范围。

$$L_{0,\max} = \sum L_{n,\max} - \sum L_{n,\min} = 80\text{mm} - 49.95\text{mm} = 30.05\text{mm}$$
$$L_{0,\min} = \sum L_{n,\min} - \sum L_{n,\max} = 79.7\text{mm} - 50.05\text{mm} = 29.65\text{mm}$$

求中值作为编程尺寸 $L = (30.05\text{mm} + 29.65\text{mm})\ /2 = 29.85\ \text{mm}$

三、尺寸与优化

如上所述，确定编程尺寸时不仅要把尺寸定在该尺寸的误差分散中心，还必须保证零件轮廓的几何要素之间的几何关系不变。如直线与直线之间的夹角、直线与圆弧的相切关系

等。具体来说，确定编程尺寸的
步骤如下。

1）对精度高的尺寸的处理，
将公称尺寸换算成平均尺寸。

2）几何关系的处理，保持原
重要的几何关系，如角度、相切
等不变。

3）精度低的尺寸的调整，通

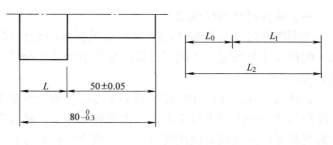

图2-3　尺寸链计算实例

过修改一般尺寸保持零件原有的几何关系，使之协调。

4）节点坐标尺寸的计算，按调整后的尺寸计算有关未知节点的坐标尺寸。

5）编程尺寸的修正，按调整后的尺寸编程并加工一组工件，测量关键尺寸的实际分散
中心并求出常值系统误差，再按此误差对程序尺寸进行调整并修改程序。

【实例】　确定图2-4所示典型轴类零件的数控车削编程尺寸。

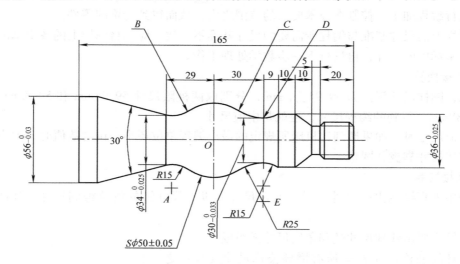

图2-4　轴类零件的编程尺寸

图2-4中标注的 $\phi56_{-0.03}^{\ 0}$ mm、$\phi34_{-0.025}^{\ 0}$ mm、$\phi30_{-0.033}^{\ 0}$ mm、$\phi36_{-0.025}^{\ 0}$ mm 四个直径公称尺
寸都为零件的最大尺寸。若按此公称尺寸编程，考虑到车削外尺寸时刀具的磨损及让刀变
形，实际加工尺寸肯定偏大，难以满足加工要求，所以必须按平均尺寸确定编程尺寸。但这
些尺寸一改，若其他尺寸保持不变，则左边 R15mm 圆弧与 Sϕ50 ± 0.05mm 球面、Sϕ50 ±
0.05mm 球面与 R25mm 圆弧和 R25mm 圆弧与右边 R15mm 圆弧相切的几何关系就不能保持，
所以必须按前述步骤对有关尺寸进行修正，以确定编程尺寸值。

1）将精度高的公称尺寸换算成平均尺寸。

$\phi56_{-0.03}^{\ 0}$ mm 改为 ϕ55.985 ± 0.015mm；$\phi34_{-0.025}^{\ 0}$ mm 改为 ϕ33.985 ± 0.0125mm；

$\phi30_{-0.033}^{\ 0}$ mm 改为 ϕ29.9835 ± 0.0165mm；$\phi36_{-0.025}^{\ 0}$ mm 改为 ϕ35.9875 ± 0.0125mm。

2）保持原有关圆弧间相切的几何关系，修改其他精度低的尺寸使之协调。

设工件坐标系原点为图示 O 点，工件轴线为 Z 轴，径向为 X 轴。A 点为左边 R15mm 圆
弧的圆心；B 点为左边 R15mm 圆弧与 R25mm 球面圆弧的切点；C 点为 R25mm 球面圆弧与

右边 $R25\text{mm}$ 圆弧的切点；D 点为 $R25\text{mm}$ 圆弧与右边 $R15\text{mm}$ 圆弧的切点；E 点为 $R25\text{mm}$ 圆弧的圆心。要保证 E 点到轴线距离为 40mm，由于 D 点到轴线距离为 $14.991\,75\text{mm}$（编程尺寸决定），所以该处圆弧半径调整为 $R25.008\,25\text{mm}$，保持 OE 间距离 50mm 不变，则球面圆弧半径调整为 $R24.991\,75\text{mm}$；保持左边 $R15\text{mm}$ 圆弧半径不变并与 $\phi33.9875\text{mm}$ 外圆和 $R24.991\,75\text{mm}$ 球面圆弧相切，则左边 $R15\text{mm}$ 圆弧中心按此要求计算确定。

3）按调整后的尺寸计算有关未知节点尺寸。经计算，各有关主要节点的坐标值（保留小数点后 3 位）如下：

A（31.994，-23.995）　　　　B（19.994，-14.995）

C（19.994，14.995）　　　　　D（14.992，30.000）　　E（40.000，30.000）

如果使用手工计算，则要列出方程组，然后解方程组求解得到切点或交点坐标。实际上，使用 AutoCAD 软件可以很好地解决这个问题，只要按调整后的尺寸作图，把坐标原点由世界坐标系的原点移到编程原点，使用点坐标查询功能，就可以查出各点的坐标。

第三节　编程坐标系与数值计算

从理论上来说，编程坐标系的原点选在任何地方都可以，但实际上，原点选择得不恰当会使下一步的坐标计算变得很麻烦。所以，确定编程坐标系原点最根本的原则有以下三条。

1）编程原点的选择要便于坐标计算。尽量选择能直观地确定零件基点坐标值的一些特殊点为坐标原点，可以简化计算的工作量，也便于程序检查。

2）编程原点的选择要便于加工中的对刀。因为对刀的目的是要确定编程原点在工件毛坯上的位置，即找出该点在机床坐标系中的坐标值，使图样上的编程坐标系转化为加工中的工件坐标系。

3）编程原点要尽量与设计基准或工艺基准统一，以利于保证加工精度。

坐标原点确定后，就应对零件图样中各点的尺寸进行换算。通过上一节中讲到的把图样尺寸换成编程尺寸后，再换算成从编程原点开始的坐标值，并重新标注。

根据被加工零件图样，按照已经确定的加工路线和允许的编程误差，计算数控系统所需要输入的数据，称为数学处理。这是编程的主要工作之一，不但对手工编程来说是必不可少的工作步骤，而且即使采用计算机进行自动编程，也经常需要先对工件的轮廓图形进行数学预处理，才能对有关几何元素进行定义。

对图形的数学处理一般包括两个方面：一方面是根据零件给出的形状、尺寸和公差等直接通过数学方法（如三角、几何与解析几何法等）计算出编程时所需要的有关各点的坐标值、圆弧插补所需要的圆弧圆心的坐标；另一方面，当按照零件图样给出的条件还不能直接计算出编程时所需要的所有坐标值，也不能按零件图样给出的条件直接进行工件轮廓几何要素的定义进行自动编程时，那么就必须根据所采用的具体工艺方法、工艺装备等加工条件，对工件原图形及有关尺寸进行必要的数学处理或改动，才可以进行各点的坐标计算和编程工作。

通常情况下，零件图样的数学处理主要是计算零件加工轨迹的尺寸，即计算零件加工轮廓的基点和节点的坐标，或刀具中心轮廓的基点和节点的坐标，以便编制加工程序。

一、确定编程坐标系，选择编程原点

编程计算之前，必须先确定编程原点，才能进行图样尺寸与编程计算所用的编程用的数字的转换。同一个零件，同样的加工，由于原点选得不同，编程尺寸的数字也是不同的。从理论上说，原点选在任何位置都是可以的，但实际上，为了换算尽可能简便以及尺寸较为直观（至少让部分尺寸点的指令值与零件图上的尺寸值相同），应尽可能把原点的位置选得合理些。原点选择要尽量满足编程简单，尺寸换算少，引起的加工误差小等条件。一般情况下，以坐标式尺寸标注的零件，程序原点应选在尺寸标注的基准点；对称零件或以同心圆为主的零件，程序原点应选在对称中心线或圆心上。

由于数控车床加工的零件都是回转体，径向尺寸都是关于轴线对称的，所以车削件的 X 坐标原点应取在零件加工面的回转中心，即零件的轴线上。Z 坐标原点可以选在工件的右端面或左端面，对于左右对称的零件，还可以选在对称中心。Z 坐标原点放在右端面有利于对刀，当刀具离开工件时，Z 坐标为正值；当刀具进入工件加工时，Z 坐标为负值，有利于程序检查。

编程坐标原点的选择也会影响坐标计算的难易。如果零件轮廓中包含有椭圆、抛物线等曲线，则应把坐标原点放在其对称中心上，可以简化曲线的方程，使计算变得简单。

二、基点坐标的计算

根据加工零件图样，按照设定的编程坐标系、已确定的加工路线和允许的编程误差，计算编程时所需要的数据，就是数控编程的数值计算，其内容包括计算零件轮廓的基点、节点及机床所用刀具刀位点的轨迹的坐标值。

一般数控机床只有直线和圆弧插补功能。对于由直线和圆弧组成的平面轮廓，编程时数值计算的主要任务是求各基点的坐标。

1. 基点的含义

一个零件的轮廓曲线可能由许多不同的几何要素所组成，如直线、圆弧和二次曲线等。构成零件轮廓的不同几何素线的交点或切点称为基点，如两条直线的交点、直线与圆弧的交点或切点、圆弧与二次曲线的交点或切点等。基点可以直接作为其运动轨迹的起点或终点。显然，基点坐标是编程中需要的重要数据。

2. 基点坐标直接计算的内容

根据填写加工程序单的要求，基点直接计算的内容有每条运动轨迹的起点和终点在选定坐标系中的坐标，圆弧运动轨迹的圆心坐标值。

基点直接计算的方法比较简单，一般可根据零件图样所给的已知条件用人工完成，即依据零件图样上给定的尺寸运用代数、三角、几何或解析几何的有关知识，直接计算出数值。在计算时，要注意小数点后的位数要留够，以保证足够的精度。

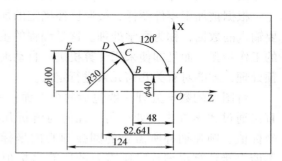

图 2-5　零件基点坐标计算

现以如图 2-5 所示的零件为例，说明当零件由直线和圆弧两种曲线组成时，基点坐标的计算方法（以直径编程为例，X 坐标用点所在圆的直径表示）。

该零件轮廓由三段直线和一段圆弧组成，编程坐标原点放在工件的右端面中心 O 点，

AB 段为直线，两点坐标可以直接从标注尺寸读出，*A* 点：$X_A = 40$，$Z_A = 0$；*B* 点：$X_B = 40$，$Z_B = -48$；*BC* 段为直线，*C* 点是线段 *BC* 与圆弧 *CD* 的切点，该点坐标要列方程组求出。*ED* 段为直线，*D* 点坐标为 $X_D = 100$，$Z_D = -82.641$；*E* 点坐标为 $X_E = 100$，$Z_E = -124$。圆弧 *BC* 的圆心坐标为 $X = 40$，$Z = -82.641$，半径为 30，则圆的方程为

$$(X - 20)^2 + (Z + 82.641)^2 = 30^2 \tag{1}$$

直线 *BC* 的斜率为 $k = \tan 120° = -1.732$，经过点 *B*，则直线 *BC* 的方程为

$$X - 20 = -1.732 (Z + 48) \tag{2}$$

由（1）、（2）两式联立方程组即可求得

$$X = 35 \qquad Z = -56.6603$$

则 *C* 点的坐标为 $X_C = 70$，$Z_C = -56.660$

注意：列方程时，X 坐标用半径表示，解出答案后，表示点编程坐标时用直径表示。

当求其他相交曲线的基点时，也是采用类似的方法。从原理上讲，求基点是比较简单的，但运算过程十分烦杂。为了提高编程效率，应尽量采用自动编程系统。

三、节点坐标的计算

当被加工零件轮廓形状与机床的插补功能不一致时，如在只有直线和圆弧插补功能的数控机床上加工一些由非圆方程曲线 $Y = F(X)$ 组成的平面轮廓，如渐开线、阿基米德螺旋线等，只能用能够加工的直线和圆弧去逼近它们。逼近线段与被加工曲线的交点就称为节点，这时数值计算的任务就是计算节点的坐标。

1. 节点的定义

当采用不具备非圆曲线插补功能的数控机床加工非圆曲线轮廓的零件时，在加工程序的编制工作中，常用多个直线段或圆弧去近似代替非圆曲线，这称为拟合处理。拟合线段的交点或切点称为节点。

2. 节点坐标的计算

节点坐标的计算难度和工作量都较大，故常通过计算机完成，必要时也可由人工计算，常用的有直线逼近法（等间距法、等步长法和等误差法）和圆弧逼近法。

在编程时，要计算出节点的坐标，并按节点划分程序段。节点数目的多少，由被加工曲线的特性方程、逼近线段的形状和允许的插补误差来决定。

如前所述，所谓基点是指组成零件轮廓的几何要素的连接点。对于非圆曲线，当所用的数控车床不具备该种曲线的插补功能时，就必须用其所具备的插补功能（一般数控车床都具有直线插补和圆弧插补两种插补功能）来逼近该曲线，则插补线段与该曲线的交点就称为节点。一般来讲，手工编程只能计算基点坐标，节点坐标的计算要通过计算机来完成，通过宏指令编循环程序来实现节点坐标的自动计算。

计算节点坐标时除要列出插补线段方程和被加工曲线的方程外，还要考虑到插补误差的问题。因现代计算机软件发展很快，节点计算用人工进行的可能性不大，故本书不介绍插补节点的计算。

四、相对坐标与绝对坐标计算的应用

坐标的表示方法有绝对方式和相对方式。绝对坐标指的是坐标的计算以坐标原点为起点，而相对坐标指的是坐标的计算以刀具运动的上一点为起点。

【实例】　如图 2-6 所示的零件，假设刀具按 *ABCDE* 的顺序走刀，则用绝对方式表示的

各点坐标为

A (16, 100)；B (32, 80)；C (32, 60)；D (40, 40)；E (40, 0)

用相对坐标表示的各点坐标为（假设刀具从 A 点起刀）：

A (0, 0)；B (16, -20)；C (0, -20)；D (8, -20)；E (0, -40)，即相对坐标计算的是后一点在各坐标方向上与前一点的增量。

选择绝对坐标系与相对坐标系的应用特点如下：

1）采用绝对坐标系计算时，各计算坐标点位置间不会产生累积误差，但有些数控系统需进行两种坐标尺寸方式之间的数值换算。

2）增量坐标系运算简便且直接，并与

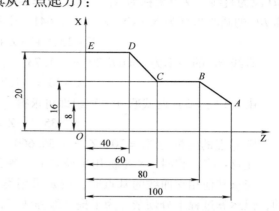

图2-6 绝对坐标与相对坐标

数控装置以增量值进行数字控制的方式相一致，采用平面解析几何计算法以外的各种常用计算法解得的各基点坐标，可以不经换算而直接用于加工程序段。

第四节 加工路线的选择与优化

加工路线是指数控车床加工过程中刀具相对零件的运动轨迹和方向，也称走刀路线。在确定加工路线时最好画一张工序简图，将已拟定的加工路线画上去，作为下一步编程时的编写依据。确定加工路线的主要任务是粗加工及空行程的走刀路线，因为精加工一般是沿零件的轮廓走刀的。

一、加工路线选择的原则

1）首先按已定工步顺序确定各表面加工进给路线的顺序。

2）寻求最短加工路线（包括空行程路线和切削加工路线），减少空刀时间以提高加工效率。

3）选择加工路线时应使工件加工时的变形最小，对横截面积小的细长零件或薄壁零件，应采用分几次走刀或对称去余量法安排进给路线。

4）数控车削加工过程一般要经过循环切除余量、粗加工和精加工三道工序，应根据毛坯类型和工件形状确立循环切除余量的方式，以达到减少循环走刀次数、提高加工效率的目的。

5）轴套类零件安排走刀路线的原则是轴向走刀和径向进刀，循环切除余量的循环终点在粗加工起点附近，这样可以减少走刀次数，避免不必要的空走刀，节省加工时间。

6）轮盘类零件安排走刀路线的原则是径向走刀和轴向进刀，循环去除余量的循环终点在加工起点。编制轮盘类零件的加工程序时，与轴套类零件相反，是从大直径端开始顺序向前的。

7）铸锻件毛坯形状与加工后零件形状相似，留有一定的加工余量。一般采用逐渐接近最终形状的循环切削加工方法加工。

二、常用加工路线的确定方法

1. 圆柱表面的加工路线

（1）轴类零件（长 L 与直径 D 之比 $L:D \geq 1$ 的零件）　采用沿 Z 坐标方向切削加工，X 方向进刀、退刀的矩形循环进给路线，如图 2-7 所示。

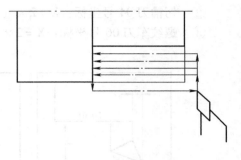

图 2-7　轴类零件常用加工路线

在数控车床上加工轴类零件的方法，遵循"先粗后精"、"由大到小"等基本原则。先对工件整体进行粗加工，然后进行半精车、精车。如果在半精车与精车之间不安排热处理工序，则半精车和精车就可以在一次装夹中完成。

在车削时，先从工件的最大直径处开始车削，然后依次往小直径处进行加工。在数控机床上精车轴类工件时，往往从工件的最右端开始连续不间断地完成整个工件的切削。

【实例】　在 CK6150 型数控车床上加工一个轴类零件，零件图如图 2-8 所示，其中 $\phi 80$mm 的外径不加工（可用于装夹）。

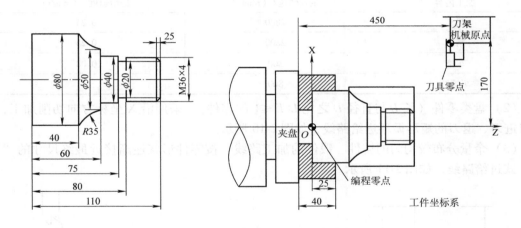

图 2-8　轴类零件加工实例

1）确定工件的装夹方式及加工工艺路线。由于这个工件是一根实心轴，并且轴的长度不很长，所以采用工件的左端面和 $\phi 80$mm 外圆作为定位基准，使用自定心卡盘夹紧工件，取卡盘的端面中心为工件坐标系的原点，如图 2-8 所示。

加工顺序为

①　倒角粗车 M36×4 螺纹外圆，$\phi 50$mm 外圆，$R35$mm 圆弧面。

②　精车 M36×4 螺纹外圆，$\phi 50$mm 外圆，$R35$mm 圆弧面。

③　切削 $\phi 20$mm 空刀槽。

④　切削 M36×4 螺纹。

2）确定加工刀具以及设定刀具零点坐标。根据零件的加工要求，选用外圆车刀、切槽刀、60°螺纹车刀各一把（由于工件的结构简单，对精度的要求不高，故粗车和精车使用一把外圆车刀）。刀具编号依次为 02、04 和 06。刀具安装尺寸如图 2-9 所示，各个刀具的零点坐标为

① 外圆车刀 02 号坐标：$X = 2 \times (170 - 35) = 270$，$Z = 450 - 5 - (40 - 25) = 430$。

② 切槽刀 04 号坐标：$X = 2 \times (170 - 30) = 280$，$Z = 450 - (40 - 25) = 435$。

③ 螺纹车刀 06 号坐标：$X = 2 \times (170 - 25) = 290$，$Z = 450 + 5 - (40 - 25) = 440$。

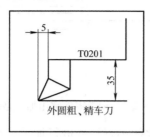 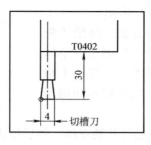 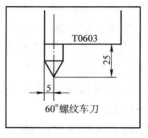

图 2-9 刀具安装尺寸

切削用量见表 2-2。

表 2-2 切削用量表

加工内容	主轴转速/（r/min）	进给速度/（mm/r）
粗车	2800	0.25
精车	2800	0.25
车槽	800	0.08
车螺纹	800	

（2）盘类零件（长 L 与直径 D 之比 $L:D \leq 1$ 的零件）采用沿 X 坐标方向切削加工，Z方向进刀、退刀的矩形循环进给路线，如图 2-10 所示。

（3）余量分布较均匀的铸件、锻件的加工路线 按零件形状逐渐接近最终尺寸的"剥皮"式进给路线，如图 2-11 所示。

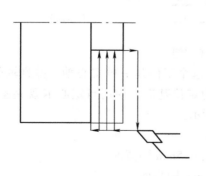
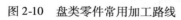

图 2-10 盘类零件常用加工路线

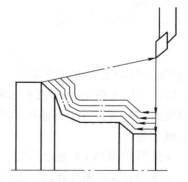

图 2-11 余量分布较均匀的铸件、锻件的加工路线

2. 圆锥面的加工路线

加工圆锥面有两种进给路线，一种如图 2-12a 所示，切削路线与锥面始终平行。另一种如图 2-12b 所示，切削锥度由小逐渐接近最终锥度。图 2-12a 所示的加工路线加工质量较好，但编程计算较多，图 2-12b 所示的加工路线编程简单，但加工质量较差。

3. 圆弧面的加工路线

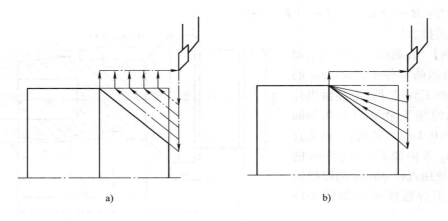

图 2-12　圆锥面的加工路线

a) 加工质量较好　b) 加工质量较差

加工圆弧面通常有同心圆、三角形、矩形等方式的加工路线，如图 2-13 所示，不同形式的切削路线有不同的特点。图 2-13a 所示的加工路线编程计算较为复杂，精加工时切削余量较大；图 2-13b 所示的加工路线切削时受力较均匀，编程较方便；图 2-13c 所示的加工路线编程计算量大，精加工刀具受力不均匀。

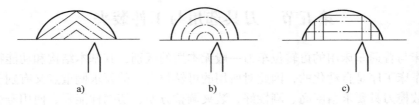

图 2-13　圆弧面加工路线

a) 三角形加工路线　b) 同心圆加工路线　c) 矩形加工路线

4. 最终完工的精加工轮廓的进给路线

在安排精加工进给路线时，零件的完工轮廓应由最后一刀连续切削完成，并且加工刀具的进、退刀位置不要在连续的轮廓中安排切入和切出或换刀、停顿，以免因切削力突然变化造成弹性变形，致使在已加工面上产生刀痕缺陷。

三、加工路线优化，减少空行程，灵活移动起刀点

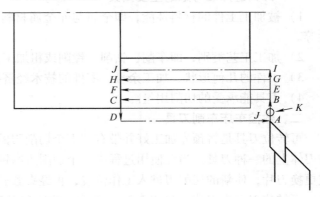

图 2-14　移动起刀点

在采用矩形循环方式加工阶梯轴时，每循环的起刀点位置不是固定在一点，而是随加工的位置往前移动，以减少回程时走空刀的时间，如图 2-14 所示。

第一刀：$A \longrightarrow B \longrightarrow C \longrightarrow D \longrightarrow K$

第二刀：$K \longrightarrow E \longrightarrow F \longrightarrow C \longrightarrow B$

第三刀：$B \longrightarrow G \longrightarrow H \longrightarrow F \longrightarrow E$

依次类推。

【实例】　在数控车床上加工如图 2-15 所示的零件中，$\phi50mm$ 的外圆已经加工到尺寸，毛坯留出外圆和内孔的加工余量均为 0.4mm（X 向）和 0.1mm（Z 向），钻头直径为 8mm，X 向加工 4 个 $\phi8mm$ 的均布孔，使用直径 $\phi8mm$ 的键槽铣刀加工，工件程序原点如图 2-15 所示。

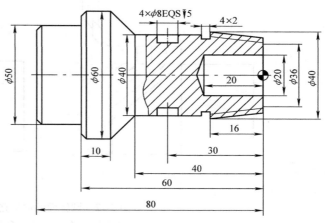

图 2-15　综合加工

这是一个比较复杂的工件，包括了外圆、内孔、端面、环槽、外锥螺纹、C 轴定位和铣削等加工内容，在带有三轴控制的数控车削中心上完成该零件的加工，可以按照外圆、端面、毛坯等加工路线方法去设计，读者可自行设计加工路线。

第五节　刀具选用与工件装夹

数控车床与普通车床用的可转位车刀一般无本质的区别，其基本结构和功能特点是相同的。但数控车床工序是自动化的，因此对所用的可转位车刀的要求侧重点又有别于普通车床的刀具，其数控刀具要求精度高、刚性好、装夹调整方便、切削性能强、使用寿命长，合理选用既能提高加工效率又能提高产品质量。

一、刀具选择应考虑的主要因素

1）被加工工件的材料性能，即金属与非金属材料，其硬度、刚度、塑性、韧性及耐磨性等。

2）加工工艺类别，即车削、钻削、镗削或粗加工、半精加工、精加工和超精加工等。

3）工件的几何形状、加工余量、零件的技术经济指标。

4）刀具能承受的切削用量。

二、数控车床车削刀具

可转位刀具是将预先加工好并带有若干个切削刃的多边形刀片，用机械夹固的方法夹紧在刀体上的一种刀具。当在使用过程中一个切削刃磨钝了后，只要将刀片的夹紧松开，转位或更换刀片，使新的切削刃进入工作位置，再经夹紧就可以继续使用。

可转位刀具由刀片（见表 2-3）、刀体、接柄和刀盘等组成，刀片的断屑槽能断屑自如、排屑流畅。其夹紧方式通常有楔块上压式、杠杆式、螺钉上压式，一般要求夹紧可靠、定位准确，结构简单，操作方便。

（1）选择可转位刀片　可从下列几方面考虑。

1）材料：刀片材料通常有高速钢、硬质合金、涂层硬质合金、陶瓷、立方碳化硼或金刚石等。

表 2-3　刀片形状示意图

形状说明	刀尖角	示意图	形状说明	刀尖角	示意图
正六边形	120°		等边不等角六边形	80°	
正五边形	108°		矩形	90°	
正三角形	60°		平行四边形	85°、82°、55°	
正方形	90°		正八边形	135°	
菱形	80°、55°、75°、86°、35°		圆形		

2）尺寸：刀片尺寸参数为有效切削刃长度、背吃刀量和主偏角等。

3）形态：根据表面形状、切削方式、转位次数等分为很多类型的刀片，用于不同的加工场合。

4）刀尖半径：粗加工、工件直径大、要求切削刃强度高、机床刚度大时，选大刀尖圆弧；精加工、背吃刀量小、细长轴加工、机床刚度小时，选小刀尖圆弧。

（2）刀片安装和转换时应注意的问题

1）转位和更换刀片时应清理刀片、刀垫和刀杆各接触面，应保证接触面无铁屑和杂物，表面有凸起点应修平，已用过的刃口应转向切屑流向的定位面。

2）转位刀片时应使其稳当地靠向定位面，夹紧时用力适当，不宜过大。

3）夹紧时，有些结构的车刀需用手按住刀片，使刀片贴紧底面（如偏心式结构）。

4）夹紧的刀片、刀垫和刀杆三者的接触面应贴合无缝隙，要注意刀尖部位的良好紧贴，刀垫更不得有松动。

（3）刀杆安装时应注意的问题　车刀安装时其底面应清洁无粘着物。若使用垫片调整刀尖高度，垫片应平直，最多不能超过三块。如果内侧和外侧面也须作安装的定位面，则也应擦净。

刀杆伸出长度在满足加工要求下应尽可能短，一般伸出长度是刀杆高度的 1.5 倍。如确要伸出较长才能满足加工需要，也不能超过刀杆高度的 3 倍。

（4）刀具使用中应注意的问题　见表 2-4。

表 2-4　使用机夹刀常见问题及解决方案

问题	原　　因	措　　施
通常情况下刀具不好用	1. 刀具形式选择不当 2. 刀具制造质量太差 3. 切削用量选择不当	1. 重新选型 2. 选择质量好的刀具 3. 选择合理的切削用量

（续）

问题	原　　因	措　　施
切削有振动	1. 刀片没夹紧 2. 刀片尺寸误差太大 3. 夹紧元件变形 4. 刀具质量太差	1. 重新装夹刀片 2. 更换符合要求的刀片 3. 更换夹紧元件 4. 更换刀具
刀尖打刀	1. 刀片刀尖底面与刀垫有间隙 2. 刀片材质抗弯强度低 3. 夹紧时造成刀片抬高	1. 重新装夹刀片，注意刀片底面的贴紧 2. 换抗弯强度高的刀片 3. 更换刀片刀垫或刀杆
切削时有吱吱声	1. 刀片底面与刀垫或刀垫与刀体间接触不实，刀具装夹不牢固 2. 刀具磨损严重 3. 刀杆伸出过长，刚性不足 4. 工件细长或薄壁件刚性不足，夹具刚性不足，夹固不牢	1. 重新装刀具或刀片 2. 更换磨钝的切削刃 3. 缩短刀杆伸出长度 4. 增加工艺系统刚性
刀尖处冒火花	1. 刀尖或切削刃工作部分有缺口 2. 刀具磨损严重 3. 切削速度过高	1. 更换磨钝的切削刃或用金刚石修整切削刃 2. 更换切削刃或刀片 3. 选择合理的切削速度
前刀面有积屑瘤	1. 几何角度不合理 2. 槽形不合理 3. 切削速度太低	1. 加大前角 2. 选择合理的槽形 3. 提高切削速度
切屑粘刀	刀片材质不合理	更换为 M 或 K 类的刀片
切屑飞溅	1. 进给量过大 2. 脆性工件材料	1. 调整切削用量 2. 增加导屑器或挡屑器
刀片有剥离现象	1. 切削液供给不充分 2. 不宜用切削液的高硬度材料 3. 刀片质量有问题	1. 增大切削液的流量，切削前就开始浇注直至刀具退出 2. 不用切削液，干切削 3. 更换质量好的刀片

三、夹具选择与安装

工件定位以后必须通过一定的装置产生夹紧力，使工件保持在准确的位置上。这种产生夹紧力的装置就是夹紧装置。在数控车床上大多采用自定心卡盘夹持工件，自定心卡盘的三个卡爪是同步运动的，能自动定心，一般不需要找正。自定心卡盘装夹工件方便、省时，定心精度高，但夹紧力小，适用于装夹外形规则的中、小型工件。

在数控机床上加工零件时，定位安装的基本原则与普通机床相同，也要合理选择定位基准和夹紧方案。

为提高数控机床的效率，在确定定位基准与夹紧方案时应注意如下三点。

1）力求设计、工艺与编程计算的基准统一。

2）尽量减少装夹次数，尽可能在一次装夹后加工出全部待加工表面。

3）避免采用占机人工调整的加工方案，以充分发挥数控机床的效率。

四、选择夹具的基本原则

1）当零件批量不大时，应尽量采用组合夹具、可调式夹具和其他通用夹具，以缩短生产准备周期，节省生产费用。当达到一定批量时才考虑用专用夹具，并力求结构简单。

2）零件的装卸要快速、方便、可靠，以缩短机床的停顿时间。

3）夹具上各零部件应不妨碍机床对零件各表面的加工，即夹具要开敞，其定位夹紧机构的元件不能影响加工中的走刀。

五、一般工件的装夹

一般工件主要采用自定心卡盘装夹，自定心卡盘可安装成正爪和反爪两种形式，反爪用来装夹直径较大的工件。用自定心卡盘装夹经过精加工的工件时，要用铜皮包住被夹住的加工面，以免夹伤工件表面，如图 2-16 所示。

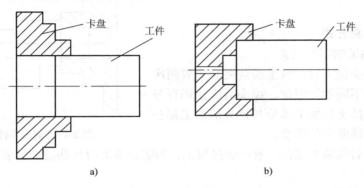

图 2-16　自定心卡盘装夹工件

a）正爪　b）反爪

1. 长轴类工件的装夹

加工长轴类零件时，为防止加工过程中因切削力造成工件变形，可采用用两顶尖装夹、一端卡盘一端顶尖、一端卡盘中间加中心架等方式装夹。

（1）两顶尖装夹　对于长度尺寸较大或加工工序较多的轴类零件，为保证每次装夹时的精度，可用两顶尖装夹。两顶尖装夹工件方便，不需找正，装夹精度高，但必须事先在工件的两端面钻中心孔。

用两顶尖装夹工件时的注意事项：

1）前、后顶尖的连线应与车床主轴的轴线同轴，否则车出的工件会出现锥度误差。

2）尾座套筒在不影响车刀切削的前提下，应尽量伸出得短些，以增加刚性，减少振动。

3）中心孔应形状正确，表面粗糙度值小。轴向精确定位时，中心孔倒角可加工成准确的圆弧形倒角，并以该圆弧形倒角与顶尖锥面的切线为轴向定位基准定位。

4）两顶尖与中心孔的配合应松紧合适。

（2）一端卡盘一端顶尖装夹　用两顶尖装夹工件虽然精度高，但刚性较差。因此，车削质量较大的工件时要一端用卡盘夹住，另一端用后顶尖支撑，如图 2-17 所示。为了防止工件由于切削力的

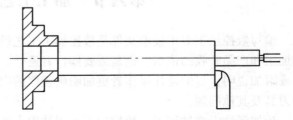

图 2-17　一端卡盘一端顶尖装夹方式

作用产生轴向位移，必须在卡盘内装一个限位支承，或利用工件的台阶面限位。这种方法比较安全，能承受较大的轴向切削力，且其安装刚性好，轴向定位准确，所以应用比较广泛。

2. 盘类零件的装夹

盘类零件直径较大，轴向尺寸小，一般采用自定心卡盘反爪装夹，如图 2-16b 所示。

3. 偏心零件的装夹

加工偏心零件时，应采用偏心卡盘（如单动卡盘）、偏心顶尖或专用夹具装夹。用偏心卡盘和偏心顶尖装夹时，要通过打表找正的方法调整卡爪，使加工表面的轴线与主轴回转轴线同轴，如图 2-18 所示。

百分表找正的方法比较费时，效率低，只适用于单件加工，如果是批量加工，要采用专用夹具装夹。

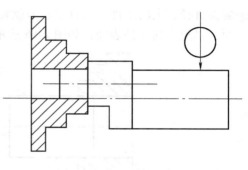

六、其他装夹方式

1. 需掉头加工的零件装夹

当零件掉掉头加工时，因重新装夹会造成两次装夹加工的部分不同轴。因此，掉头后应使用百分表进行找正，使掉头后加工部分与掉头前加工部分的同轴度达到图样要求的精度。

图 2-18　偏心零件的装夹

另外，掉头后的装夹部位一般已经过加工，为防止夹紧时压伤已加工表面，应在装夹部位包一层铜皮。

2. 薄壁零件的装夹

薄壁零件的特点是在装夹时易产生变形，所以装夹时要采取必要的措施防止工件变形。如图 2-19 所示的套筒零件，装夹时在套筒内装上心轴，即可防止夹紧力引起的零件变形。

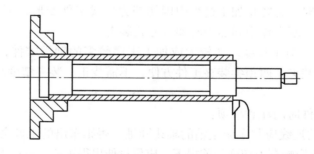

图 2-19　薄壁零件的装夹

第六节　加工工艺文件的编制

编写数控加工专用技术文件是数控加工工艺设计的内容之一。这些专用技术文件既是数控加工和产品验收的依据，也是需要操作者遵守、执行的规程；有的则是加工程序的具体说明或附加说明，目的是让操作者更加明确程序的内容、定位装夹方式和各个加工部位所选用的刀具及其他问题。

为加强技术文件管理，数控加工专用技术文件也应该走标准化、规范化的道路，但目前还有较大困难，只能先做到按部门或按单位局部统一。

下面是几种常用数控加工专用技术文件。

一、数控车削加工工序卡片

数控车削加工工序卡与普通车削加工工序卡有许多相似之处，所不同的是，加工图中应注明编程原点与对刀点，要进行编程简要说明及切削参数的选定，见表2-5。

在工序加工内容不十分复杂的情况下，用数控加工工序卡的形式较好，可以把零件加工图、尺寸、技术要求、工序内容及程序要说明的问题集中反映在一张卡片上，做到一目了然。

表 2-5　数控加工工序卡片

（工厂）	数控加工工序卡片	产品名称或代号		零件名称		材料		零件图号		
工序号	程序编号	夹具编号			使用设备			车间		
工步号	工步内容	加工面	刀具号	刀具规格/mm	主轴转速/（r/mm）	进给量/（mm/r）	背吃刀量/mm	备注		
1										
2										
3										
4										
5										
6										
7										
8										
9										
10										
11										
编制		审核		批准				共页	第　页	

二、数控加工程序说明卡

实践证明，仅用加工程序单和工艺规程来进行实际加工还有许多不足之处。由于操作者对程序的内容不清楚，对编程人员的意图不够理解，经常需要编程人员在现场进行口头解释、说明与指导，这种做法在程序仅使用一两次就不用了的场合还是可以的。但是，若程序是用于长期批量生产的，则编程人员很难都到达现场。再者，如编程人员临时不在场或调离，已经熟悉的操作工人不在场或调离，麻烦就更多了，弄不好会造成质量事故或临时停产。因此，对加工程序进行必要的详细说明是很有用的，特别是对于那些需要长时间保存和使用的程序尤其重要。数控加工程序说明卡见表2-6。

根据应用实践，一般应对加工程序做出说明的主要有以下内容。

1）所用数控设备型号及控制机型号。

2）程序原点、对刀点及允许的对刀误差。

3）工件相对于机床的坐标方向及位置（用简图表述）。

4）镜像加工使用的对称轴。

表 2-6 数控加工程序说明卡

（工厂）	数控加工程序说明卡		产品名称或代号		零件名称	材料	零件图号	
工序号	程序编号		夹具编号		使用设备及控制系统		车间	
	程序原点位置	对刀点	零件装夹方位	镜像加工对称轴	刀号及换刀点	工步顺序	子程序说明	备注
1	用简图表示	用简图表示	用简图表示					
2								
3								
4								
编制		审核		批准		共 页		第 页

5）所用刀具的规格、图号及其在程序中对应的刀具号（如 D03 或 T0101 等），必须按实际刀具半径或长度加大或缩小补偿值的特殊要求（如用同一条程序、同一把刀具利用加大刀具半径补偿值进行粗加工），更换该刀具的程序段号等。

6）整个程序加工内容的顺序安排（相当于工步内容说明与工步顺序），使操作者明白先干什么后干什么。

7）子程序说明。对程序中编入的子程序应说明其内容，使人明白每条子程序的功用。

8）其他需要作特殊说明的问题，如需要在加工中更换夹紧点（挪动压板）的计划停车程序段号、中间测量用的计划停车程序段号、允许的最大刀具半径和长度补偿值等。

三、数控加工走刀路线图

在数控加工中，常常要注意并防止刀具在运动中与夹具、工件等发生意外的碰撞，为此必须设法告诉操作者关于编程中的刀具运动路线（如从哪里进刀，在哪里退刀等），使操作者在加工前就了解并计划好夹紧位置及控制夹紧元件的高度，这样可以减少事故的发生。此外，对有些被加工零件，由于工艺性问题，必须在加工过程中挪动夹紧位置，也需要事先告诉操作者，在哪个程序段前挪动，夹紧点在零件的什么地方，然后更换到什么地方，需要在什么地方事先备好夹紧元件等，以防到时候手忙脚乱或出现安全问题。这些用程序说明卡和工序说明卡是难以说明或表达清楚的，如用进给路线图加以附加说明效果就会更好。

为简化进给路线图，一般可采取统一约定的符号来表示，不同的机床可以采用不同的图例与格式。

四、数控车削加工刀具卡片

表 2-7 是数控车削加工刀具卡片，内容包括与工步相对应的刀具号、刀具名称、刀具型号、刀片型号和牌号、刀尖半径。

五、数控车削加工刀具调整图

在刀具调整图中要反映如下内容。

1）本工序所需刀具的种类、形状、安装位置、预调尺寸和刀尖圆弧半径等，有时还包括刀补组号。

2）刀位点。若以刀具尖点为刀位点时，则刀具调整图中 X 向和 Z 向的预调尺寸终止线交点即为该刀具的刀位点。

3）工件的安装方式及待加工部位。

4）工件的坐标原点。

5）主要尺寸的程序设定值。

表2-7 数控车削加工刀具卡片

产品名称 或代号			零件 名称			零件 图号			程序 编号	
工步号	刀具号	刀具名称		刀具型号		刀片		刀尖半径	备注	
						型号	牌号	/mm		
1	T01	机夹可转位车刀		PCGCL2525－09Q		CCMT097308	GC435	0.8		
2										
3										
4										
5										
6										
7										
8										
9										
10										
11										
编制			审核			批准			共 页	第 页

六、数控加工专用技术文件的编写要求

编写数控加工专用技术文件应像编写工艺规程和加工程序一样认真对待，切不可草草了事，其编写基本要求如下。

1）字迹工整、文字简练达意。

2）加工图清晰、尺寸标注准确无误。

3）应该说明的问题要全部说得清楚、正确。

4）文图相符、文字相符，不能互相矛盾。

5）当程序更改时，相应文件要同时更改，需办理更改手续的要及时办理。

6）准备长期使用的程序和文件要统一编号，办理存档手续，建立借阅（借用）、更改、复制等管理制度。

复习思考题

2-1 确定编程坐标原点的原则是什么？

2-2 制订数控车削加工工艺方案时应遵循哪些基本原则？

2-3 数控加工工艺分析的目的是什么？包括哪些内容？

2-4 试说明数控车床加工工艺编制的主要内容？

2-5 什么是工艺尺寸链？确定编程尺寸的步骤有哪些？

2-6 按照基准统一原则选用精基准有何优点？

2-7 在如图2-20所示工件中，尺寸40±0.05mm已按要求加工好。试计算：

1）切断工件时，尺寸L应控制在什么范围内？列尺寸链并计算最大、最小尺寸。

2）求数控加工中需要控制（检验）L尺寸的变化范围，要求画出尺寸链简图并标明组成环的性质。

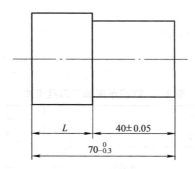

图 2-20　（第 2-7 题）

2-8　计算如图 2-21 所示零件的编程尺寸，并确定编程原点，计算各基点坐标。

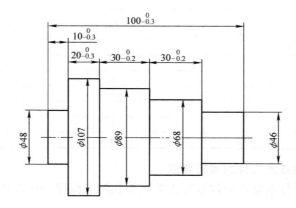

图 2-21　（第 2-8 题）

2-9　将图 2-22 中各尺寸换算成编程尺寸（取中值），画出图形并在其上标注出来。

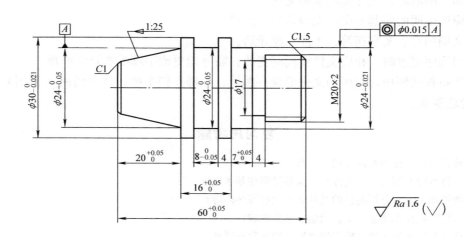

图 2-22　（第 2-9 题）

2-10　有一套筒，如图 2-23 所示，以端面 A 定位加工缺口时，计算尺寸 A_3 及其公差。

2-11　如图 2-24 所示，利用各种数学计算方法，求解下图各基点坐标值。

2-12　某零件的偏心轴需在数控车床上加工，请问能不能用自定心卡盘装夹？说明为什么。

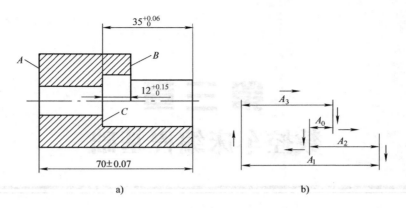

图 2-23　（第 2-10 题）

a）套筒简图　b）尺寸链图

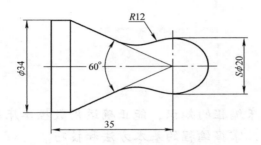

图 2-24　（第 2-11 题）

2-13　在数控机床上按"工序集中"原则组织加工有何优点？

2-14　什么是粗、精加工分开？它有什么优点？

2-15　数控加工对刀具有哪些要求？

2-16　何谓对刀点？对刀点的选取对编程有何影响？

2-17　在机械制造中使用夹具的目的是什么？采用夹具装夹工件有何优点？

2-18　定位装置和夹紧装置的作用是什么？加工中可能产生误差的有哪几个方面？

2-19　数控加工工艺文件包括哪些内容？

2-20　试对如图 2-25 所示零件进行数控车削工艺分析，并写出加工步骤，制订加工方案。材料为 45 钢，毛坯尺寸 $\phi36mm \times 95mm$。

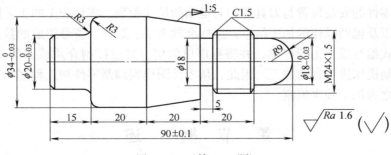

图 2-25　（第 2-20 题）

第 三 章
数控车床编程基础

【学习目的】

　　能够掌握数控车床编程的知识，能正确运用数控车床的指令代码，编制较复杂的轮廓加工程序，掌握编程的基本方法和技巧。

【学习重点】

　　掌握数控指令在编程中的灵活应用。

　　数控车床编程是数控加工零件的一个重要步骤，程序的优劣决定了加工质量，熟练掌握数控编程的指令与方法，灵活运用。数控加工程序是数控机床自动加工零件的工作指令，所以，要在数控机床上加工零件时，首先要进行程序编制，在对加工零件进行工艺分析的基础上，确定加工零件的安装位置与刀具的相对运动的尺寸参数、零件加工的工艺路线或加工顺序、工艺参数以及辅助操作等加工信息，用标准的文字、数字、符号组成的数控代码，按规定的方法和格式编写成加工程序单，并将程序单的信息通过控制介质或 MDI 方式输入到数控装置，来控制机床进行自动加工。因此，从零件图样到编制零件加工程序和制作控制介质的全过程，称之为加工程序编制。

第一节 概 述

一、数控编程的基本概念

任何一台数控设备，都必须将动作的顺序编成有规律的加工程序，然后输入数控设备去控制加工。对于比较复杂的工件，还需要进行计算或借助于计算机来处理，然后输出必要的数据。编程人员依据零件图样和工艺文件的要求，编制出可在数控机床上运行以完成规定加工任务的一系列指令的过程称为数控编程。根据图样给定的条件，要求在数控车床上加工出产品，就需要对图样进行分析和处理，其中数控编程是经过工艺分析后必须要做的一项重要工作，通过数控编程得到加工该工件在数控机床上的指令或代码，也称 NC 程序。数控编程的方法有多种方式，常见的有下列形式。

1. 手工编程

在各机械制造行业中，均有大量仅由直线、圆弧等几何元素构成的形状并不复杂的零件需要加工。这些零件的数值计算较为简单，程序段数不多，程序检验也容易实现，因而可采用手工编程方式完成编程工作。由人工完成零件图样分析、工艺处理、数值计算、书写程序清单直到程序的输入和检验。

由于手工编程不需要特别配置专门的编程设备，不同文化程度的人均可掌握和运用，因此在国内外，手工编程仍然是一种运用十分普遍的编程方法。

手工编程时，整个程序的编制过程是人工完成的。这就要求编程人员不仅要熟悉数控机床技术，如数控代码、编程规则、机床主参数、较高的输入及操作技术等，而且还必须具备机械加工工艺知识和较强的数值计算能力。

2. 自动编程

使用计算机或编程机，完成零件程序的编制的过程，对于复杂的零件很方便。

3. CAD/CAM

利用 CAD/CAM 软件实现造型及图像自动编程，如 CAXA、MasterCAM、Pro/E、UG 等。最为典型的软件是 MasterCAM，其可以完成工件车削的编程，此类软件虽然功能单一，但简单易学，价格较低，仍是目前中小企业的选择。

二、数控加工程序编制的步骤

编程者（程序员或数控车床操作者）根据零件图样和工艺文件的要求，编制出可在数控机床上运行以完成规定加工任务的一系列指令的过程。具体来说，数控编程是由分析零件图样和工艺要求开始到程序检验合格为止的全部过程。

一般数控编程步骤如下（图 3-1）。

1. 分析零件图样和工艺要求

分析零件图样和工艺要求的目的是为了确定加工方法，制订加工计划，以及确认与生产组织有关的问题，此步骤的内容包括：

1）确定该零件应安排在哪类或哪台车床上进行加工。

2）采用何种装夹具或何种装卡位方法。

3）确定采用何种刀具或采用多少把刀进行加工。

4）确定加工路线，即选择对刀点、程序起点（又称加工起点，加工起点常与对刀点重合）、走刀路线、程序终点（程序终点常与程序起点重合）。

5）确定背吃刀量、进给速度、主轴转速等切削参数。

6）确定加工过程中是否需要提供切削液、是否需要换刀、何时换刀等。

2. 数值计算

根据零件图样几何尺寸，计算零件轮廓数据，或根据零件图样和走刀路线，计算刀具中心（或刀尖）运行轨迹数据。数值计算的最终目的是为了获得编程所需要的所有相关位置坐标数据。

3. 编写加工程序单

在完成上述两个步骤之后，即可根据已确定的加工方案及数值计算获得的数据，按照数控系统要求的程序格式和代码格式编写加工程序等。

4. 制作存储介质，输入程序信息

程序单完成后，编程者或机床操作者可以通过数控车床的操作面板，在 EDIT 方式下直接将程序信息键入数控系统程序存储器中；也可以把程序单的程序存放在计算机或其他介质上，再根据需要传输到数控系统中。

5. 程序检验

编制好的程序，在正式用于生产加工前，必须进行程序运行检查，有时还需做零件试加工检查。根据检查结果，对程序进行修改和调整→检查→修改→再检查→再修改……，这往往要经过多次反复，直到获得完全满足加工要求的程序为止。

三、数控编程前准备

数控车削加工包括端面车削加工、外圆柱面的车削加工、内圆柱面的车削加工、钻孔加工、复杂外形轮廓回转面的车削加工，一般在数控车床上进行，其中复杂外形轮廓回转面的车削加工一般采用

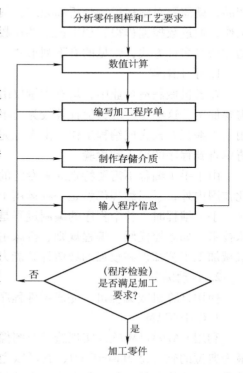

图 3-1　一般数控编程顺序图

计算机辅助数控编程，其他车削加工可以采用手工编程，也可以采用图形编程和计算机辅助数控编程。

1. 车床选择与工件坐标系的确定

数控编程应根据数控车床的结构、系统的不同而来确定，编程的格式、数据标准在设定时都有所不同，所以，编程前操作者应该详细了解数控车床的特性。

工件坐标系采用与机床运动坐标系一致的坐标方向，工件坐标系的原点（即程序原点）要选择便于测量或对刀的基准位置，同时要便于编程计算。

2. 工艺准备

（1）进刀、退刀方式　对于车削加工，进刀时采用快速进给接近工件切削始点附近的某个点，再改用切削进给，以减少空走刀的时间，提高加工效率。切削进给起始点的确定与工件的毛坯余量大小有关，以刀具快速走到该点时刀尖不与工件发生碰撞为原则。车削完成退刀时一般采用快速走刀的方式，但应注意刀具快速离开工件时不能与工件相邻部分发生碰撞。

（2）刀尖半径补偿　在数控车削编程中为了编程方便，把刀尖看作为一个尖点，数控程序中刀具的运动轨迹即为该假想刀尖点的运动轨迹。实际上刀尖并不是尖的，而是具有一定的圆角半径，为了考虑刀尖圆角半径的影响，在数控系统中引入了刀尖半径补偿，在数控程

序编写完成后，将已知刀尖半径值输入刀具补偿表中，程序运行时数控系统会自动根据对应刀尖半径值对刀具的实际运动轨迹进行补偿。

（3）加工路线的选择 数控车削的走刀路线包括刀具的运动轨迹和各种刀具的使用顺序，是预先编制在加工程序中的。合理地确定进给路线、安排刀具的使用顺序对于提高加工效率、保证加工质量是十分重要的。数控车削的走刀路线不是很复杂，也有一定规律可遵循。

3. 选择编程方式

（1）直径编程和半径编程 在数控车削加工中，X 坐标值有两种方法，即直径编程和半径编程。

1）直径编程。采用直径编程时，数控程序中的 X 轴的坐标值即为零件图上的直径值。

2）半径编程。采用半径编程，数控程序中的 X 轴的坐标值为零件图上的半径值。

有的数控系统缺省的编程方式为直径编程，这是由于直径编程与图样中的尺寸标注一致，可以避免尺寸换算及换算过程中可能造成的错误，因而给数控编程带来很大的方便。声明直径方式和半径方式编程，是由 G 代码规定的准备功能，指定 X 轴尺寸是直径方式和半径方式。

（2）绝对值和相对值编程 确定轴移动的指令方法有绝对指令和增量指令两种。

1）绝对指令是对各轴移动到终点的坐标值进行编程的方法，称为绝对编程法。

2）增量指令是用各轴的移动量直接编程的方法，称为增量编程法。

【实例】 如图 3-2 所示，当从 A 直接移动到 B，两种方法编程如下。

绝对指令编程：G90　G01　X120　Z 30；（直径编程）

增量指令编程：G91　G01　X80　Z−60；（直径编程）

（3）尺寸单位 根据数控系统提供的寸制输入制式和米制输入制式，两种制式下线性轴旋转轴的尺寸单位在编程前要进行选择，并用指令的模态功能在程序段前进行注销登记，防止上一程序段选择的尺寸与你所编制的程序用尺寸不一致，造成不可预测的后果。

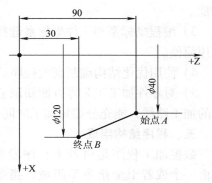

图 3-2　编程方式选择图

（4）主轴速度控制指令选择 数控车削时，按需要可以设置恒切削速度（例如，为保证车削后工件的表面粗糙度一致，应设置恒切削速度），车削过程中数控系统根据车削时工件不同位置处的直径计算主轴的转速。设置恒切削速度后，由于主轴的转速在工件不同截面上是变化的，为防止主轴转速过高而发生危险，在设置恒切削速度前，可以将主轴最高转速设置在某一个最高值，切削过程中当执行恒切削速度时，主轴最高转速将被限制在这个最高值。

（5）进给速度 表示工件被加工时刀具相对于工件的合成进给速度，有每分钟进给量 mm/min 和主轴每转一转刀具的进给量 mm/r 两种，用 F 指令表示。当工作在 G01、G02 或 G03 方式下编程的 F 一直有效，直到被新的 F 值所取代；而工作在 G00 方式下快速定位的速度是各轴的最高速度与所编 F 无关, 借助机床控制面板上的倍率调整, F 可在一定范围内进行倍率修调。当执行攻螺纹循环、螺纹切削时倍率开关失效, 进给倍率固定在 100%。在数控车削加工中一般采用每转进给模式, 只有在用动力刀具时 (如铣削), 才采用每分钟进给模式。在每转进给模式, 当主轴速度较低时会出现进给率波动。主轴转速越低, 波动发生越频繁。

4. 程序名与编程方式

数控装置可以装入许多程序文件, 以磁盘文件的方式读写, 文件名格式有别于计算机系统的文件名, 主要有下列方式。

1) 以 O 开头和四位数字组成, 无属性, 如 FANUC 系统程序名 O0003、O3452 等, 不能用数字开头。

2) 以任意字母开头, 有属性的系统, 如 SIEMENS 系统, 主程序名 YA789. MPF, 子程序名为 AU43. SPF 等。

3) 与计算机系统程序名相同的, 如华中数控程序名命名方式与计算机使用习惯相同, FGH. TXT 等。

4) 在编写与输入程序时, 还应注意主程序与子程序存放位置也有所区别, 如 FANUC、SIEMENS 系统子程序不能放在主程序尾, 而华中数控却可以。

程序以程序号开始, 以 M02 或 M99 结束。M02、M30 表示主程序结束; M99、RET 表示子程序结束, 并返回到主程序中。

四、数控编程注意事项

1) 养成良好的编程习惯。在程序段第一行设定指令, 保证编制的程序在执行时不受到前面程序执行时留下的影响, 如在第一段写入 N005 G90 G22 G94。

2) 熟悉所使用机床的力学性能、所规定使用的指令、编程格式, 能充分发挥数控机床功能。

3) 编程坐标系与工件坐标系选择, 合理运用编程指令中坐标系变换指令, 保证运算和使用简便。

4) 使用优化结构编制高效程序。

5) 对零件加工工艺等方面知识了解充分, 制订合理的工艺方案、合理的工艺, 选择最短的加工路线, 能充分缩短加工时间, 提高生产效率。

五、程序结构组成

数控加工程序是由若干程序段组成, 程序段由一个或若干个指令字组成, 指令字由地址符和数字组成, 它代表数控机床的一个位置或动作。

1. 程序结构格式

一个完整的加工程序包括开始符、程序名、程序主体和程序结束指令, 一个零件程序是由遵循一定结构、句法和格式规则的若干个程序段组成的, 而每个程序段是由若干个指令字组成的, 如图 3-3 所示。

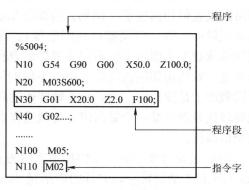

图 3-3 数控程序结构图

1）一个零件程序必须包括起始符和结束符。

2）一个零件程序是按程序段的输入顺序执行的，而不是按程序段号的顺序执行的，但书写程序时建议按升序书写程序段号。

3）程序起始符%（或O）符,%（或O）后跟程序号。程序起始符通常有%、O、P和L等。

4）每个程序段结束用分隔符表示，如分号、LF或省略等。ISO代码中程序段结束符号为LF，EIA代码中程序段结束符号为CR。

5）程序结束M02或M30。

6）注释符括号（ ）内或分号（；）、/等后的内容为注释文字。

2. 程序段格式

1）字地址格式：如N020 G90 G00 X50 Y60；

最常用的格式，地址N为程序段号，地址G和数字90、00构成字地址为准备功能。

2）可变程序段格式：如B2000 B3000 B6000；

使用分割符B隔开各个地址字，若没有数据，分割符不能省去，这主要是以前数控机床用的格式。

3）固定顺序程序段格式：如00701 + 02500 − 13400153002；比较少见。

其中的数据严格按照顺序和长度排列，不得有误，上面程序段的意思是：N007 G01 X + 02500 Y − 13400 F15 S30 M02。

程序是由多条指令组成，每一条指令都称为程序段（占一行）。

程序段之间根据系统不同用不同的符号隔开，程序字由地址及其后续的数值构成。

程序顺序号由N说明，范围为1~9999，顺序号是任意给定的，可以不连续，可以在所有的程度段中都指定顺序号，也可在必要的程序段指明顺序号。

3. 字和地址

程序段由字组成，而字由地址和地址后带符号的数字构成，如

$$X\text{-----------------------}1000$$

$$\{地址 \qquad 数字\} \quad 字$$

地址是大写字母 A 到 Z 中的一个，它规定了其后数字的意义。表3-1是数控系统常用各个地址的含义和指令值范围。

表 3-1 数控程序中功能字的含义表

功 能	地 址	意义和范围
程序号	O	程序编号
顺序号	N	顺序编号
准备功能	G	指令运动状态：G00 ~ G99
尺寸字	X, Y, Z, U, V, W R I, J, K	坐标轴的移动指令 圆弧半径 圆心相对始点的增量
进给功能	F	进给速度指定

（续）

功　能	地　址	意义和范围
主轴功能	S	主轴转速指令
刀具功能	T	刀具号、刀具偏置号
辅助功能	M	机床开/关控制指令 M00 ~ M99
暂停	X、P	暂停时间指令
子程序号指令	P	指令子程序号
重复次数	L	子程序的重复次数
参数	P, Q, R, V, U, W, I, J, K, A	切削循环参数
倒角控制	C, R	倒角距离、倒圆角半径

第二节　数控车床编程指令

数控车床编程指令以华中数控 HNC-21T 数控系统为主线，辅助以 FANUC 0i-T 系列、SI-EMENS 802C/S 进行讲解。指令运用需要指出的用【】标出，读者请留意。

一、S、F、T 功能

1. 主轴功能 S

【格式】 S（数字）；如：M03　S150

【说明】 控制车床主轴转速，其后的数值表示主轴速度，单位为转/每分钟（r/min）。S 是模态指令，S 功能只有在主轴速度可调节时有效，S 所编程的主轴转速可以借助机床控制面板上的主轴倍率开关进行修调。

数控车削加工时刀具作插补运动来切削工件时，当已知要求的圆周速度为 v 时，车床主轴的转速（r/min）为

$$n = \frac{1000v}{\pi d}$$

式中　d——工件的外径（mm）。

例如，工件的外径为 50mm，要求的切削速度为 100m/min，经计算可得 $n = 637$r/min，因此主轴转速为 637r/min，表示为 S637。

为保证车削后工件的表面粗糙度一致时，数控车床一般提供可以设置恒切削速度指令，车削过程中数控系统根据车削时工件不同位置处的直径计算主轴的转速。

恒切削速度设置方法如下。

G96　S_；其中 S 后面数字的单位为 m/min。

设置恒切削速度后，如果不需要时可以取消，其方式如下：

G97　S_；其中 S 后面数字的单位为 r/min。

使用恒切削速度指令后，由于主轴的转速在工件不同截面上是变化的，为防止主轴转速过高而发生危险，在设置恒切削速度前，可以将主轴最高转速设置在某一个最高值，切削过程中当执行恒切削速度时，主轴最高转速将被限制在这个最高值。

【**FANUC 0i**】　恒表面切削速度 G96（G97）　　S_

S 后指定表面速度（刀具和工件之间的相对速度），主轴旋转使表面切削速度维持恒定，而不管刀具的位置如何。

G96　S_表面速度 m/min 或 ft/min；

G97　S_主轴速度 r/min；

G50　S_；S 后指定最高主轴速度 r/min。

2. 进给速度 F

【**格式**】　F_；如：G01　X50.0　Z100.2　F100

【**说明**】　F 指令表示工件被加工时刀具相对于工件的进给速度，F 的单位取决于 G94（每分钟进给量 mm/min）或 G95（主轴每转一转刀具的进给量 mm/r）。

使用下式可以实现每转进给量与每分钟进给量的转化：

$$v_f = fS$$

式中　v_f——每分钟的进给量（mm/min）；

f——每转进给量（mm/r）；

S——主轴转速（r/min）。

F 为模态指令，在工作时 F 值一直有效，直到被新的 F 值所取代，但在工件快速定位时（如 G00 方式下）的速度与编程 F 无关，只能通过借助机床控制面板上的快进倍率调整，初学者在操作机床时一定注意，以防 F 可在一定范围内进行倍率修调。当执行攻螺纹循环 G76、G82、螺纹切削 G32 时倍率开关失效，进给倍率固定在 100%。

在数控车削加工中一般采用每转进给模式，当主轴速度较低时会出现进给率波动。主轴转速越低，波动发生越频繁。

3. 刀具功能（T 功能）

【**格式**】　T_（数字）；如：T0100

【**说明**】　用于选刀，其后的 4 位数字分别表示选择的刀具号和刀具补偿号。T 后面数字与刀架上刀号的关系是由机床制造厂规定的。

执行 T 指令，刀架选用指定的刀具。

当一个程序段同时包含 T 代码与刀具移动指令时，先执行 T 代码指令而后执行刀具移动指令，建议单列一行写出。

T 指令同时调入刀补寄存器中的补偿值，如 T0202，说明是 2 号刀、刀补为 02 内的值；T0200 为 02 号刀并取消补偿。取消补偿时注意刀具位置。

【**FANUC 0i**】　T_　H_；H_为刀具形状补偿号，可以是长度，也可以是半径。

【**SIEMENS 802C/S**】　T_　D_；D_为刀具的补偿号，刀具调用后，刀具长度补偿立即生效；如果没有编程 D 号，则 D1 值自动生效。先编程的长度补偿先执行，对应的坐标轴也先运行。刀具半径补偿必须与 G41/G42 一起执行。

如：

N10　T1；　　　　　　　//刀具 T1 D1 值生效

N11　G00　X_　Z_；　//对不同刀具长度的差值进行覆盖

N50　T4　D2；　　　　//更换成刀具 4，对应于 T4 中 D2 值生效

N70　G00　Z_　D1；　//刀 T4 中 D1 值生效，在此仅更换切削刀补偿存储器内容

二、M 功能

辅助功能由地址字 M 和其后的一或两位数字组成，主要用于控制零件程序的走向以及机床各种辅助功能的开关动作。M 功能有非模态和模态二种形式；非模态 M 功能只在所在当前程序段中有效；而模态功能从所在当前程序段的后续行一直有效，直到被同一组 M 功能所取代，见表 3-2。

表 3-2　常见 M 功能说明表

代　码	模　态	功能说明	代　码	模　态	功能说明
M00	非模态	程序停止	M03		主轴正转起动
M02	非模态	程序结束	M04	模态	主轴反转起动
M30	非模态	程序结束并返回程序起点	M05		主轴停止转动
			M06	非模态	换刀
M98	非模态	调用子程序	M08	模态	切削液打开
M99		子程序结束	M09		切削液停止

M00、M02、M30、M98、M99 一般用于控制零件程序的走向；其余 M 代码用于机床各种辅助功能的开关动作，由 PLC 程序指定，所以有可能因机床制造厂不同而有差异。

1. 程序暂停

【格式】　M00

【说明】　当程序执行到 M00 指令时，将暂停执行当前程序，以方便操作者进行刀具和工件的尺寸测量、工件掉头、手动变速等操作。暂停时，机床的主轴、进给及切削液停止。欲继续执行后续程序，重按操作面板上的"循环启动"键。

2. 程序结束

【格式】　M02

【说明】　用于在主程序的最后一个程序段中，程序执行到 M02 指令时机床的主轴进给切削液全部停止加工结束，使用 M02 的程序结束后若要重新执行该程序就得重新调用该程序。

3. 程序结束并返回到零件程序头

【格式】　M30

【说明】　程序结束并返回程序开始，与 M02 功能基本相同。

使用 M30 的程序结束后，若要重新执行该程序，只需再次按操作面板上的循环启动键。

4. 子程序调用 M98 及从子程序返回 M99（具体使用见调用子程序调用）

【格式】　主程序中要调用子程序时用 M98；子程序运行结束后，返回主程序时用 M99

【说明】

子程序的格式

% ＊ ＊ ＊ ＊ （子程序名）

…

M99

注意：FANUC 和 SIEMENS 系统子程序以文件形式存在，SIEMENS 系统子程序结束时需用 RET。

调用子程序的格式

M98　P_　L_

P 后面为被调用的子程序号，L 后数字为重复调用次数。

注意：宏程序调用时，FANUC 0i 系统 G65 的用法与 M98 相同。

5. 主轴控制指令

【格式】　M03：起动主轴正转

　　　　　M04：起动主轴反转

　　　　　M05：使主轴停止旋转

【说明】　M03、M04 、M05 为模态功能，M05 为默认功能，它们可相互注销。

6. 换刀指令

【格式】　M06

【说明】　用于车削过程中的换刀操作，与 T 指令配合使用。如 M06　T0202，选择第 2 号刀并加入补偿 02 号内的值，到达某一位置。

7. 切削液打开停止指令

【格式】　M08：打开切削液管道

　　　　　M09：关闭切削液管道

【说明】　M09 为默认功能，执行 M02、M30 时关闭主轴、切削液等。

三、G 功能

准备功能 G 指令由 G 后一或二位数值组成，如 G00、G92、G17、G42 等，用来规定刀具和工件的相对运动轨迹、机床坐标系、坐标平面、刀具补偿、坐标偏置等多种加工操作。

G 功能有非模态 G 功能和模态 G 功能之分。同样，非模态 G 功能只在所规定的程序段中有效；模态 G 功能被执行时一直有效，直到被同一组的 G 功能注销为止，模态 G 功能组中包含一个缺省 G 功能，上电时将被初始化为该功能，见表 3-3。

表 3-3　HNC-21T 、FANUC 0i 系统常用准备功能 G 指令对照表

G 代码	功能		参数后续地址字
	HNC-21T	FANUC 0i	
快速定位	G00	G00	X，Z
直线插补	G01	G01	X，Z
顺圆插补	G02	G02	X，Z，I，K，R
逆圆插补	G03	G03	X，Z，I，K，R
暂停	G04	G04	P，X
英寸输入	G20	G20	
毫米输入	G21	G21	
返回到参考点	G28	G28、G30	X，Z
由参考点返回	G29		X，Z
螺纹切削	G32	G32　Z_F_	
变螺距螺纹切削		G34	X，Z R，E，P，F

（续）

G 代码	功　　能		参数后续地址字
	HNC-21T	FANUC 0i	
刀尖半径补偿取消	G40	G40	
左刀补	G41	G41	D，H
右刀补	G42	G42	D，H
局部坐标系设定	G52	G52	X，Z
零点偏置	G54、G55、G56 G57、G58、G59	G54、G55、G56 G57、G58、G59	
宏指令简单调用	G65	G65 G66/G67	P、A、Z
精车循环	G70	G70	
外径/内径车削复合循环	G71	G71	
端面车削复合循环	G72	G72	X，Z，U，W，C，P，Q，R，E
闭环车削复合循环	G73	G73	
螺纹切削复合循环	G76	G76	
内/外径车削固定循环	G80	G90	
端面车削固定循环	G81	G94	X，Z，I，K，C，P，R，E
螺纹切削固定循环	G82	G92	
绝对值编程	G90	X、Z 表示	
增量值编程	G91	U、W 表示	
工件坐标系设定	G92	G50	X，Z
每分钟进给	G94	G98	
每转进给	G95	G99	
直径编程	G36	由系统参数确定	
半径编程	G37		

注意：00 组中的 G 代码是非模态的，其他组的 G 代码是模态的。

1. 尺寸单位选择

【格式】　G20、G21

【说明】　G20 为寸制输入制式，单位为 in；G21 为米制输入制式，单位为 mm。G20、G21 为模态功能可相互注销。规定执行该程序时用的尺寸单位，默认值由机床系统内部来确定。

2. 进给速度单位的设定 G94 、G95

【格式】　G94　F_

　　　　　G95　F_

【说明】　G94 为每分钟进给，G95 为每转进给。F 的单位依 G20/G21 的设定。G94、G95 为模态功能可相互注销，G94 为默认值。

【FANUC 0i】　G98 为每分钟进给；G99 为每转进给。

恒表面切削速度控制 G96 S_；G97 为恒表面切削速度控制的取消指令。

S 后指定表面速度（刀具和工件之间的相对速度），主轴旋转使表面切削速度维持恒定，而不管刀具的位置如何。

G50 S_；S 后指定最高主轴速度 r/min。

【SIEMENS 802S/C】 G96 S_ LIMS_ F_

其中，S 为切削速度，单位为 m/min；

LIMS 为主轴转速上限，只在 G96 中生效；

F 为旋转进给率，单位为 r/mm。

3. 编程方式

【格式】 G90 /G91

【说明】 G90 为绝对值编程方式，G91 为相对值编程方式。G90、G91 为模态功能，可相互注销，G90 为默认值。

【实例】 如图 3-4 所示使用 G90、G91 编程：要求刀具由原点按顺序移动到 1、2、3 点。

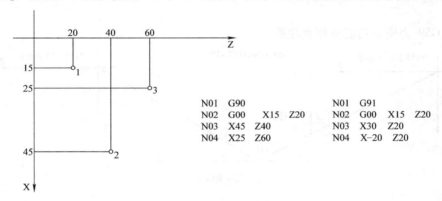

N01	G90		
N02	G00	X15	Z20
N03		X45	Z40
N04		X25	Z60

N01	G91		
N02	G00	X15	Z20
N03		X30	Z20
N04		X–20	Z20

图 3-4 编程方式

选择合适的编程方式可使编程简化，当图样尺寸由一个固定基准给定时，采用绝对方式编程较为方便；而当图样尺寸是以轮廓顶点之间的间距给出时，采用相对方式编程较为方便，G90、G91 可用于同一程序段中，但要注意其顺序所造成的差异。

4. 工件坐标系设定

【格式】 G92 X_ Z_

【FANUC 0i】 G50 X_ Z_

【说明】 工件坐标系原点到刀具起点的距离。

G92 指令通过设定刀具起点（对刀点）与坐标系原点的相对位置建立工件坐标系。工件坐标系一旦建立，绝对值编程时的指令值就是在此坐标系中的坐标值。一般情况下，FANUC 0 系统中使用 G50 来设定工件坐标系的原点，G92 在 FANUC 0 系统中用于端面循环指令。

坐标原点设定应以参考刀具的刀尖位置，保证换刀时刀具、刀库与工件及夹具之间没有干涉。

在加工之前，通常应测量出机床原点与刀具出发点之间的距离，以及其他刀具与参考刀具刀尖位置之间的距离。

如图 3-5 所示，用 G92　X15.0　Z25.0 就确定了该程序段中坐标原点的位置，执行此程序段只建立工件坐标系刀具并不产生运动，此时刀具的位置在坐标中的坐标值 X、Z 为（15，25）。

G92 指令为非模态指令，一般放在一个零件程序的第一段，本指令用于设定加工参考点坐标值，一般放在程序开头，必须用绝对坐标设定。

5. 坐标零点偏置

【格式】　G54、G55 、G56、G57、G58、G59

【说明】　G54 ~ G59 是系统预定的 6 个工件坐标系，可根据需要任意选用，如图 3-6 所示。这 6 个预定工件坐标系的原点在机床坐标系中的值（工件零点偏置值），用 MDI 方式输入，系统自动记忆。

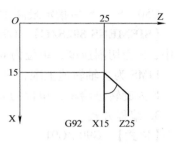

图 3-5　设定坐标原点

工件坐标系一旦选定，后续程序段中绝对值编程时的指令值均为相对此工件坐标系原点的值。

G54 ~ G59 为模态功能可相互注销。

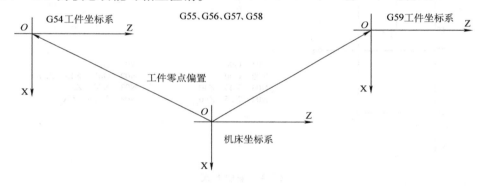

图 3-6　工件坐标系的确定

如图 3-7 所示使用工件坐标系编程，要求刀具从当前点移动到 *A* 点，再从 *A* 点移动到 *B* 点。

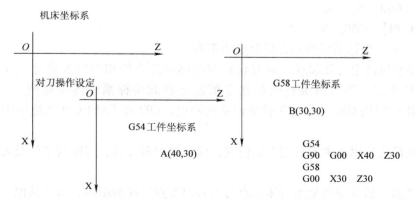

图 3-7　G53 ~ G59 工件坐标系原点的设定与应用

注意：使用该组指令前，先用 MDI 方式输入各坐标系的坐标原点在机床坐标系中的坐标值。

【**SIEMENS 802C/S**】 G54、G55、G56、G57 可设定零点偏置；G500 取消可设定的零点偏置。（即可取消 G54 ~ G57 设定的坐标零点偏置值）；G53 取消可设定的零点偏置，在程序段中使用，可编程零点偏置也一并取消。

6. 局部坐标系设定 G52

【**格式**】 G52 X_ Z_

【**说明**】 X、Z 局部坐标系原点在当前工件坐标系中的坐标值。G52 指令建立的坐标系是在 G92、G54 ~ G59 建立的坐标系内的子坐标系，即局部坐标系，如图 3-8 所示。

在含有 G52 指令的程序段中，绝对值编程方式的指令值就是在该局部坐标系中的坐标值，设定局部坐标系后工件坐标系和机床坐标系保持不变。G52 指令为非模态指令。

【**SIEMENS 802C/S**】 可编程的偏置 G158 X_ Z_，可在所有的坐标轴下进行进行零点偏置；用 G158 进行取消。

G158 要求一个单独的程序段。

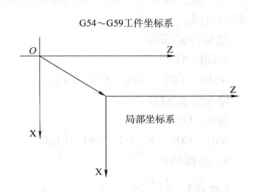

图 3-8 局部坐标系的设定 G52

7. 快速定位

【**格式**】 G00 X_ Z_

【**说明**】 实现快速进给到指定位置。进给速度由系统指定，操作面板上设有倍率调整，不能用 F 规定。一般用于加工前快速定位或加工后快速退刀。

G00 为模态，由 G01、G02、G03 或 G33 功能注销。

注意：在执行 G00 指令时，由于各轴以各自速度移动，不能保证各轴同时到达终点，因而联动直线轴的合成轨迹不一定是直线。操作者必须格外小心以免刀具与工件发生碰撞。常见的做法是将 X 轴移动到安全位置，再放心地执行 G00 指令。

如图 3-9 所示使用 G00 编程，要求刀具从 A 点快速定位到 B 点。

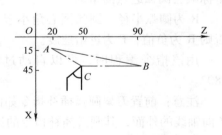

图 3-9 G00 编程

当 X 轴和 Y 轴的快进速度相同时，从 A 点到 B 点的快速定位路线为 A→C→B，即以折线的方式到达 B 点，而不是以直线方式从 A→B。

8. 直线插补

【**格式**】 G01 X_ Z_ F_

【**说明**】 实现直线进给到指定位置。进给速度用 F 指定，一般用作切削加工运动指令。

刀具按照程序要求直线运动方式，按 F 规定的进给速度，从当前位置移动到程序段指令的终点。

G01 是模态代码，可由 G00、G02、G03 或 G33 功能注销。

不运动的坐标可以省略，数值不必写入，F 值省略则采用以前设定的速度，目标点坐标可以用绝对值或增量值书写。

如图 3-10 所示，使用 G01 编程，要求从 A 点线性进给到 B 点，此时的进给路线是从 A →B 的直线。

图 3-10　G01 编程

绝对方式编程：

N020　G90

N030　G01　X30　Z80　F100

增量方式编程：

N05　G91

N10　G01　X－60　Z60　F100

9. 圆弧插补

【格式】 $\begin{cases} G02 \\ G03 \end{cases}$X_　Z_　I_　K_　F_ 或 $\begin{cases} G02 \\ G03 \end{cases}$X_　Z_　R_　F_

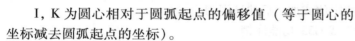

【说明】 用于圆弧插补，G02 为顺圆弧指令，G03 为逆圆弧指令。

X，Z 为圆弧终点在工件坐标系中的坐标。以绝对方式编程时，圆弧终点坐标是其在编程坐标系中的坐标值；以增量方式编程时，圆弧终点坐标是相对圆弧起点的增量值。

I，K 为圆心相对于圆弧起点的偏移值（等于圆心的坐标减去圆弧起点的坐标）。

R 为圆弧半径。圆弧圆心角小于 180° 时，R 为正值，否则 R 为负值；F 为进给速度。

用该指令编程时，可以自动过象限，但不得超过 180°。

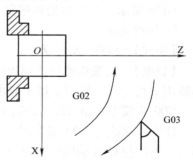

图 3-11　G02 与 G03 选择

注意：前置刀架圆弧插补指令如图 3-11 所示，但后置刀架数控车床的刀架在操作者与 Z 向轴线的外面，其圆弧插补指令的设定正好与之相反。

【实例】 使用 G03 对图 3-12 加工路线进行编程。

（1）G03　X30　Z10　R50　F100；

（2）G03　X30　Z10　I－15　K－30　F100；

注意：

1）顺时针或逆时针是沿垂直于圆弧所在平面的坐标轴的负方向看到的回转方向，前置刀架与后置刀架正好相反。

2）整圆编程时不可以使用 R，只能用 I、K。

3）同时编入 R 与 I、K 时，R 有效。

【SIEMENS 802C/S】　G5　X_　Z_　XI＝_　ZK＝_；通过中间点进行圆弧插补，即在不知半径值情况下，已知起始点、终点和圆弧中间的某一点坐标就可以进行编程。XI 必须是半径值。

如图 3-12 所示，由 A 至 B、C（27，38），其指令为：G5　X30　Z10　XI＝27　ZK＝38　F100。

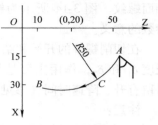

图 3-12　编程格式

10. 倒角

【格式】 $\begin{cases} G01 \\ G02/G03 \end{cases}$ X_　Z_ $\begin{cases} C\_ \\ R\_ \end{cases}$ F_

【说明】　倒角控制。在两相邻轨迹程序段之间插入直线、倒角或圆弧。倒角在指定直线插补（G01）或圆弧插补（G02 G03）的程序段尾。

输入 C_便插入倒角程序段，输入 R_便插入倒圆程序段。

C 后的数值表示倒角起点和终点距假想拐角交点的距离，R 后的值表示倒角圆弧的半径。假想拐角交点是未倒角前两相邻轨迹程序段的交点。

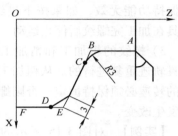

图 3-13　倒角控制

【实例】　对如图 3-13 所示加工路线进行编程，要求在两相邻轨迹程序段间分别插入直线倒角和圆弧倒角。

假设 A（15，80）B（15，50）、E（45，30）、F（45，0），R3，倒角距离为 3，编程如下：

G91　G01　Z－30　R3；//刀尖位置在 C 点，计算仍以 B 点计
X35　Z－20　C3；　　//刀尖位置在 D 点，计算仍以 E 点计
Z－30；

注意：

1）第二直线段必须由点 B 而不是由点 C 开始，在增量坐标编程方式下，需指定从点 B 开始移动的距离。

2）在螺纹切削程序段中不得出现倒角控制指令。

3）X、Z 轴指定的移动量比指定的 R 或 C 小时，系统将报警。

4）不是所有数控系统都具备此功能。

【SIEMENS 802C/S】　G01　X_　Z_　CHF＝_　F_；//倒角长度
　　　　　　　　　　　G01　X_　Z_　RND＝_　F_；//倒角半径

11. 螺纹切削

【格式】　G32/G33　X_　Z_　R_　E_　P_　F_

【说明】　用于螺纹切削，其中 X，Z 为螺纹终点；

F 为螺纹导程，即主轴每转一圈刀具相对于工件的进给值。

注意：与 G01、G02/G03 中的 F 不同；

R、E 为螺纹切削的退尾量；R 为绝对值，表示 Z 向回退量；E 为 X 向回退量，E 为正，表示沿 X 正向回退；为负，表示沿 X 负向回退。使用 R、E 可免去退刀槽，R、E 可以省略，表示不用回退功能。

P 为主轴基准脉冲处距离螺纹切削起始点的主轴转角。

使用 G32 指令能加工圆柱螺纹锥螺纹和端面螺纹。图 3-14 所示为锥螺纹切削时各参数的意义。

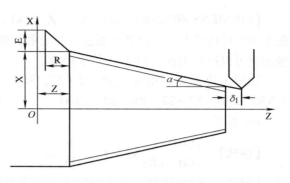

图 3-14　螺纹切削参数

在切削螺纹的开始和结束处都留有一定长度 δ_1 和 δ_2，作用主要是编码器进行定位时留有升、降速时间（参见图 3-15）。

注意：

1）在螺纹切削过程中进给修调无效。

2）在没有停止主轴的情况下停止，螺纹的切削是非常危险的，因此螺纹切削时进给保持功能无效，如果按下进给保持按键，刀具在加工完螺纹后停止运动。

3）螺纹的粗加工和精加工都是沿同一刀具轨迹重复进行的。从粗加工到精加工主轴的转速必须保持恒定，否则螺纹的导程就将发生改变。

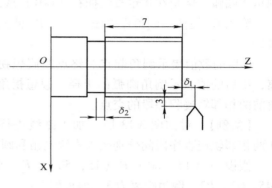

图 3-15　G32 编程

【实例】 对图 3-15 所示的圆柱螺纹编程设螺纹导程 $F = 0.4\text{in}$，$\delta_1 = 0.3\text{in}$，$\delta_2 = 0.15\text{in}$ 背吃刀量 0.1in 两次切完。

寸制直径编程

O1004

N005　　G54；	//设定工件坐标系
N010　　M03　S300；	//主轴正转，转速为300r/min
N020　　G20　G91　G00　X－3；	//设置寸制尺寸，相对编程
N030　　G32　Z－7.45　F0.4；	//第一次背吃刀量加工
N040　　G00　X3；	
N050　　Z7.45；	
N060　　X－3.1；	
N070　　G32　Z－7.45　F0.4；	//第二次背吃刀量加工
N080　　G00　X3.1；	
N090　　Z7.45；	
N100　　M05；	
N110　　M02；	

【SIEMENS 802C/S】

圆柱螺纹　　G33　Z__　K__；

锥形螺纹　　G33　Z__　X__　K__（锥角小于45°）；G33　Z__　X__　I__；（锥角大于45°）；

端面螺纹　　G33　X__　I__；

SF = __；//起始点偏移角度；I、K 为螺距

【实例】 圆柱双线螺纹，起始点偏移180°，螺纹长度（包括导入空刀量和退出空刀量）

100mm，螺距 4mm/r，右旋螺纹。

N10　G54　G00　G90　X50　Z0　S500　M3；　　　　　//回起始点，主轴右转

N20　G33　Z－100　K4　SF＝0；　　　　　　　　　//螺距 4mm/r

N30　G00　X54；

N40　Z0；

N50　X50；

N60　G33　Z－100　K4　SF＝180；　　　　　　　　//第二条螺纹线，180°偏移

N70　G00　X54

【FANUC 0i】　G32　Z_　F_；切削等导程的直螺纹，其中 F_ 为螺距。

主轴速度的确定：1≤主轴速度≤（最大进给速度/螺纹导程）

12. 自动返回参考点

【格式】　G28　X_　Z_

【说明】　快速定位到中间点，然后再从中间点返回到参考点。

X 、Z 为回参考点时，经过的中间点的坐标（非参考点）。一般情况下，该指令用于刀具自动更换或者消除机械误差，如开机前或车削中心换刀前执行。

G28 指令仅在其被规定的程序段中有效。

注意：执行指令之前应取消刀尖半径补偿，同时应注意刀架所在位置，防止快速移动时碰撞尾座、工件等部件。

在 G28 的程序段中不仅产生坐标轴移动指令，而且记忆了中间点坐标值以供 G29 使用。

13. 自动从参考点返回 G29

【格式】　G29　X_　Z_

【说明】　X、Z 为返回的定位终点，它可使所有编程轴以快速进给经过由 G28 指令定义的中间点，然后到达指定点。

通常该指令紧跟在 G28 指令之后，G29 指令仅在其被规定的程序段中有效。

用 G28、G29 对如图 3-16 所示的路径编程：要求由 A 经过中间点 B 并返回参考点然后，从参考点经由中间点 B 返回到 C。

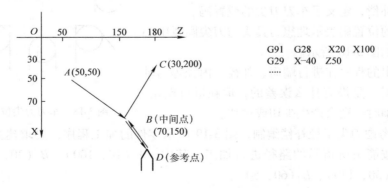

```
G91  G28   X20  X100
G29  X-40  Z50
……
```

图 3-16　G28/G29 编程

【SIEMENS 802C/S】　回固定点程序为 G75　X_　Z_；回参考点程序为 G74　X_　Z_；需要一独立程序段，并按程序段方式有效。

14. 刀尖半径补偿

【格式】$\begin{cases} G41 \\ G42 \\ G40 \end{cases} G00/G01X\_\quad Z\_\begin{cases} H\_\quad F\_ \\ D\_ \end{cases}$

【说明】

G40 为取消刀尖半径补偿指令。

G41 为左刀补（在刀具前进方向左侧补偿）指令；G42 为右刀补（在刀具前进方向右侧补偿）指令，如图 3-17 所示。前置刀架与后置刀架方向相反。

G00/G01 指令用于建立刀补或取消刀补。

G40、G41、G42 都是模态代码，可相互注销。

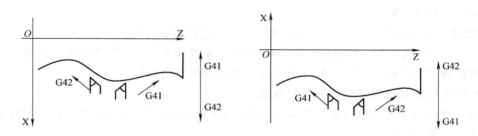

图 3-17 左刀补和右刀补

注意：

1）G41/G42 不带参数，其补偿号（代表所用刀具对应的刀尖半径补偿值），由 T 代码指定。

2）刀尖半径补偿的建立与取消，只能用 G00 或 G01，指令不得是 G02 或 G03。

3）进行补偿和取消补偿时，刀具移动距离至少大于刀尖半径的 0.8 倍以上。

车床的刀具可以多方向安装，并且刀具的刀尖也有多种形式，为使数控装置知道刀具的安装情况，准确地进行刀尖半径补偿，定义了车刀刀尖的位置码。

车刀刀尖的位置码表示理想刀具头与刀尖圆弧中心的位置关系，如图 3-18 所示。

按尖点作出的程序在进行端面、外径、内径等与轴线平行的加工时，是没有什么误差的，但在进行倒角、斜面及圆弧切削时，则会产生少切或过切。

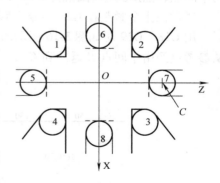

图 3-18 车刀刀尖位置码定义

【实例】 考虑刀尖半径补偿编制，图 3-19 所示零件的加工程序，要求建立如图所示的工件坐标系，按箭头所指示的路径进行加工，其中，A（10，100）、B（30，0）、G（30，70）、$R80$、F（30，120）、E（60，50）。

O0001

N10 T0101；

N20 M03 S1000；

N30 G41 G01 X10 Z100 F100；//由 F 移动到 A 点，实际移到 C 点
N40 G03 X30 Z70 R80； //编程轨迹由 A→G→B，实际是由 C→E→D 点
N50 G01 X30 Z0；
N60 G40 G00 X60 Z50； //由 B 点快速退到 E 点，实际由 D 到 E 点
N70 M05；
N80 M02；

15. 暂停指令

【格式】 G04 P（X）_

【说明】 时间延时指令。程序在执行到某一段后，需要暂停一段时间，进行某些人为的调整，这时就可用 G04 指令使程序暂停。当暂停时间一到，继续执行下一段程序。暂停时间由 P 后数值说明。

刀具作短时间的停顿，主要用于切槽、光整等，以进行无进给光整加工，获得圆整而光滑的表面。

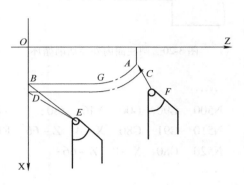

图 3-19　刀尖补偿编程

P 暂停时间，单位为 s；X 单位为 ms；

G04 为非模态指令，仅在其被规定的程序段中有效。

G04 程序段中不能有进给速度指令。

【FANUC 0i】 G04 P（X/U）_；P 暂停时间（ms），X 或 U 暂停时间为秒。

【SIEMENS 802C/S】 G4 F_；暂停时间（s）
　　　　　　　　　　　 G4 S_；暂停主轴转数

【实例】 用 SIEMENS 802C/S 系统暂停指令用法编程。

N5 G01 Z－50 F200 M3 S300；
N10 G4 F2.5； //暂停 2.5S
N20 Z70；
N30 G4 S30； //主轴暂停 30 转，相当于在 S300r/min 和转速修调 100% 时暂停 0.1min；
N40 Z13； //进给率和主轴转速继续有效。

16. 单一固定循环

【说明】 切削循环通常是用一个含 G 代码的程序段，完成用多个程序段指令的加工操作，使程序得以简化，常用的有矩形切削循环、锥形切削循环、螺纹切削循环。

（下面用 U、W 表示相对值编程方式；X 、Z 表示绝对值编程方式，不同数控系统要求不一样，读者注意）

（1）内外径切削循环 G80

【格式】 G80 X_ Z_ F_

【说明】 内外径切削循环指令，执行如图 3-20 所示 A→B→C→D→A 的轨迹动作。

【实例】 编制图 3-21 所示零件的加工程序：要求采用直径方式编程，按箭头所指示的路径进行加工。

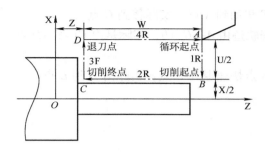

图 3-20　圆柱面内外径切削循环

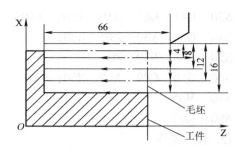

图 3-21　内（外）径切削循环编程示例

……

N500　G90　G00　X46　Z80;　　　//起刀点

N510　G91　G80　X－4　Z－66　F100;

N520　G80　X－8　Z－66;

……

（2）圆锥面内外径切削循环

【格式】　G80　X_　Z_　I_　F_

【说明】　圆锥面内外径切削循环。I 为切削起点 B 与切削终点 C 的半径差，I＝0 时，可省略不写，为矩形循环；I≠0，为锥形循环，如图 3-22 所示。

（3）端面切削循环

【格式】　G81　X_　Z_　F_

【说明】　端面切削循环，指令执行如图 3-23 所示的 A→B→C→D→A 轨迹动作。

（4）圆锥端面切削循环

【格式】　G81　X_　Z_　K_　F_

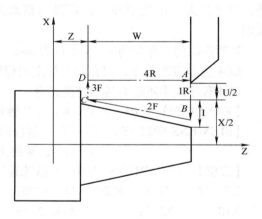

图 3-22　圆锥面内外径切削循环

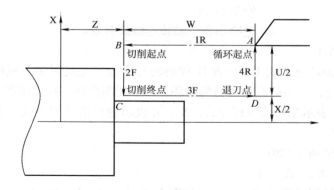

图 3-23　端面切削循环

【说明】　圆锥端面切削循环。K 为切削起点 B 相对于切削终点 C 的 Z 向有向距离，该指令执行如图 3-24 所示 $A \rightarrow B \rightarrow C \rightarrow D \rightarrow A$ 的轨迹动作。

【FANUC 0i】　直线切削 G90　X_ Z_ F_；锥度切削 G90　X_ Z_ R_ F_；其中 R 为终点与起点 X 向的差值，有正负。

端面切削 G94　X_ Z_ F_；锥面锥度切削 G90　X_ Z_ R_ F_；其中 R 为终点与起点 X 向的差值，有正负。

(5) 螺纹切削循环 G82

【格式】　G82　X_ Z_ R_ E_ C_ P_ F_

其中　X、Z 值为螺纹终点；

F 为螺纹导程；

R、E 为螺纹切削的退尾量，R、E 均为绝对值，R 为 Z 向回退量，E 为 X 向回退量，R、E 可以省略，表示不用回退功能；

C 为多线螺纹切削时的螺纹线数，为 0 时切削单线螺纹；

P 在单线螺纹切削时，为主轴基准脉冲处距离切削起始点的主轴转角；在多线螺纹切削时，为相邻螺纹线的切削起始点之间对应的主轴转角。

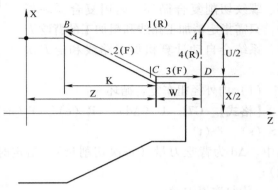

图 3-24　圆锥端面切削循环

【说明】　直螺纹切削循环，该指令执行图 3-25 所示 $A \rightarrow B \rightarrow C \rightarrow D \rightarrow E \rightarrow A$ 的轨迹动作。

注意：

螺纹切削循环同 G32 螺纹切削一样，在进给保持状态下，该循环在完成全部动作之后才停止运动。

(6) 锥螺纹切削循环

【格式】　G82　X_ Z_ I_ R_ E_ C_ P_ F_

其中　X、Z 为螺纹终点在工件坐标系下的坐标；

I 为螺纹起点与螺纹终点的半径差；

F 为螺纹导程；

R、E 为螺纹切削的退尾量，R、E 均为绝对值，R 为 Z 向回退量，E 为 X 向回退量，R、E 可以省略，表示不用回退功能；

C 为多线螺纹切削时的螺纹线数，为 0 时切削单线螺纹；

P 在单线螺纹切削时，为主轴基准脉冲处距离切削起始点的主轴转角；在多线螺纹切削时，为相邻螺纹头的切削起始点之间对应的主轴转角。

【说明】　锥螺纹切削循环，该指令执行如图 3-26 所示 $A \rightarrow B \rightarrow C \rightarrow D \rightarrow A$ 的轨迹动作。

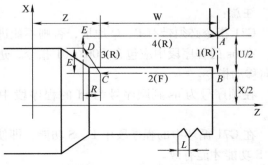

图 3-25　直螺纹切削循环

【**FANUC 0i**】 直螺纹切削 G92 X_
Z_ F_；锥螺纹切削 G92 X_ Z_ R_
F_；其中 R 为终点与起点 X 向的半径差
值，有正负。

17. 复合循环

有四类复合循环分别是内外径粗车复合
循环、端面粗车复合循环、封闭轮廓复合循
环、螺纹切削复合循环。运用复合循环指
令，只需指定精加工路线和粗加工的背吃刀
量，系统会自动计算粗加工路线和走刀次
数。

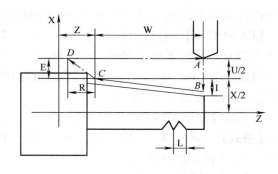

图 3-26 锥螺纹切削循环

（1）内外径粗车复合循环

【**格式**】 G71 U（Δd） R（e） P（ns） Q（nf） X（Δu） Z（Δw） F（f）
S（s） T（t）

其中 Δd 为背吃刀量（每次切削量），指定时不加符号，方向由矢量 AA'决定，（半径
量）；

e 为每次退刀量；

ns 为精加工路径第一程序段（图 3-27 中
的 AA'）的顺序号；

nf 为精加工路径最后程序段（图 3-27 中
的 BB'）的顺序号；

Δu 为 X 方向精加工余量（直径量），外
轮廓为正值，内轮廓为负值；

Δw 为 Z 方向精加工余量；

f、s、t 在粗加工时 G71 中编程的 F、S、
T 有效，而精加工时处于 ns 到 nf 程序段之间
的 F、S、T 有效。

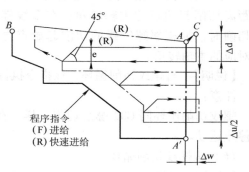

图 3-27 G71 复合循环下 X（Δu）
和（Δw）的符号

【**说明**】 内外径粗车复合循环，该指令执行运行轨迹路径如图 3-27 所示。

在 G71 切削循环下，切削进给方向平行于 Z 轴，X（Δu）、Z（Δw）的符号如图 3-30 所
示。其中（+）表示沿轴正方向移动，（-）表示沿轴负方向移动。

注意：

G71 指令必须带有 P、Q 地址，否则不能进行该循环加工。

在 ns 的程序段中应包含 G00/G01 指令，进行由 A 到 A'的运作，且该程序段中不应编有
Z 向移动指令。

在顺序号为 ns 到顺序号为 nf 的程序段中，可以有 G02/G03 指令，但不应包含子程
序。

在 G71 循环中的程序段中 F、S 功能，即使被指定也无效，只有含在 G71 的程序段中的
F、S 功能才能有效。

可以进行刀补。

【**实例**】 编制如图 3-28 所示毛坯 ϕ36mm × 100mm 零件粗加工轮廓程序。

分析：

建立坐标原点在右端，刀具 T0101 外圆刀，背吃刀量为 2mm，退刀量为 0.5mm，余量 X 向 0.5mm，Z 向 0.05。

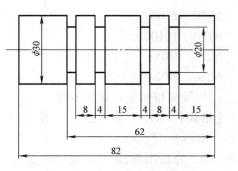

图 3-28 循环指令编程图

O21

N10   M3   S600；

N20   T0101；

N30   G90 G94 G00 X36 Z2；   //刀具位置（36，2）

N40   G71   U2   R0.5   P50   Q80

     X0.5   Z0.05   F100；   //粗加工到 ϕ30mm 处，并留加工余量

N50   G00   X30；   //粗加工刀具运动轨迹

N60   G01   Z0   F80   S1200；

N70   G01   Z – 87   F80；

N80   G00   X36；

N90   Z100；

N100   T0100；

N110   M05；

N130   M02；

【**实例**】 如图 3-29 所示，毛坯尺寸为 ϕ50mm × 80mm，编写粗加工程序。

分析：

建立坐标在右端，用外圆刀车 ϕ25mm 外圆、R24mm 圆弧、ϕ21mm 外圆和锥体。

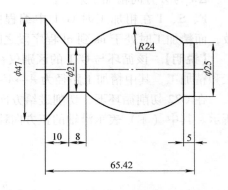

图 3-29 粗加工循环指令图例

O27

N010   M3   S600；

N020   T0101；   //建立工件坐标系，直径编程

N030   G90 G94 G00 X50 Z2；   //起刀点（50，2）

N040   G71   U2   R0.5   P50   Q110

     X0.5   Z0.05   F100；   //粗加工得到零件的外形轮廓，并留有加工余量

N050   G00   X25；

N060   G01   Z – 5   F80   S1000；

N070   G03   X21   Z – 47.42   R24；

N080   G01   Z – 55.42；

N090   X47   Z – 65.42；

N100   Z – 70；

N110   G00   X50；   //粗加工刀具运动轨迹

N120　Z100；

N130　T0100；　　　　　　　　　　　　//取消刀补

N220　M05；

N230　M02；

（2）端面粗车复合循环 G72

【格式】　G72　W（Δd）　R（e）　P（ns）　Q（nf）　X（Δu）　Z（Δw）　F
（f）　S（s）　T（t）

其中　Δd 为切削深度（每次切削量），指定时不加
符号，方向由矢量 AA' 决定，（半径量）；

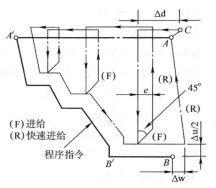

e 为每次退刀量；

ns 为精加工路径第一程序段（图 3-30 中 AA'）
的顺序号；

nf 为精加工路径最后程序段（图 3-30 中 BB'）
的顺序号；

Δu 为 X 方向精加工余量，（直径量）；

Δw 为 Z 方向精加工余量；

F、S、T 在粗加工时 G71 中编程的 F、S、T 有
效，而精加工时处于 ns 到 nf 程序段之间有效。

图 3-30　端面粗车符合循环 G72

【说明】　该循环与 G71 的区别仅在切削方向平行与 X 轴。该指令如图 3-30 所示的粗加
工和精加工，其中精加工路径为 $A→A'→B'→B$ 的轨迹。

在 G72 切削循环下，切削进给方向平行与 X 轴，X（Δu）和 Z（Δw）的符号如图 3-31
所示。其中（+）表示沿轴的正方向移动，（–）表示沿轴负方向移动。

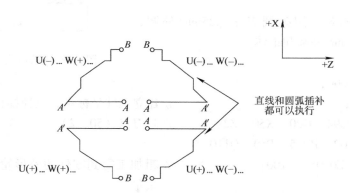

图 3-31　G72 复合循环下 X（Δu）和 Z（Δw）的符号

注意：

G72 指令必须带有 P、Q 地址，否则不能进行该循环加工。

在 ns 的程序段中应包含 G00/G01 指令，进行由 A 到 A' 的动作，但不应包含子程序。

在顺序号为 ns 到顺序号为 nf 的程序段中，可以有 G02/G03 指令，但不应包含子程
序。

【实例】　编制如图 3-32 所示零件的加工程序，要求循环起始点在 A（80，1），背吃刀

量为 1.2mm，进给量为 100mm/min，X 方向精加工余量为 0.2mm，Z 方向精加工余量为 0.5mm，其中双点画线部分为工件毛坯。

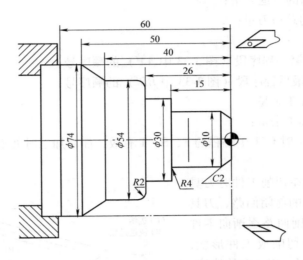

图 3-32 G72 外径粗切复合循环编程实例

%3331

N1	T0101；	//换一号刀，确定其坐标系
N2	G00 X100 Z80；	//到程序起点或换刀点位置
N3	M03 S400；	//主轴以 400r/min 正转
N4	X80 Z1；	//到循环起点位置
N5	G72 W1.2 R1 P8 Q17 X0.2 Z0.5 F100；	//外端面粗切循环加工
N6	G00 X100 Z80；	//粗加工后，到换刀点位置
N7	G42 X80 Z1；	//加入刀尖圆弧半径补偿
N8	G00 Z-56；	//精加工轮廓开始，到锥面延长线处
N9	G01 X54 Z-40 F80；	//精加工锥面
N10	Z-28；	//精加工 ϕ54mm 外圆
N11	G02 U-4 W2 R2；	//精加工 R4mm 圆弧
N12	G01 X30；	//精加工 Z26 处端面
N13	Z-15；	//精加工 ϕ30mm 外圆
N14	U-12；	//精加工 Z15 处端面
N15	G03 U-8 W4 R4；	//精加工 R2mm 圆弧
N16	Z-2；	//精加工 ϕ10mm 外圆
N17	U-4 W2；	//精加工倒角 C2，精加工轮廓结束
N18	G00 X50；	//退出已加工表面
N19	G40 X100 Z80；	//取消半径补偿，返回程序起点位置
N20	M30；	//主轴停、主程序结束并复位

（3）闭环粗车复合循环

【格式】 G73 U（ΔI） W（Δk） R（d） P（ns） Q（nf） X（Δu） Z（Δw） F_ S_ T_

其中 ΔI 为 X 轴方向的总退刀量；

Δk 为 Z 轴方向的总退刀量；

d 为粗切削次数；

ns 为精加工路径第一程序段（图 3-33 中 AA′）的顺序号；

nf 为精加工路径最后程序段（图 3-33 中 BB′）的顺序号；

Δu 为 X 方向精加工余量；

Δw 为 Z 方向精加工余量；

F、S、T 在粗加工时 G71 中编程的 F、S、T 有效，而精加工时处于 ns 到 nf 程序段之间有效。

【说明】 该功能在切削工件时刀具轨迹为如图 3-33 所示的封闭回路，刀具逐渐进给，使封闭切削回路逐渐向零件最终形状靠近，最终切削成工件形状，其精加工路径为 A→A′→B′→C 的轨迹。这种指令能对铸造，锻造等粗加工中已初步成形的工件，进行高效率切削。

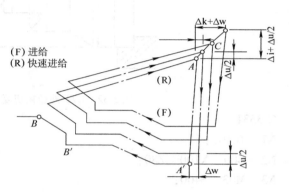

图 3-33 G73 复合循环图例

【实例】 编制如图 3-34 所示零件加工程序，要求加工 A′ 点到 B 点的工件外形，设切削起始点在 A（200，250），X、Z 方向粗加工余量分别为 14mm、14mm，粗加工次数为 3 次。X、Z 方向精加工余量分别为 0.6mm、0.3mm。

O0010；

N100	G92	X200	Z250；	//用 G92 设定工件坐标系
N110	M03	S800		
N120	G00	X120	Z85；	//起刀点位置（120，85）
N130	G73	U14	W14 R3 P140 Q180	
	X0.6	Z0.3	F0.3 S100；	//粗车循环，并留有加工余量
N140	G00	X20	Z58；	
N150	G01	X20	Z43；	
N160		X40	Z35；	
N170	G02	X80	Z10 R35；	
N180	G01	X100	Z0；	//刀具运动轨迹
N190	G00	X200	Z250；	
N200	M05			
N210	M02；			

（4）螺纹切削复合循环 G76

【格式】 G76 C（m） R（r） E（e） A（α） X（u） Z（w） I（i） K

（k）U（d）　　V（Δd_{min}）　　Q（Δd）　　P（p）　　F（L）；

其中　m 为精整次数（1～99），为模态值；

　　r 为螺纹 Z 向退尾长度（00～99），为模态值；

　　e 为螺纹 X 向退尾长度（00～99），为模态值；

　　α 为刀尖角度（二位数字），为模态值；在 80°、60°、55°、30°、29°和 0°六个角度选一个；

　　u，w 在绝对值编程时，为螺纹终点的坐标，在增量值编程时，为螺纹终点相对与循环起点 A 的有向距离；

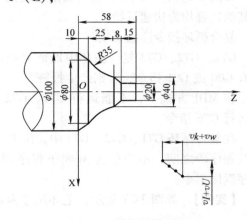

图 3-34　G73 编程示例

　　Δd_{min} 为最小背吃刀量；当一次背吃刀量（$\Delta d \sqrt{n} - \Delta d \sqrt{n-1}$）小于 Δd_{min} 时，则背吃刀量设定为此值；

　　d 为精加工余量。

　　i 为螺纹两端的半径差；如 i =0，为直螺纹（圆柱螺纹）切削方式；

　　k 为螺纹高度，该值由 X 轴方向上的半径值指定；

　　Δd 为第一次背吃刀量（半径值）；

　　P 为主轴基准脉冲处距离切削起始点的主轴转角；

　　L 为螺纹导程（同 G32）。

　　【说明】　螺纹切削固定循环 G76 执行如图 3-35 所示的加工轨迹。其单边切削及参数如图 3-36 所示。

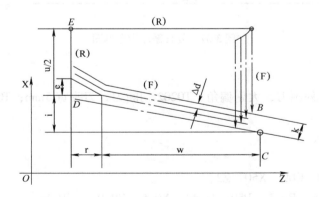

图 3-35　螺纹切削固定循环路线图

　　按 G76 段中的 X（u）和 Z（w）指令实现循环加工，增量编程时要注意 u 和 w 的正负号（由刀具轨迹 AC 和 CD 段的方向决定）。

　　G76 循环进行单边切削，减少了刀尖的受力。第一次背吃刀量为 Δd，第 n 次的总背吃刀量为 $\Delta d \sqrt{n}$，使每次循环的切削保持恒定。

在图 3-34 中，*C* 到 *D* 点的切削速度由 F 代码指定，而其他轨迹均为快速进给。

复合循环指令注意事项：

G71、G72、G73 复合循环中地址 P 指定的程序段，应有 G00 或 G01 指令，否则产生报警。

在 MDI 方式下，不能运行 G71、G72、G73 指令，可运行 G76 指令。

在复合循环 G71、G72、G73 中，由 P、Q 指定顺序号的程序段之间，不应包含 M98 子程序调用及 M99 子程序返回指令。

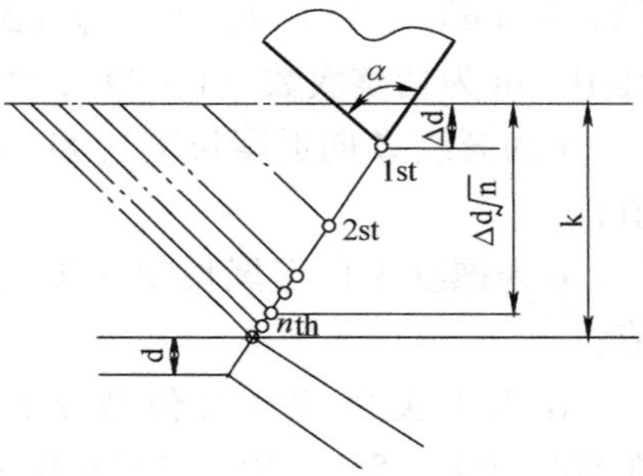

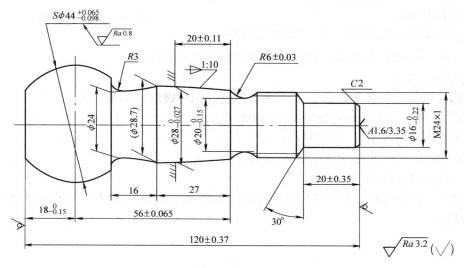

图 3-36　螺纹切削固定循环刀具运行图

【实例】　如图 3-37 所示，毛坯尺寸为 $\phi 50mm \times 150mm$，编制其数控加工程序。

图 3-37　复合循环指令例图

分析：

刀具选用 T0101 外圆刀，大副偏角；T0202 切断刀，刀头宽 5mm；T0303 外螺纹刀。

O123

N10　M3　S600；

N20　T0101；

N30　G94　G90　G00　X50　Z2；

N40　G71　U1.5　R0.5　P50　Q180　X0.5　Z0.02　F100；　　//粗加工 $\phi 50mm$ 毛坯至工件外形轮廓，留有余量

N50　G00　X12；

N60　G01　Z0　F80　S1000；

N70　X16　Z-2；

N80　Z-20；

N90 X24 Z－22.31；

N100 Z－36.33；

N110 G02 X26 Z－46 R6；

N120 G01 X28 Z－66；

N130 X28.7 Z－73；

N140 X25 Z－85.56；

N150 G02 X30.9 Z－89 R3；

N160 G01 X35.5；

N170 G03 X25.3 Z－120 R22；

N180 G00 X50； //粗加工刀具运动轨迹

N190 Z100；

N200 T0100； //取消 1 号刀补

N210 T0303； //换 3 号螺纹刀

N220 M3 S500；

N230 G00 X26；

N240 Z－20； //加工螺纹起始位置（26，－22.31）

N250 G76 C2 A60 U0.1 V0.1 Q0.4 //加工 M24×1 螺纹
X22.8 Z－37 K0.54 F1；

N260 G00 X30；

N270 Z100；

N280 T0300；

N290 T0202； //换 2 号刀

N300 M3 S400；

N310 G00 X55；

N320 Z－124；

N330 G01 X0 F15； //切断工件

N340 G00 X55；

N350 Z100；

N360 M5；

N370 M2；

18. 【FANUC 0i】系统的有关循环指令

有三种固定循环，即外径/内径切削固定循环（G90）、螺纹切削固定循环（G92）以及端面切削固定循环（G94）。

（1）外径/内径切削固定循环

1）矩形循环。

【格式】 G90 X（U）＿ Z（W）＿ F＿；

2）锥形循环

【格式】 G90 X（U）＿ Z（W）＿ R＿ F＿；R 为起始点与终点 X 轴向的半径差值。

（2）螺纹切削固定循环（G92）

1）螺纹切削

【格式】 G92 X（U）_ Z（W）_ F_；指定螺距 L。

2）锥螺纹切削

【格式】 G92 X（U）_ Z（W）_ R_ F_；指定螺距 L。

（3）端面切削固定循环（G94）

【格式】 G94 X（U）_ Z（W）_ F_；

复合形状固定循环应用于切除非一次加工即能加工到规定尺寸的场合。利用复合固定循环功能，只要编写出最终加工路线，给出每次的背吃刀量等加工参数，车床即可自动地重复切削，直到加工完为止。

（4）粗车循环指令 G71 适用于圆柱毛坯料粗车外径和圆筒毛坯料粗镗内径。

【格式】 G0 X（α） Z（β）

G71 U（Δd） R（e）

G71 P（ns） Q（nf） U（u） W（w） F（f）

其中 α、β 为粗车循环起刀点位置坐标。α 值确定切削的起始直径。α 值在圆柱毛坯料粗车外径时，应比毛坯直径稍大 1~2mm，β 值应离毛坯右端面 2~3mm，在圆筒毛坯料粗镗内径时，α 值应比筒料内径稍小 1~2mm，β 值应离毛坯右端面 2~3mm；

Δd 为循环切削过程中径向的背吃刀量，半径值，单位为 mm；

e 为循环切削过程中径向的退刀量，半径值，单位为 mm；

ns 为轮廓循环开始程序段的段号；

nf 为轮廓循环结束程序段的段号。如开始段为 N30……，结束段为 N95……，则为 G7；P30 Q95…；

u 为 X 方向的精加工余量，直径值，单位为 mm。在圆筒毛坯料粗镗内径时，应指定为负值；

w 为 Z 方向的精加工余量，单位为 mm；

f 为进给量，单位为 G98 为 mm/min 或 G99 为 mm/r。

（5）端面粗车循环指令 G72 适用于圆柱棒料毛坯端面方向粗车，从外径方向往轴心方向车削。

【格式】 G0 X（α） Z（β）

G72 W（Δd） R（e）

G72 P（ns） Q（nf） X（u） Z（w） F（f）

其中 Δd 为循环切削过程中轴向的背吃刀量，单位为 mm；

e 为循环切削过程中轴向的退刀量，单位为 mm；

其他含义同 G71。

（6）固定形状粗车循环指令 G73 适用于毛坯轮廓形状与零件轮廓形状基本接近时的粗车，如一些锻件、铸件的粗车。

【格式】 G0 X（α） Z（β）

G73 U（Δi） W（Δk） R（d）；

G73 P（ns） Q（nf） U（Δu） W（Δw） F（f） S（s） T（t）；

其中 Δi 为 X 轴方向退刀的距离及方向（半径量），具备模态功能；

Δk 为 Z 轴方向的退刀距离及方向，具备模态功能；

d 为分割次数（即粗车循环次数），具备模态功能；

ns 为构成精加工形状的程序段群的第一个程序段的顺序号；

nf 为构成精加工形状的程序段群的最后一个程序段的顺序号；

Δu 为 X 轴方向的精加工余量（直径/半径指定）；

Δw 为 Z 轴方向的精加工余量；

F，S，T 在 ns ~ nf 间任何一个程序段上的功能均无效，仅在 G73 中指定的 F，S，T 功能有效。

注意：

1）Δi、Δk、Δu 和 Δw 都用地址 U、W 指定，它们的区别是根据有无指定 P，Q 来判断。

2）循环动作 G73 指令 P，Q 来进行。切削形状可分为四种，编程时请注意 Δu、Δw、Δi 和 Δk 的符号。

（7）精加工循环指令 G70　当用 G71、G72、G73 粗车工件后，用 G70 来指定精车循环，切除粗加工中留下的余量。

【格式】　G0　X（α）　　Z（β）

　　　　　G70　P（ns）　　Q（nf）　　F（f）

程序段中各地址的含义同前。

（8）切槽循环指令 G75

【格式】　G0　X（$α_1$）　　Z（$β_1$）

　　　　　G75　R（Δe）

　　　　　G75　X（$α_2$）　　Z（$β_2$）　　P（Δi）　　Q（Δk）　　R（Δw）　　F

其中　$α_1$、$β_1$ 为切槽刀起始点坐标。$α_1$ 应比槽口最大直径（有时在槽的左右两侧直径是不相同的）大 2 ~ 3mm，以免在刀具快速移动时发生撞刀；$β_1$ 与切槽起始位置从左侧或右侧开始有关，优先选择从右侧开始；

$α_2$ 为槽底直径；

$β_2$ 为切槽时的 Z 向终点位置坐标，同样与切槽起始位置有关；

Δe 为切槽过程中径向的退刀量，半径值，单位为 mm；

Δi 为切槽过程中径向的每次切入量，半径值，单位为 μm；

Δk 为沿径向切完一个刀宽后退出，在 Z 向的移动量，单位为 μm，但必须注意其值应小于刀宽；

Δw 为刀具切到槽底后，在槽底沿 −Z 方向的退刀量，单位为 μm。注意：尽量不要设置数值，取 0，以免断刀。

（9）螺纹切削循环（G76）

【格式】　G76　P（m）（r）（a）　　Q（$Δd_{min}$）　　R（d）

　　　　　G76　X（U）_　Z（W）_　R（i）　　P（k）　　Q（Δd）　　F（L）；

其中　螺纹刀具轨迹及切削情况如图 3-38 和图 3-39 所示。

m 为精加工重复次数（99）；

r 为倒角量，当螺距由 L 表示时可以从 0.01L 到 9.9L 设定单位为 0.01L（两位数从 00 到

99）；

　　α 为刀尖角度，可以选择 80、60、55、30、29 和 0，六种中的一种由 2 位数规定；

　　m、r 和 α 用地址 P 同时指定，如当 m = 2、r = 1.2L、α = 60°指定如下（L 是螺距）：

P021260；

　　Δd_{min} 为最小背吃刀量（用半径值指定）；

　　d 为精加工余量；

　　i 为螺纹半径差，如果 i = 0 可以进行普通直螺纹切削；

　　K 为螺纹高，这个值用半径值规定；

　　Δd 为第一刀背吃刀量（半径值）；

　　L 为导程。

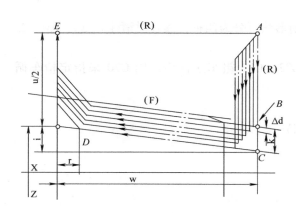

图 3-38　螺纹切削循环的刀具轨迹

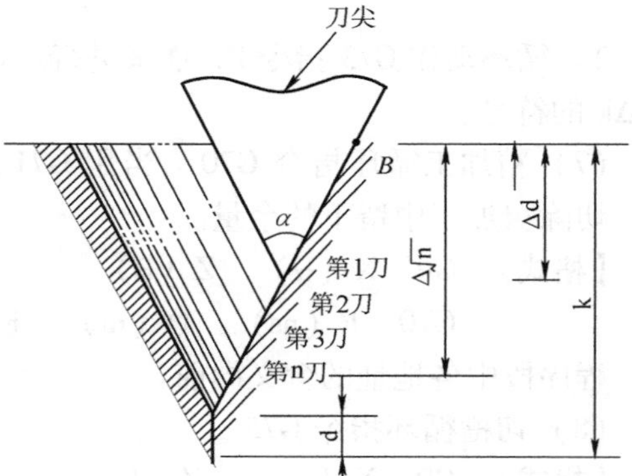

图 3-39　螺纹刀具循环切削量

【实例】　　编写如图 3-40 所示的程序。

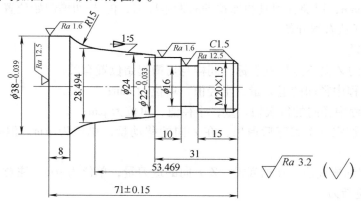

图 3-40　复合循环指令例图

1. 工艺路线

1）棒料伸出卡盘外约 85mm，找正后夹紧。

2）用 1 号刀，采用 G71 进行轮廓循环粗加工。

3）用 1 号刀，采用 G70 进行轮廓精加工。

4）用 2 号刀，采用 G75 进行切槽加工。

5）用 3 号刀，采用 G76 进行螺纹循环加工。

6）用 2 号刀切下零件。

2. 刀具设置

机夹车刀（硬质合金可转位刀片）为 1 号刀，宽 4mm 的硬质合金焊接切槽刀为 2 号刀，60°硬质合金机夹螺纹刀为 3 号刀。

3. 相关计算

螺纹总背吃刀量为 $h = 0.6495P = 0.6495 \times 1.5\text{mm} \approx 0.974\text{mm}$

4. 加工程序（用 FANUC 0i 系统编写）

O1017	//程序名
N5　G54　G98　G21；	//用 G54 指令工件坐标系，分进给、米制编程
N10　M3　S800；	//主轴正转，转速为 800r/min
N15　T0101；	//换 1 号外圆车刀，导入刀具刀补
N20　G0　X42　Z0；	//绝对编程，快速到达端面的径向外
N25　G1　X - 0. 5　F50；	//车削端面。为防止在圆心处留下小凸块，所以车削到 - 0. 5mm
N30　G0　X41　Z2；	//快速到达轮廓循环起刀点
N35　G71　U1. 5　R2；	//外径粗车循环，给定加工参数。N45 ~ N90 为循环部分轮廓
N40　G71　P45　Q90　U0. 5　W0. 1　F100；	
N45　G1　X17；	//从循环起刀点以 100mm/min 进给移动到轮廓起始点
N50　Z0；	
N55　X19. 8　Z - 1. 5；	//加工倒角
N60　Z - 21；	//车削螺纹部分圆柱
N65　X22；	//车削槽处的台阶端面
N70　Z - 31；	//车削 $\phi22\text{mm}$ 外圆
N75　X24；	//车削台阶
N80　X28. 494　Z - 53. 469；	//车削 1:5 圆锥
N85　G2　X38　Z - 63　R15；	//车削 R15mm 顺时针圆弧
N90　G1　Z - 76；	//车削 $\phi38\text{mm}$ 外圆
N95　G0　X100；	//刀具沿径向快退
N100　Z200；	//刀具沿轴向快退
N105　M5；	//主轴停转
N110　M0；	//程序暂停。用于对粗加工后的零件进行测量
N115　M3　S1200；	//主轴重新起动，转速 1200r/min
N120　T0101；	//重新调用 1 号刀补，可引入刀具偏移量或

		磨损量
N125	G0　X42　Z2；	//从 N45～N90 对轮廓进行精加工
N130	G70　P45　Q90　F50；	
N135	G0　X100；	//刀具沿径向快退
N140	Z200；	//刀具沿轴向快退
N145	M5；	//主轴停转
N150	M0；	//程序暂停。用于精加工后的零件测量，断点从 N115 开始
N155	M3　S600；	//主轴重新起动，转速 600r/min
N160	T0202；	//换 2 号切槽刀，导入刀具刀补
N165	G0　X24　Z－19；	//快速到达切槽起始点
N170	G75　R0.1；	//指定径向退刀量 0.1mm
N175	G75　X16　Z－21　P500　Q3500　R0　F50；	
		//指定槽底、槽宽及加工参数
N180	G0　X100；	//沿径向退出
N185	X200；	//沿轴向退出
N190	M3　S600；	//螺纹加工完毕后如果尺寸偏大，必须从此位置开始断点加工
N195	T0303；	//换 3 号螺纹刀，导入刀具补偿（在断点加工时可引入偏移量）
N200	G0　X21　Z3；	//快速到达螺纹加工起始位置，轴向有空刀导入量
N205	G76　P20160　Q80　R0.1；	//螺纹循环加工参数设置，螺纹精加工两次
N210	G76　X18.052　Z－17　R0　P974　Q400　F1.5；	
N215	G0　X100；	//沿径向退出
N2250	Z200；	//沿轴向退出
N225	M5；	//主轴停转
N230	M0；	//程序暂停。用于对螺纹的检验，如果尺寸偏大，则断点加工
N235	M3　S600；	//如果螺纹加工完毕不进行检验，则可跳跃
N240	T0202；	//换 2 号切槽刀，导入刀具刀补
N245	X42　Z－75；	//快速到达切断位置
N250	G1　X0　F30；	//切断进给
N255	X42　F100；	//切断完毕后沿径向进给退出
N260	G0　X100；	//沿径向快退
N265	Z200；	//沿轴向快退
N270	T0101；	//换上 1 号刀，为下一个零件的加工做准备
N275	M30；	//程序结束
%		//程序结束符

19. 【**SIEMENS 802C/S**】固定循环应用

（1）钻削循环 LCYC82　沉孔加工刀具以编程的主轴速度和进给速度钻孔，直至到达给定的最终钻削深度。在到达最终钻削深度时可以编程一个停留时间。退刀时以快速移动速度进行。

条件：

1）必须在调用程序中给定主轴速度值和方向以及进给轴进给率。

2）在调用循环之前必须在调用程序中回钻孔位置。

3）在调用循环之前必须选择带刀具补偿的相应的刀具。

4）必须处于 G17 有效状态。

LCYC82 中参数含义，见表 3-4。

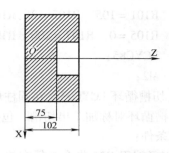

图 3-41　LCYC82 循环指令例图

表 3-4　参数含义

参数	意义，值范围
R101	退回平面（绝对平面）
R102	安全距离
R103	参考平面（绝对平面）
R104	最后钻深（绝对值）
R105	在此钻削深度停留时间

【**实例**】　使用 LCYC82 循环，程序在 XY 平面加工深度为 27mm 的孔，在孔底停留时间 2s，钻孔坐标轴方向安全距离为 4mm。循环结束后刀具处于 X24　Z110，如图 3-41 所示。

参考程序

```
N10   G00  G18  G90  F500  T2  D1  S500  M4；      //规定一些参数值
N20   Z110   X0；                                 //回到钻孔位
N25   G17；
N30   R101 = 110  R102 = 4  R103 = 102  R104 = 75；  //设定参数
N35   R105 = 2；                                  //设定参数
N40   LCYC82；                                     //调用循环
N50   M2；                                        //程序结束
```

（2）镗孔循环 LCYC85　刀具以给定的主轴速度和进给速度钻削，直至最终钻削深度。如果到达最终深度，可以编程一个停留时间。进刀及退刀运行分别按照相应参数下编程的进给率速度进行。

LCYC85 中参数含义，如表 3-5。

表 3-5　参数含义

参数	含义，数值范围	参数	含义，数值范围
R101	退回平面（绝对平面）	R105	在此钻削深度处的停留时间
R102	安全距离	R107	钻削进给率
R103	参考平面（绝对平面）	R108	退刀时进给率
R104	最后钻深（绝对值）		

时序过程：

1）用 G00 回到被提前了一个安全距离量的参考平面处。

2）用 G01 以 R107 参数编程的减给率加工到最终钻削深度，执行最终钻削深度的停留时间。

3）用 G01 以 R108 参数编程的退刀进给率返回到被提前了一个安全距离量的参考平面处。

【实例】 如图 3-41 所示，参考程序如下：

N10	G00 G90 G18 F1000 S500 M3 T1 D1；			//规定一些参数值
N20	Z110 X0；			//回到钻孔位
N25	G17；			
N30	R101 = 105 R102 = 2 R103 = 102 R104 = 75；			//设定参数
N35	R105 = 0 R107 = 200 R108 = 400；			//设定参数
N40	LCYC85；			//调用循环
N50	M2；			//程序结束

（3）切槽循环 LCYC93 在圆柱形工件上，不管是进行纵向加工还是进行横向加工均可以利用切槽循环对称加工出切槽，包括外部切槽和内部切槽。

前提条件：

1）直径编程 G23 指令必须有效。

2）在调用切槽循环之前必须已经激活用于进行加工的刀具补偿参数，刀具宽度用 R107 编程。

LCYC93 切槽循环图形表达如图 3-42 所示，参数含义见表 3-6。

表 3-6 参数含义

参数	含义及数值范围	参数	含义及数值范围
R100	横向坐标轴起始点	R114	槽宽，无符号
R101	纵向坐标轴起始点	R115	槽深，无符号
R105	加工类型，数值 1～8	R116	角，无符号范围：0～89.9990
R106	精加工余量，无符号	R117	槽沿倒角
R107	刀具宽度，无符号	R118	槽底倒角
R108	背吃刀量，无符号	R119	槽底停留时间

用 G00 回到循环内部所计算的起始点。

切深进给：在坐标轴平行方向进行粗加工直至槽底，同时要注意精加工余量；每次切深之后要空运行，以便断屑。

切宽进给：每次用 G00 进行切宽进给，方向垂直于切深进给，其后将重复切深加工的粗加工。

深度方向合宽度方向的进刀量以可能的最大值均匀地进行划分。在有要求的情况下，齿面的粗加工将沿着切槽宽度方向分多次进刀。

【实例】 如图 3-43 所示，从起始点（60，35）起加工深度为 25mm、宽度为 30mm 的切槽。槽底倒角的长度编程 2mm。精加工余量 1mm。

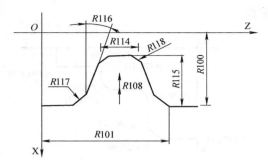

图 3-42　切槽循环 LCYC93 刀具路线图

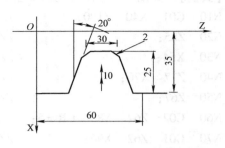

图 3-43　切槽循环例图

N10　G00　G90　Z100　X100　T2　D1　S300　M3　G23；　　//选择起始位置和工艺
　　　　　　　　　　　　　　　　　　　　　　　　　　　　　　参数

N20　G95　F0.3；

R100 = 35　R101 = 60　R105 = 5　R106 = 1　R107 = 12；　　//循环参数

R108 = 10　R114 = 30　R115 = 25　R116 = 20

R117 = 0　R118 = 2　R119 = 1

N60　LCYC93；　　　　　　　　　　　　　　　　　　　//调用循环

N70　G90　G00　Z100　X50；　　　　　　　　　　　　//下一个位置

N100　M2；

(4) 毛坯切削循环 LCYC95　用此循环可以在坐标轴平行方向加工由子程序编程的轮廓，可以进行纵向和横向加工，也可以进行内外轮廓的加工。

调用循环之前，必须在所调用的程序中已经激活的刀具补偿参数，毛坯切削循环 LCYC95 中各参数含义见表 3-7。各位置及加工方式参数见表 3-8。

表 3-7　参数含义

参数	含义及数值范围	参数	含义及数值范围
R015	加工类型数值 1 ~ 12	R110	粗加工时的退刀量
R106	精加工余量，无符号	R111	粗切进给率
R108	背吃刀量，无符号	R112	精切进给率
R109	粗加工切入角		

表 3-8　用参数 R105 确定加工方式含义表

数值	纵向/横向	外部/内部	粗加工/精加工/综合加工	数值	纵向/横向	外部/内部	粗加工/精加工/综合加工
1	纵向	外部	粗加工	7	纵向	内部	精加工
2	横向	外部	粗加工	8	横向	内部	精加工
3	纵向	内部	粗加工	9	纵向	外部	综合加工
4	横向	内部	粗加工	10	横向	外部	综合加工
5	纵向	外部	精加工	11	纵向	内部	综合加工
6	横向	外部	精加工	12	横向	内部	综合加工

【实例】 如图 3-44 所示，从 $P0$ 至 $P8$ 进行编程。

N10	G01 X40 Z100 ;	//起始点
N20	Z85 ;	//P_1
N30	X54 ;	//P_2
N40	Z77 X70 ;	//P_3
N50	Z67 ;	//P_4
N60	G02 Z62 X80 CR＝5 ;	//P_5
N70	G01 Z62 X96 ;	//P_6
N80	G03 Z50 X120 CR＝12 ;	//P_7
N90	G01 Z35 ;	//P_8

图 3-44 轮廓编程图例

对于加工方式为"端面、外部轮廓加工"的轮廓必须按照从 P_8 （120，35）到 P_0 （40，100）的方向编程。

【实例】 编程的轮廓加工方式为"纵向、外部综合加工"，最大进刀量 5mm，精加工余量 1.2mm，进刀角度 70°。

N10 T1 D1 G00 G23 G95 S500 M3 F0.4 ;	//确定工艺参数
N20 Z125 X162 ;	//调用循环之前无碰撞地回轮廓起始点
_CNAME＝"TESK1" ;	//轮廓子程序程序名
R105＝9 R106＝1.2 R108＝5 R109＝7 ;	//设置其他循环参数
R110＝1.5 R111＝0.4 R112＝0.25 ;	
N20 LCYC95 ;	//调用循环
N30 G00 G90 X81 ;	//按不同的坐标轴分别回起始点
N35 Z125 ;	
N99 M30 ;	
TESK1.SPF ;	
N10 G01 Z100 X40 ;	//起始点
N20 Z85 ;	//P_1
N30 X54 ;	//P_2
N40 Z77 X70 ;	//P_3
N50 Z67 ;	//P_4
N60 G02 Z62 X80 CR＝5 ;	//P_5
N70 G01 Z62 X96 ;	//P_6
N80 G03 Z50 X120 CR＝12 ;	//P_7
N90 G01 X35 ;	//P_8
M17 ;	

（5）螺纹切削循环 LCYC97 用螺纹切削循环可以按纵向或横向加工形状为圆柱体或圆锥体的外螺纹或内螺纹，并且既能加工单线螺纹也能加工多线螺纹。

切削进刀深度可自动设定。

左旋螺纹/右旋螺纹由主轴的旋转方向确定，它必须在调用循环之前的程序中编入。

在螺纹加工期间，进给修调开关和主轴修调开关均无效。

螺纹切削 LCYC97 中各参数含义见表 3-9。

表 3-9　参数含义

参数	含义及数值范围	参数	含义及数值范围
R100	螺纹起始点直径	R106	精加工余量，无符号
R101	纵向轴螺纹起始点	R109	空刀导入量，无符号
R102	螺纹终点直径	R110	空刀退出量，无符号
R103	纵向轴螺纹终点	R111	螺纹深度，无符号
R104	螺纹导程值，无符号	R112	起始点偏移，无符号
R105	加工类型 数值：1、2	R113	粗切削次数，无符号
		R114	螺纹线数，无符号

循环的时序过程：

1）用 G00 回第一条螺纹线空刀导入量的起始处。

2）按照参数 R105 确定的加工方式进行粗加工进刀。

3）根据编程的粗切削次数重复螺纹切削。

4）用 G33 切削精加工余量。

【实例】　切削双线螺纹 M42×2 长 35，编写程序如下：

```
N10   G23   G95   F0.3   G90   T1   D1   S1000   M4;      //确定工艺参数
N20   G00   Z100   X120;                                   //编程的起始位置
R100 = 42   R101 = 80   R102 = 42   R103 = 45;             //循环参数
R104 = 2   R105 = 1   R106 = 1   R109 = 12   R110 = 6;
R111 = 4   R112 = 0   R113 = 3   R114 = 2;
N50   LCYC97;                                              //调用循环
N100   G00   Z100   X60;                                   //循环结束后位置
N110   M2;
```

20. 子程序调用

（1）子程序的概念　在一个加工程序的若干位置上，如果包括有一连串在写法上完全相同或相似的内容，编程时，为了简化程序编制，可以把零件上有若干处具有相同的轮廓形状，这些重复的程序段单独抽出，编写一个轮廓形状的程序，这个程序就是子程序。需要进行处理这部分轮廓形状时就调用该程序，调用子程序的程序称为主程序。

在主程序执行期间出现子程序执行指令时，就执行子程序。当子程序执行完时，返回主程序继续执行。几种系统子程序调用的编程格式见表 3-10。

（2）子程序应用　子程序不仅可以从主程序中调用，也可以从其他子程序中调用，这个过程称为嵌套。一般情况下嵌套层数可以达到四层。

一个子程序可以调用另一个子程序，一个调用指令可以重复调用。

被加工的零件从外形上看并无相同的轮廓，但需要刀具在某一区域分层或分行反复走刀，走刀轨迹总是出现某一特定的形状，采用子程序通常以增量方式编程。

表 3-10　几种系统子程序调用的编程格式

项目	HNC-21T	FANUC 0i	SIEMENS 802C/S
主程序格式	… N100　M98　P__　L__ … N200　M02；	… N100　M98　P__ … N200　M02；	… N100　L__　P__ … N200　M02
子程序格式	O×××； … N5　M99；	O×××； … N15　M99；	MAR005. SPF … N70　RET
说明	1. P 后跟子程序名，L 后为调用次数，调用次数为 1 时，可省略 2. 子程序嵌套达 4 层 3. M99 返回	1. P 后跟 8 位数字，前四位为调用次数，后四位为子程序号。调用次数为 1 时，可省略 2. 子程序嵌套达 4 层 3. M99 可以指定返回段，如 M99 P__（段号）	1. L 后跟子程序名，P 为调用次数。 2. 用 M17、RET 指令结束程序。RET 要求占用一个独立的程序段 3. 可直接用子程序名，但只能一次调用

　　程序中的内容具有相对的独立性，数控机床编写的程序往往包含许多独立的工序，有时工序之间的调整也是允许的。为了优化加工顺序，把每一个独立的工序编写成一个子程序，主程序中只有换刀和调用子程序等指令。

　　子程序的编写与一般程序基本相同，只是程序结束符为 M99，或其他如 M02、RET 等，表示子程序结束并返回到调用子程序的主程序中。

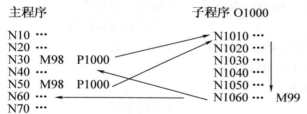

主程序　　　　　　　　　子程序 O1000

　　一个程序段号在 M99 后由 P 指定时，系统执行完子程序后，将返回到由 P 指定的那个程序段号上。

　　子程序也可以被视为主程序执行，当直接运行到 M99 时，系统将返回到主程序起点。

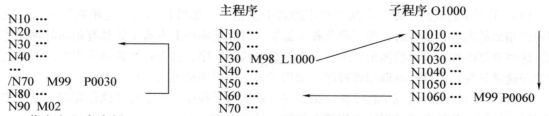

　　若在主程序中插入 "/M99 Pn"，那么在执行该程序时，不是返回主程序的起点，而是返回到由 P 指定的第 "n" 号程序段。跳步功能是否执行，还取决于跳步选择开关的状态。当关闭跳步开关时，程序执行到 N70 时将返回到 N30 段。

　　（3）程序调用计算　调用子程序时，一般采用相对值进行编程，其切削量的计算往往求出各轴向量的矢量和，即 ∑X 和 ∑Z，不等于零的值就为切削量，如图 3-45 所示。

　　如图 3-45a 中调用子程序时，刀具的运行轨迹为 A→C→D→E→B，刀具起始点为 A 点，

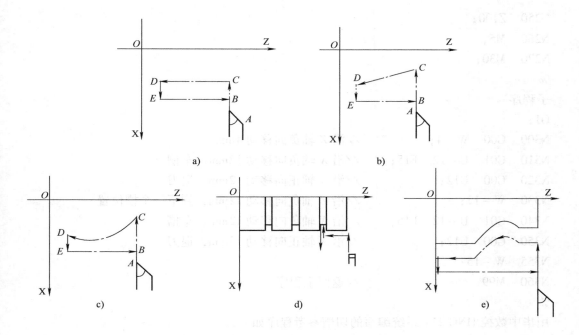

图 3-45　子程序走刀路线示意图

终点为 B 点，Z 向 CD 和 EB 段相同，方向相反，$\sum Z = 0$；X 向进给量为 AC 段，退出为 DE 段，$\sum X = AB$ 段，负向，实际运行后 $\sum X$ 值就是调用子程序每次的切削量，用加工余量除以 $\sum X$ 值，经过取整就得到主程序需调用子程序几次。

　　依次类推，锥形、圆弧等其他形状如图 3-45b、c、d 所示都可按照此方法进行运算，但应注意圆弧类图形 X、Z 向值的变化。复杂图形如图 3-45e 所示也是如此方法，能确保程序的正确性。

　　【实例】　如图 3-28 所示，刀具 T0101 外圆刀；T0202 切断刀、刀位点在左刀尖，刀宽 4mm。

　　用 FANUC 0i 系统编写的参考程序如下：

　　主程序

　　O21；

　　…

　　N160　T0202；　　　　　　　　//换 2 号车槽刀

　　N170　M3　S450；

　　N180　G00　X32；　　　　　　//快速定位到（32，-15）的位置

　　N190　Z-15；

　　N200　M98　P00020001；　　　//调用子程序 O1，二次车槽

　　N210　G00　X32；

　　N220　Z-86；　　　　　　　　//快速定位（32，-86）

　　N230　G01　X0　F15；　　　　//切断，控制总长

　　N240　G00　X40；

```
N250    Z100;
N260    M5;
N270    M30;
%
```
子程序
```
O1;
N300    G00    W – 4;              //沿 Z 轴负向移动 4mm
N310    G01    U – 12   F15;       //沿 X 轴负向移动 12mm，车槽
N320    G00    U12;                //沿 X 轴正向移动 12mm，退刀
N330    W – 12;                    //沿 Z 轴负向移动 12mm，到下一个槽位置
N340    G01    U – 12   F15;       //沿 X 轴负向移动 12mm，车槽
N350    G00    U12;                //沿 X 轴正向移动 12mm，退刀
N355    W – 15
N360    M99;                       //返回主程序
%
```
用华中数控 HNC-21T 系统编写的切槽参考程序如下：
```
…
N100    T0202;
…
N170    M98    P1L2;              //调用子程序 O1，二次车槽
…
N240    Z100;
N250    M5;
N260    M2;
```
子程序
```
O1
N300    G91    G00    Z – 4;       //沿 Z 轴负向移动 4mm
N310    G01    X – 12   F15;       //沿 X 轴负向移动 12mm，车槽
N320    G00    X12;                //沿 X 轴正向移动 12mm，退刀
N330    Z – 12;                    //沿 Z 轴负向移动 12mm，到下一个槽位置
N340    G01    X – 12   F15;       //沿 X 轴负向移动 12mm，车槽
N350    G00    X12;                //沿 X 轴正向移动 12mm，退刀
N355    Z – 15
N360    M99;                       //返回主程序
```
用 SIEMENS 802C/S 系统编写的切槽参考程序如下：
```
…
N100    T2;
…
N170    LMARK1;                   //调用子程序 MARK1. SPF，二次车槽
```

…

N240　Z100;

N250　M5;

N260　M2;

子程序

MARK1. SPF

N300　G91　G00　Z−4;　　　　//沿 Z 轴负向移动 4mm

N310　G01　X−12　F15;　　　//沿 X 轴负向移动 12mm，车槽

N320　G00　X12;　　　　　　//沿 X 轴正向移动 12mm，退刀

N330　Z−12;　　　　　　　//沿 Z 轴负向移动 12mm，到下一个槽位置

N340　G01　X−12　F15;　　　//沿 X 轴负向移动 12mm，车槽

N350　G00　X12;　　　　　　//沿 X 轴正向移动 12mm，退刀

N355　Z−15

N360　RET;　　　　　　　　//返回主程序

【**实例**】　毛坯尺寸为 $\phi32mm \times 120mm$，加工如图 3-46 所示的零件，编程。

1）工艺安排。

①　装夹毛坯，伸出长 40mm，加工 $\phi12mm$、$\phi20mm$ 外圆。

②　掉头装夹 $\phi12mm$ 外圆，加工手柄圆弧。

2）刀具：T0101——外圆劈刀（粗车）　T0202——外圆精车刀

3）加工手柄圆弧的参考程序如下。

①　用华中数控 HNC-21T 系统编程。

O0001

N1　T0101　M3　S600;

N2　G90　G94　G00　X32.5　Z0;　　　//快速定位（32.5，0）

N3　M98　P123　L16;　　　//调用 O123 子程序 16 次

N4　G90　G00　X32　Z100;　　//快速定位（32，100）换刀

N5　T0100;

N6　T0202;　　　　　　　　//换 2 号外圆精车刀

N7　M3　S1500;

N8　G00　X2　Z0;

N9　M98　P123　L1;　　　　//调用 O123 子程序 1 次

N10　G90　G00　Z100;

N11　M5;

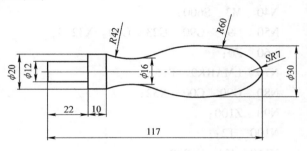

图 3-46　手柄零件图

```
N12    M2；
```
子程序
```
O123                                      //子程序名
N100   G91   G01   X－2   F200；          //每次背吃刀量1mm
N110   G03   X11.88   Z－3.3   R7；        //手柄的外型轮廓
N120   X9.88   Z－53.55   R60；
N130   G02   X－1.76   Z－28.15   R42；
N140   G00   X12；                        //X向退刀
N150   Z85；                              //Z向退刀
N160   G01   X－32   F200；               //X向进刀到上一刀起点
N170   M99；                              //回主程序
```
② 用 SIEMENS 802C/S 系统编程。
```
EXAMPL.MPF
N20    G54；
N30    T1；                               //粗车刀
N40    M3   S600；
N50    G94   G90   G23   G00   X32.5；
N60    Z0；
N70    LMARK9   P16；                     //调用 MARK9 子程序 16 次
N80    G90   G00   X32；                  //快速定位（32，100）
N90    Z100；
N100   T2；                               //换 2 号精车刀
N110   M3   S1000；
N120   G90   G00   X2；
N130   Z1；
N140   G01   Z0   F80；
N150   MARK9；                            //调用子程序一次，精加工
N160   G00   X32；
N170   Z100；                             //快速定位到（32，100）起始点
N180   M5；
N190   M2；
```
子程序
```
MARK9.SPF
N260   G91   G01   X－2   F100；          //背吃刀量1mm
N270   G03   X11.88   Z－3.3   CR＝7；     //手柄轮廓
N280   X9.88   Z－53.55   CR＝60；
N290   G02   X－1.76   Z－28.15   CR＝42；
N300   G01   X12；
N310   Z85；
```

N320　X－32；

N330　M17；　　　　　　　　　　　　　　//返回主程序

③　用 FANUC 0i-T 系统编写。

O132；

N5　T0101；

N10　M3　S1000；

N15　G98　G00　X32.5　Z0；

N20　M98　P80123；　　　　　　　　　//调用 O123 子程序 8 次，粗加工

N25　G00　X32　Z100；

N30　T0202；

N35　M3　S1500；

N40　G00　X4　Z0；

N45　M98　P0123；　　　　　　　　　　//调用 O123 子程序 1 次，精加工

N50　G00　Z100；

N55　M5；

N60　M30；

%

子程序

O123；

N200　G01　U－4　F200；　　　　　　　//加工手柄轮廓

N210　G03　U11.88　W－3.3　R7　F200；

N220　U9.88　W－53.55　R60；

N230　G02　U－1.76　W－28.15　R42；

N240　G00　U12；

N250　W85；

N260　G01　U－32　F200；

N270　M99；

%

21. 宏程序编程

　　用户把实现某种功能的一组指令像子程序一样预先存入存储器中，用一个指令代表其存储功能，在程序中只要指定该指令应能实现该功能。这一组指令称为用户宏程序，代表指令称为用户宏程序调用指令，即宏指令。用户可以自己扩展数控系统的功能，如车削中心从刀库换刀程序等。

　　数控系统为用户配备方便的类似于高级语言的宏程序功能，用户可以使用变量进行算术运算、逻辑运算和函数的混合运算，根据循环语言、分支语言和子程序调用语言等，编制各种复杂的零件加程序，减少了手工编程时进行的数值计算及精简程序等工作。

　　华中数控系统、FANUC 0i 系统都具备这些功能，而 SIEMENS 系统为用户提供具体参数变量进行编程。

（1）宏程序编程的适用范围

1）宏程序指令适合抛物线、椭圆、双曲线等没有插补指令的数控车床的曲线手工编程。

2）适合图形相同而尺寸不同的系列零件的编程。

3）适合工艺路径相同而位置参数不同的系列零件的编程。

4）有利于零件的简化编程。

（2）宏变量及常量

1）宏变量。变量表示的方法通常为#或 R 与后面的变量号组成。变量号与系统有各自不同的规定范围。变量间可以运算，也可以给变量赋值。

根据变量号的不同，变量分为公用变量和系统变量，它们的用途和性质都不同。

公用变量在主程序以及由主程序调用的各用户宏程序中是公用的，即某一用户宏程序中使用的变量（如#i）和其他宏程序使用的（如#i）是相同的。因此，某一宏程序中运算结果的公用变量可以用于其他宏程序中。公用变量的用途，系统中不规定，用户可以自由使用，变量分为全局变量和局部变量。

系统变量的用途在系统中是固定的，不能把值代入系统变量中。

2）常量

TRUE：条件成立（真）

FALSE：条件不成立（假）

3）变量的表示与引用

变量的表示：用#后续的变量号来表示变量。

格式为#i　　（i＝1，2，3…）

变量的引用：用变量可以替换地址后续的数值，如#100。

注意地址 O 和 N 不能引用变量。

（3）运算符与表达式

1）算术运算符：+，-，*，/。

2）条件运算符：EQ（=），NE（≠），GT（>）　GE（≥），LT（<），LE（≤）。

3）逻辑运算符：AND，OR，NOT。

4）函数：SIN，COS，TAN，ATAN，ATAN2，ABS，INT，SIGN，SQRT，EXP。

5）表达式：用运算符连接起来的常数，宏变量构成表达式。

例如，175/SQRT［2］*COS［55*PI/180］；

　　　#3*6　GT　14；

（4）赋值语句

【格式】　宏变量＝常数或表达式

【说明】　把常数或表达式的值送给一个宏变量称为赋值。

如：#2＝175/SQRT［2］*COS［55*PI/180］；

　　　#3＝124.0；

（5）使用语句

1）控制语句

【格式一】　IF 条件表达式

　　　…

                ELSE
                …
                ENDIF
【格式二】 IF 条件表达式
                …
                ENDIF
【FANUC 0i】
        无条件转移 GOTO n
        条件转移 IF〔<表达式>〕 GOTOn
其中 n 为程序段号
2）重复循环语句
【格式】 WHILE 条件表达式
        …
        ENDW
【FANUC 0i】指令格式为
WHILE〔<条件表达式>〕 DO m
        …
END m
其中 m 为 1，2，3。

（6）使用宏程序编制时注意

1）变量使用应注意其用户可用的变量，防止使用系统变量造成系统参数修改后的严重后果。

2）地址 O 和 N 不能引用变量。如不能用 O#100、N#120 编程。

3）明确全局变量与局部变量之间的关系，以及子程序与主程序之间的如何传递。

4）条件表达式是一个逻辑表达式，结果为 TRUE 或 FALSE。

5）嵌套语句、条件控制语句成对使用，否则不执行或报警。语句可以嵌套，但要注意嵌套的层数。

（7）SIEMENS 802C/S 系统参数计算与编程 西门子系统中提供了参数计算的功能，其功能相当于 FANUC 和华中 HNC 系统的宏程序编程。

当 NC 程序需要适用于特定数值下的一次加工时，或者要计算出数值时，均可以使用计算参数。用户可以在程序运行时由控制器计算或设定所需要的数值，也可以通过操作面板设定参数数值。

1）参数。

R0 = …到 R249 = …，一共 250 个计算参数可供使用。

其中 R0 ~ R99 可以自由使用；

R100 ~ R249 加工循环传递参数，如果没有用到加工循环，则这部分计算参数也同样可以自由使用。

2）赋值。在以下数值范围内给计算参数赋值：±(0.000 0001 ~ 9999 9999)（8 位，带符号和小数点），在取整数值时可以去除小数点。正号可以一直省去。

例如，R0 = 3.5678　R1 = −37.3　R2 = 2　R3 = −7　R4 = −45676.1234。

用指数表示法可以赋值更大的数值范围：±（10 − 300...10 + 300），指数值写在 EX 符号之后；最大符号数：10（包括符号和小数点）.EX 值范围：−300 到 +300

例如，R0 = −0.1EX −5；意义：R0 = −0.000 0001。

R1 = 1.874EX8；意义：R1 = 187　400　000。

注释：

① 一个程序段中可以有多个赋值语句，也可以用计算表达式赋值。

② 给其他的地址赋值可以用数值、算术表达式或 R 参数对任意 NC 地址赋值，但对地址 N、G 和 L 例外。

③ 赋值时在地址符之后写入符号" = "。

④ 赋值语句也可以赋值一负号。

⑤ 给坐标轴地址（运行指令）赋值时，要求有一独立的程序段。如 N10　G00　X = R2；给 X 轴赋值

3）参数的计算。在计算参数时也遵循通常的数学运算规则，圆括号内的运算优先进行。乘法和除法运算优先于加法和减法运算。角度计算单位为度。

4）编程举例。

例 1

N10	R1 = R1 + 1；	//由原来的 R1 加上 1 后得到新的 R1
N20	R1 = R2 + R3　R4 = R5 − R6	
	R7 = R8 * R9　R10 = R11/R12；	
N30	R13 = SIN（25.3）；	//R13 等于正弦 25.3 度
N40	R14 = R1 * R2 + R3	//乘法和除法运算优先于加法和减法运算 R14 =（R1 * R2）+ R3；
N60	R15 = SQRT（R1 * R1 + R2 * R2）；	//意义：$R15 = \sqrt{R1^2 + R2^2}$ 坐标轴赋值

例 2

N10　G01　G91　X = R1　Z = R2　F300；

N20　Z = R3；

N30　X = − R4；

N40　Z = − R5；

…

几种常用数控系统在宏程序应用对比情况可见表 3-11。

表 3-11　三种数控系统宏程序应用对比表

项目	HNC-21T	FANUC 0i	SIEMENS 802c/s
变量的表示	#i　（i = 1、2、…）	#i　（i = 1、2、…）	R1、R2…
变量的引用（如 G01 X15　Z10　F0.5）	#1 = 1； #2 = 15； #3 = 10； G［#1］　X［#2］ Z［#3］　F0.5	#1 = 1； #2 = 15； #3 = 10； G#1　X#2　Z#3　F0.5	R2 = 15； R3 = 10； G01　X = R2　Z = R3　F0.5

（续）

项目		HNC-21T	FANUC 0i	SIEMENS 802c/s
运算符	算术	+, -, *, /	+, -, *, /	+, -, *, /
	条件	EQ（=），NE（≠），GT（>）GE（≥），LT（<），LE（≤）	EQ（=），NE（≠），GT（>）GE（≥），LT（<），LE（≤）	==, <>, >, >=, <, <=
	逻辑	AND，OR，NOT	AND，OR，NOT，XOR	AND，OR，NOT
函数		SIN，COS，TAN，ATAN，ATAN2，ABS，INT，SIGN，SQRT，EXP	SIN，ASIN，COS，ACOS，TAN，ATAN，ABS，SQRT，BIN（十～二进制）LN，BCD，ROUND（圆整），FIX（取整），FUP（小数进位到整数）	SIN，COS，TAN，ABS，SQRT
条件判别句		（1）IF　条件表达式 … ELSE … ENDIF （2）IF 条件表达式 … ENDIF	（1）IF 条件表达式 GOTO n	（1）IF 条件表达式 GOTOB n （2）IF 条件表达式 GOTOF n GOTOB 当前程序段向起始方向 GOTOF 当前程序段向结束方向
跳转语句		无	GOTO n （n 为程序段号）	
循环语句		WHILE 条件表达式 … ENDW	WHILE 条件表达式 DO m … END m （m 为 1～3 的自然数）	

【**实例**】　用宏程序编制如图 3-47 所示抛物线 $Z = X^2/8$ 在区间 [0，16] 内的程序。

1）用华中 HNC-21T 数控系统编写参考程序。

```
%8002
N1    #10 = 0;                              //用#10 表示刀具刀位点 X 坐标值
N2    #11 = 0;                              //用#11 表示刀具刀位点 Z 坐标值
N10   G92   X0.0   Z0.0;                    //设定工件坐标系
N20   M03  S600;
N30   WHILE   #10   LE   16;                //判断 X 值小于 16 时得到表达式的值为
                                             TURE,执行循环体内语句
N40   G90   G01   X[#10]   Z[#11]   F500;   //直线逼近,刀具移动
N50   #10 = #10 + 0.08;                     //步长为 0.08mm, 计算下一步 X、Z 的值
N60   #11 = #10 * #10/8;
N70   ENDW;                                 //条件不满足，跳出循环，往下执行
```

```
N80   G00   Z0   M05；
N90   G00   X0；
N100   M30；
```

2）用 SIEMENS 802C/S 编写参考程序如下。

```
SEMPLE. MPF
R1 = 0；                                      //X 坐标
R2 = 0；                                      //Z 坐标
N10   G54   X0.0   Z0.0；
M03   S600；
MARK1：G90   G94   G01   X = R1   Z = R2   F500；    //用 MARK1 来标识
R1 = R1 + 0.08；
R2 = R1 * R1/8；
IF   R1 < R2   GOTOB   MARK1；                 //条件满足执行 MARK1 段
G00   Z0   M05；
G00   X0  ；
M30；
```

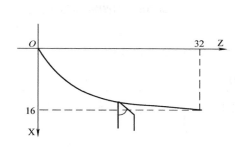

图 3-47   宏程序编制图例

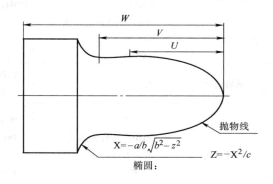

图 3-48   宏程序编程零件图

【**实例**】   如图 3-48 所示，已知零件长度尺寸 U、V、W 的值，椭圆的长短轴 a、b 的长度，抛物线方程的 c 值，编写加工这类零件的程序。

以工件右端点为工件坐标原点，用华中数控 HNC-21T 编写的参考程序。

```
%8002；                                      //程序名
N1   G92   X50   Z0；                          //起点坐标
N2   #20 = 32；#21 = 40；#22 = 55；            //定义 U32  V40  W55  a8  b5
                                                c4
     #0 = 8；#1 = 5；#2 = 4；
N3   M98   P8001；
N4   G36   G90   X50   Z0；                     //到起点位置
N5   M30；
%8001                                         //子程序名
N10   #10 = 0；#11 = 0；                         //抛物线起点 X、Z 轴坐标值
```

N20	#12 = 0；#13 = 0；	//椭圆起点在 X、Z 轴方向增量值
N30	G64 G37；	//小线段连续加工、半径编程
N40	WHILE #11 LE #20；	//抛物线方程：$Z = -X^2/c$
N50	G01 X［#10］ Z［－［#11］］ F1500；	
N60	#10 = #10 + 0.08；	//计算各段抛物线 X 轴坐标
N70	#11 = #10 * #10/#2；	//计算各段抛物线 Z 轴坐标
N80	ENDW；	
N100	G01 X［SQRT［#20 * #2］］ Z［－#20］；	//到达抛物线终点
N110	G01 Z［－#21］；	//到达直线终点
N120	WHILE #13 LE #1；	//椭圆方程：$X^2/A^2 + Z^2/B^2 = 1$
N130	#16 = #1 * #1 － #13 * #13；	
N140	#15 = SQRT［#16］；	
N150	#12 = #15 * ［#0/#1］；	//计算椭圆 X 轴方向的增量
N160	G01 X［SQRT［#20 * #2］ + #0 － #12］ Z［－#21 － #13］；	
N170	#13 = #13 + 0.08；	//确定椭圆 Z 轴方向的增量
N180	ENDW；	
N190	G01 X［SQRT［#20 * #2］ + #0］ Z［－#21 － #1］；	//到达椭圆终点
N200	G01 Z［－#22］；	
N210	X22；	//退出安全位置
N220	G00 Z0；	
N230	M99；	

【实例】 如图 3-49 所示，毛坯尺寸为 $\phi50\mathrm{mm} \times 120\mathrm{mm}$ 的钢料，按要求加工零件。

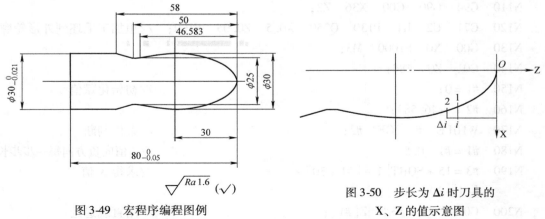

图 3-49 宏程序编程图例

图 3-50 步长为 Δi 时刀具的 X、Z 的值示意图

从图样分析，该零件从加工工艺方面相对较为简单，只是右侧的椭圆部分，用具备 G01、G03/G02 等直线、圆弧插补常规方法较难处理这部分，拟合的节点计算也相当繁琐复

杂，而且表面质量和尺寸要求都很难保证。

宏程序编程首先得理解曲线方程，再次明确加工思路。

椭圆方程有 $\begin{cases} X = X_0 + a\sin\alpha \\ Z = Z_0 + b\cos\alpha \end{cases}$ 或 $\dfrac{(X - X_0)^2}{a^2} + \dfrac{(Z - Z_0)^2}{b^2} = 1$，用直线段逼近，按 Z 方向进行变化，$\Delta Z$ 越小，越接近轮廓，求出每一个点（X、Z）值。

利用 $X = X_0 \pm a\sqrt{1 - (Z - Z_0)^2/b^2}$，计算变量第 i 点时 X、Z 值。设定计数变量 i、中间运算变量等，如图 3-49 所示。

编程思路如图 3-51 所示。

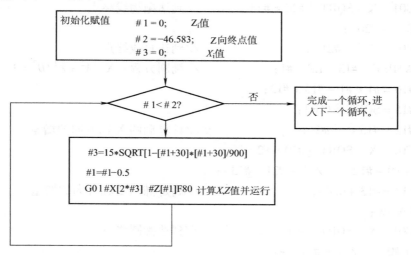

图 3-51　编程流程图

1）用华中数控 HNC-21T 系统编写的程序。

O123；

N100　T0101　M03　S600；

N110　G94　G90　G00　X36　Z2；

N120　G71　U2　R1　P130　Q250　X0.5　Z0.05　F100；　//粗加工毛坯到外形轮廓

N130　G00　X0　S1000　M3；

N140　G01　Z0　F80；

N150　#1 = 0；　　　　　　　　　　　　　　　　　//初始化赋值

N160　#2 = −46.583；

N170　WHILE　#1　GE　#2；　　　　　　　　　　//条件判断

N180　#1 = #1 − 0.5；　　　　　　　　　　　　　//Z 值向负方向每一步步长

N190　#3 = 15 * SQRT[1 − [#1 + 30] *　　　　　　//求得 X 值
　　　　[#1 + 30]/900]；

N200　G01　X[2 * #3]　Z[#1]；　　　　　　　　//用直线逼近

N210　ENDW；　　　　　　　　　　　　　　　//跳出循环，往下执行

N220　G01　Z − 50　F80；

N230　X30　Z－58;

N240　Z－85;

N250　G00　X36;　　　　　　　　　　　　　　　//结束外形轮廓加工

N260　Z100;

N270　T0100;

N280　M5;

N290　M02;

2)用 FANUC 0i 系统编写的参考程序。

O0001;

N10　M3　S800　T0101;

N20　G98　G00　X36;

N30　Z2;

N40　G73　U18　R18;　　　　　　　　　　　　//粗加工外形轮廓,留有余量

N50　G73　P60　Q180　U0.3　W0.02　F100;

N60　G00　X0;

N70　G01　Z0;

N80　#1＝0;

N90　#2＝0;

N95　#3＝－46.583;

N100　WHILE[#2 GE #3]DO3　　　　　　　　　//直线逼近椭圆轮廓,步长0.1

N110　G01　X[2 * #1]　Z[#2];

N120　#2＝#2－0.1;

N130　#1＝SQRT[900－[#2＋30] * [#2＋30]]/2;

N140　END3

N150　G01　Z－50;

N160　X30　Z－58;

N170　Z－86;

N180　G00　X36;

N190　Z100;

N200　T0202　M03　S1200;　　　　　　　　　　//换2号精车刀沿轮廓加工

N210　G00　X36;

N220　Z2;　　　　　　　　　　　　　　　　　//快速定位(36,2)点

N230　G70　P60　Q180　F80;　　　　　　　　　//精加工

N240　G00　X50;

N250　Z100;

N260　M05;

N270　M30;

%

3)用 SIEMENS　802C/S 系统编写如下程序。

N5　G54；　　　　　　　　　　　　　　　　　　//工件坐标系的原点在工件的右侧端面

N10　G90　G95　G23　T1　M3　S600　F0.2；

N15　G00　X36

N20　Z2；　　　　　　　　　　　　　　　　　　//快速定位到(36,2)

N25　R1 = 18；　　　　　　　　　　　　　　　　//R1 为刀具从起始点到坐标原点距离

N30　MARK1：R2 = 0

N35　R1 = R1 − 1；　　　　　　　　　　　　　　//每次 X 向坐标偏置 1mm

N40　G158　X = R1；　　　　　　　　　　　　　//用 G158 指令偏置坐标系的 X 向

N45　MARK2：R3 = 15 * SQRT(1 − (R2 + 30) * (R2 + 30)/900)；

　　　　　　　　　　　　　　　　　　　　　　　//求得 X、Z 坐标

N50　G01　X = R3　Z = R2；　　　　　　　　　//直线逼近

N55　R2 = R2 − 0.1；　　　　　　　　　　　　　//Z 向步长为 0.1mm

N60　IF　R2 > −46.583　GOTOB　MARK2；//判断，返回标识 MARK2 点，加工椭圆

N65　G01　X25　Z −50；

N70　X30　Z −58；

N75　X32；

N80　G00　Z2；

N85　IF　R1 > 0　GOTOB　MARK1；　　　//判断是否完成 16 次循环，返回标识

　　　　　　　　　　　　　　　　　　　　　　　MARK2 点，加工整个轮廓

N90　G00　Z100；

N95　G158；　　　　　　　　　　　　　　　　　//取消偏置

N100　M05；

N105　M02；

【实例】　图 3-52 所示为一数控车床加工的零件，给定右侧椭圆部分的数据，则右侧椭圆部分得用宏程序编写。

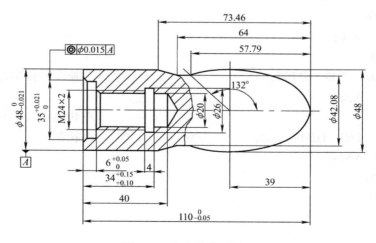

图 3-52　宏程序编程例图

类似上例，给定的是椭圆的终止角度，结合本图例，可以采用 $\begin{cases} Z = a\cos\alpha \\ X = b\sin\alpha \end{cases}$ 方程式，如图 3-53 所示。角度从 0～132°变化，求出它们每一点的 X、Z 值；刀具从 0 处运动到 132°A 处，把该段圆弧分为 n 等分，进行直线插补，在第 i 处求得 $X = 24\sin\alpha$，$Z = 39\cos\alpha + 39$。只要改变 α 值，刀具按照我们设定的点来运动。在编程时设定变量。以法那克数控系统为例，设定如下。

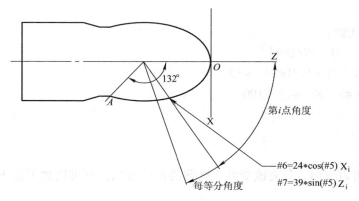

图 3-53　原理分析图

#1：表示圆弧等分数 n。

#2：表示终点角度值；在这为 132。

#3：表示在每等分值，#3 = #2/#1。

#4：计数值。

#5：表示在第 i 点时的角度，#5 = #4 ∗ #3。

#6：表示 X 在第 i 处的值，#6 = 24 ∗ cos［#5］。

#7：表示 Z 在第 i 处的值，#7 = 39 ∗ sin［#5］。

程序运行为下列循环过程：

　　程序赋变量值初始化：#1 = 133，#2 = 133，#3 = 1。

　　刀具处于位置：#6 = 24 ∗ cos［#5］，#7 = 39 + 39 ∗ sin［#5］。

　　让刀具走到该点：G01　X［#6］　Z［#7］F100。

　　计数并求得下一点的角度：#4 = #4 + 1，#5 = #4 ∗ #3。

　　判断 i 值与 n 相比，大于或等于退出，小于重复计算刀具下一个位置的坐标值。

　　根据上述思路，可以将这段加工程序写出

　　…

#1 = 133，#2 = 133，#3 = 1，#4 = 0，#5 = 0

N100　WHILE　#4LT#1　DO

#6 = 24 ∗ sin［#5］；

#7 = 39 + 39 ∗ cos［#5］；

G01　X［2 ∗ #6］　Z［#7］F50；

#4 = #4 + 1

#5 = #4 * #3

END DO

…

用华中 HNC-21T 数控系统编制的参考程序如下：

…

#1 = 0

#2 = 132

WHILE ［#1 LE#2］

#3 = 24 * SIN ［#1 * PI/180］

#4 = 39 * COS ［#1 * PI/180］ + 39

G01 X ［2 * #3］ Z ［#4］ F100

#1 = #1 + 1

ENDW

…

从上述程序可以看出，只要改变#1、椭圆的长轴短轴，都可以加工出不同椭圆的轮廓，很方便。

第三节 数控车床编程实例

一、螺纹类编程实例

【实例】 如图 3-54 所示零件，毛坯尺寸为 $\phi35mm \times 100mm$，尺寸精度如图中所标注，材料为 45 钢，表面粗糙度值为 $Ra1.6\mu m$。

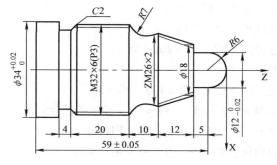

图 3-54 螺纹编程实例

1. 图样分析

图形简单，尺寸要求不是很严格，计算不复杂，要注意的是螺纹的计算。

1) ZM26 ×2 的螺纹中径 = 26mm − 0.65mm × 2 = 24.7mm

螺纹小径 = 26mm − 0.54mm × 2 × 2 = 23.84mm

2) M32 ×6（P3）的螺纹中径 = 32mm − 0.65mm × 3 = 30.05mm

螺纹小径 = 32mm − 0.54mm × 2 × 3 = 28.76mm

2．工艺分析

1）用外圆劈刀车削外轮廓，走刀路线如图 3-55 所示。

2）用刀头宽度为 4mm 的车断刀切削直径为 $\phi 28$mm 的槽，并倒角。

3）用 60°的螺纹刀车削锥螺、双螺纹。

4）车断工件。

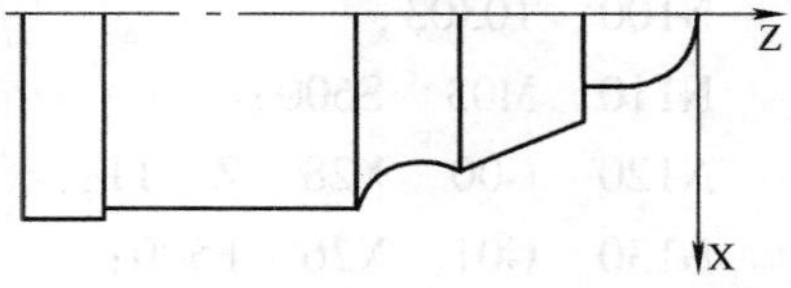

3．选用刀具

T0101——外圆劈刀。

T0202——车断刀（宽度为 4mm，左刀尖为刀位点）。

T0303——60°的螺纹刀。

图 3-55　加工外轮廓走刀路线

4．参考程序

以华中数控 HNC-21T 数控系统编制参考程序如下。

O12	//程序名
N1　　M03　S1000；	//主轴转速为 1000r/min
N2　　T0101；	//1 号刀
N3　　G90　G94　G00　X35　Z2；	//刀具起始点
N4　　G71　U1　R1　P10　Q20　X0.5　Z0.01　F100；	//复合循环
N10　　G01　X0　Z0　F100；	//精加工起始段
N11　　G03　X12　Z－6　R6；	
N12　　G01　X12　Z－11；	
N13　　X18　Z－11；	
N14　　X26　Z－23；	
N15　　G02　X29.85　Z－33　R7；	
N16　　G01　X29.85　Z－57；	
N17　　X34；	
N18　　Z－70；	
N20　　G00　X35；	//精加工终止段
N30　　Z100；	//退刀
N35　　T0100；	//取消刀补
N40　　T0202；	//2 号刀
N45　　M03　S400；	//主轴转速为 400r/min
N50　　G90　G00　X35；	//车槽定刀点
N55　　Z－57；	
N60　　G01　X28　F50；	//车槽
N65　　G00　X33；	
N70　　Z－55；	
N75　　G01　X32　F100；	
N80　　X28　Z－57；	//倒角
N85　　G00　X35；	

N90　Z100；　　　　　　　　　　　　　　　　　//退刀

N95　T0200；　　　　　　　　　　　　　　　　//取消刀补

N100　T0303；　　　　　　　　　　　　　　　//3号刀

N110　M03　S600；

N120　G00　X28　Z-11；　　　　　　　　　　//快速定位

N130　G01　X26　F500；

N140　G76　C2　A60　X23.84　Z-23　I-4　K1.08　U0.1

　V0.1　Q0.1　F2；　　　　　　　　　　　//锥螺纹加工

N150　G00　X34；

N160　Z-32；

N170　G76　C2　A60　X28.76　Z-55　K1.62　U0.1

　V0.1　Q0.1　P0　F6；　　　　　　　　　//双线螺纹加工

N180　G76　C2　A60　X28.76　Z-55　K1.62

　U0.1　V0.1　Q0.1　P180　F6；

N190　G00　X34；

N200　Z100；　　　　　　　　　　　　　　　　//退刀

N210　T0300；　　　　　　　　　　　　　　　//取消刀补

N220　T0202；　　　　　　　　　　　　　　　//2号刀

N230　G00　X35；

N240　Z-63；

N250　G01　X0　F50；　　　　　　　　　　　　//车断工件

N260　G00　X35；

N270　Z100；　　　　　　　　　　　　　　　　//退刀

N280　T0200；　　　　　　　　　　　　　　　//取消刀补

N290　M05；　　　　　　　　　　　　　　　　//（主轴停止）

N300　M30；　　　　　　　　　　　　　　　　//（程序结束）

【实例】　毛坯尺寸为 $\phi40\text{mm}\times100\text{mm}$，加工如图3-56所示要求的图形。

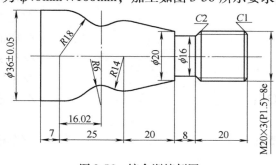

图3-56　综合训练例图

1. 刀具选择

T0101为外圆刀，T0202为车断刀（刀宽4mm，左刀尖），T0303为外螺纹刀。

2. 加工工艺

坐标系建立在工件右端面。

1）加工外形轮廓。

2）用车断刀车槽。

3）外螺纹刀车 M20×3（P1.5）的双线螺纹。

4）车断。

3．参考程序

1）用华中数控 HNC-21T 数控系统编写程序如下。

O1357

N10　M03　S600；

N20　T0101；　　　　　　　　　　　　　　　　//1 号外圆刀粗精加工轮廓外形

N30　G94　G90　G00　X40；

N40　Z2；

N50　G71　U2　R1　P60　Q160　X0.3　Z0.02　F80；　　//加工外形轮廓到尺寸

N60　G01　X18；

N70　Z0；

N80　G01　X20　Z-1　F75；

N90　Z-28；

N100　X28.6　Z-45.042；

N110　G03　X25.018　Z-54.29　R14；

N120　G02　X26.8　Z-60.99　R6；

N130　G03　X36　Z-73　R18；

N140　G01　Z-85；

N150　G00　X40；

N160　Z100；

N170　T0202　　　　　　　　　　　　　　　　//换 2 号车断刀，刀宽 4mm，以左刀尖车槽

N180　M03　S450；

N190　G00　X22；

N200　Z-28；

N210　G01　X16　F15；

N220　G01　X22；

N230　Z-24；

N240　G01　X16；

N250　G00　X22；

N260　Z-22；

N270　G01　X20　F15；

N280　X16　Z-24；

N290　X16　Z-22；

N300　G01　X22;

N310　Z100;

N320　T0303;　　　　　　　　　　　　　//换3号外螺纹刀, 加工螺
　　　　　　　　　　　　　　　　　　　　　　纹

N330　M03　S600;

N340　G00　X22;

N350　Z0;

N360　G76　C2　A60　X18.38　Z-22　K0.81　U0.1

　　V0.1　Q0.3　P0　F3;　　　　　　//加工第一线螺纹

N370　G76　C2　A60　X18.385　Z-22　K0.81　U0.1

　　V0.1　Q0.3　P180　F3;　　　　　//加工第二线螺纹

N380　N410　G00　X22;

N390　N420　Z100;

N400　T0202;　　　　　　　　　　　　　//换2号车断刀, 刀宽4mm,
　　　　　　　　　　　　　　　　　　　　　　以左刀尖车

N410　M03　S400;

N420　G00　X37;

N430　Z-84;

N440　G01　X0　F12;　　　　　　　　　//车断工件

N450　G00　X37;

N460　Z100;

N470　M5;　　　　　　　　　　　　　　　//主轴停转, 程序结束

N480　M2;

2) 用 FANUC 0i 系统编写程序如下。

O2468

M03　S600;

T0101;　　　　　　　　　　　　　　　　//外圆刀

G98　G00　X40;

Z0;

G73　U9　R7;　　　　　　　　　　　　　//粗加工外形轮廓

G73　P1　Q2　U0.5　W0.05　F100;

N1　G00　X18;

…

N2　G00　X40;

M05;

M03　S1000;

G70　P1　Q2　F80;　　　　　　　　　　//精加工外形轮廓

Z100;

T0202;　　　　　　　　　　　　　　　　//车槽 (切断刀刀宽4mm

左刀点）

M03　S450；

…

Z100；

T0303；　　　　　　　　　　　　　　//加工双线螺纹（外螺纹刀）

M03　S600；

G00　X22；

Z0；

G76　P020060　Q50　R0.5；

G76　X18.38　Z-23　P810　Q200　F3；

G00　Z1.5；

G76　P020060　Q50　R0.5；

G76　X18.38　Z-23　P810　Q200　F3；

G00　X22；

Z100；

T0202；　　　　　　　　　　　　　　//车断工件（切断刀刀宽4mm左刀点）

…

M2；

%

3）用 SIEMENS 802C/S 系统编写程序如下。

AAAA.MPF　　　　　　　　　　　　　//主程序名

N100　G54；

N110　T1；

N120　M03　S800；

N130　G94　G90　G023　G00　X40；

N140　Z2；

N150　CNAME=AAA1；　　　　　　　　//调用轮廓子程序 AAA1.SPF，去除毛坯量

N160　R105=1　R106=0.5　R108=1.5；　//设定参数

N170　R109=0　R110=1　R111=100　R112=80；

N180　LCYC95；　　　　　　　　　　　//调用粗车循环加工外轮廓

N190　G00　X36；

N200　Z2；

N210　M0；　　　　　　　　　　　　　//暂停，测量工件，修改刀补

N220　M5；

N230　M3　S800；

N240　　AAA1；　　　　　　　　　　　　　　　//调用子程序 AAA1. SPF，
　　　　　　　　　　　　　　　　　　　　　　　精车外轮廓

N250　G00　X40；

N260　Z100；

N270　M5；

N280　M2；

AAA1. SPF；　　　　　　　　　　　　　　　　//子程序 AAA1. SPF

N1　G90　G00　X18；

N2　G01　Z0　F180；

N3　X19. 8Z－1；　　　　　　　　　　　　　　//倒角

N4　Z－28；

N5　X20；

N6　X27. 37　Z－45. 04；

N7　X36；

N8　Z－84；

N9　G00　X40；

RET；　　　　　　　　　　　　　　　　　　　//返回主程序

AAAB. MPF；　　　　　　　　　　　　　　　//加工凹圆部分主程序

N10　G54；

N20　T1；

N30　M3　S800；

N40　G94　G90　G23　G0　X27. 37；

N50　Z－45. 04；

N60　L001　P11；　　　　　　　　　　　　　//调用子程序 L001. SPF，运
　　　　　　　　　　　　　　　　　　　　　　行 11 次

N70　G90　G00　X50；

N80　Z100；

N90　M5；

N100　M2；

L001. SPF；

N200　G91　G01　X－1　F100；　　　　　　　//轮廓形状

N210　G03　X2. 35　Z－9. 25　CR＝14；

N220　G02　X－1. 98　Z－6. 69　CR＝6；

N230　G03　X9　Z－12. 02　CR＝18；

N240　G01　X1；

N250　Z27. 96；

N260　X－5. 67；

RET

AAAC. MPF

N10 G54；

N20 T2；   //车槽

N30 M3 S450；

N40 G90 G94 G023 G00 X24；

N50 Z－24；

N60 G01 X16 F15；

N70 G00 X24；

N80 Z－28；

N90 G01 X16 F15；

N100 G00 X20；

N110 Z－22；

N120 G01 X16 Z－24 F15；

N130 X16；

N140 Z－28；

N150 G00 X50；

N160 Z100；

N170 T3；   //加工双线螺纹

N180 M3 S600；

N190 G00 X20；

N200 G01 Z2 F200；

N210 R100＝19.9 R101＝0 R102＝19.9；   //双线螺纹有关参数

N220 R103＝－21 R104＝3 R105＝1 R106＝0.1 R109＝1；

N230 R110＝0.5 R111＝0.975 R112＝0 R113＝6 R114＝1；

N240 LCYC97；

N250 G00 X50；

N260 Z100；

N270 M3 S450；

N280 T2；   //车断

N290 G90 G94 G023 G00 X36；

N300 Z－84；

N310 G01 X35 F15；

N320 G00 X36；

N330 Z－83.5；   //倒钝

N340 G01 X35 Z－84 F15；

N350 G01 X0 F15；   //车断

N360 G00 X50；

N370 Z100；

N380 M5；

N390　M2；

二、外轮廓类加工编程

【**实例**】　零件图样如图 3-57 所示，毛坯尺寸为 $\phi 36mm \times 70mm$，试编写其加工程序。

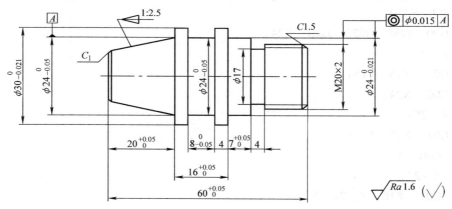

图 3-57　轮廓编程实例图

（1）工艺分析　两次装夹，先加工右端螺纹、槽等部分，掉头加工锥形部分。

（2）刀具选择　T0101 为外圆刀，T0202 为切断刀（刀宽 4mm，左刀尖），T0303 为外螺纹车刀。

（3）参考程序

1）用 FANUC 0i 系统编写程序如下。

O0002

N5　　M03　S800；

N10　T0101；　　　　　　　　　　　　　　　　//外圆刀粗、精加工外形轮廓

N15　G98　G00　X36

N20　Z2；

N25　G71　U1　R0.5；

N30　G71　P35　Q75　U0.4　W0.05　F150；　//粗车右侧外形轮廓

N35　G01　X16.8；

N40　Z0；

N45　X19.8　Z−1.5；

N50　Z−17；

N55　X24　C0.5；

N60　Z−24；

N65　X30　C0.5；

N70　Z−45；

N75　G00　X36；

N80　M05；

N85　M03　S2000；

N90　G70　P35　Q75　F80；

N95　Z100；

N100　T0202；　　　　　　　　　　　　　//换车断刀，左刀尖车槽，刀宽4mm

N110　M03　S350；

N115　G00　X22；　　　　　　　　　　　//车螺纹退刀槽

N120　Z－17；

N125　G01　X17　F15；

N130　G00　X20；

N135　G01　Z－16.5　F100；

N140　X19　Z－17；

N145　G00　X32；

N150　Z－32；　　　　　　　　　　　//车槽宽8mm，直径为24mm的槽

N155　G01　X24　F15；

N160　G00　X32；

N165　Z－36；

N170　G01　X24　F15；

N175　G00　X30；

N180　G01　Z－31.5　F80；

N185　X29　Z－32　F15；

N190　G00　X30；

N195　G01　Z－36.5　F80；

N200　X29　Z－36　F15；

N205　G00　X32；

N210　Z100；

N215　T0303；（外螺纹刀　刀尖角60）

N220　M03　S700；

N225　G00　X21；

N230　Z2；

N235　G76　P020060　Q200　R0.05；　　　　　//加工M20×2螺纹

N240　G76　X17.64　Z－14　R0　P1080　Q300　F2；

N245　G00　X22；

N250　Z100；

N255　T0202；　　　　　　　　　　　//车断刀，左刀尖，刀宽4mm

N260　M03　S350；　　　　　　　　　　//车断

N265　G00　X32；

N270　Z－64；

N275　G01　X0　F15；

N280　G00　X36；

N285　Z100；

N290　M05；

N295　M30；

%

O003　　　　　　　　　　　　　　　　　　　//掉头加工锥体部分

N10　M03　S800；

N20　T0101；（外圆刀）

N30　G98　G00　X30；

N40　Z2；

N50　G71　U1　R0.05；

N60　G71　P70　Q120　U0.4　W0.05　F100；

N70　G01　X14；

N80　Z0；

N90　X16.4　Z-0.98；

N100　X24　Z-20；

N110　X30；

N120　G00　X36；

N130　M03　S1000；

N140　G70　P50　Q120　F80；　　　　　　　//精车锥体

N150　Z100；

N160　M05；

N170　M30；

%

2）用华中数控 HNC-21T 系统编写程序如下。

O002

M03　S800；

T0101；　　　　　　　　　　　　　　　　//外圆刀加工外形轮廓

G90　G94　G00　X36　Z2；

G71　U1　R0.05　P10　Q20　X0.4

　Z0.05　F150；　　　　　　　　　　　　//粗、精加工

N10　G01　X16.8　F100　S1300；

…

N20　G00　X36；

Z100；

T0202；　　　　　　　　　　　　　　　　//换车断刀车槽

M03　S350；

…

G00　X32；

Z100；

T0303；　　　　　　　　　　　　　　　　　　　　　//外螺纹刀加工螺纹

M03　S700；

G00　X21；

Z2；

G01　X20.5　Z2　F150；

G76　C2　A60　X17.64　Z－14　U0.2　V0.05　Q0.3　K1.08　F2；

G00　X22；

Z100；

T0202；　　　　　　　　　　　　　　　　//车断

M03　S350；

…

M05；

M30；

调头加工锥体

O0003

M03　S800；

T0101；　　　　　　　　　　　　　　　　//外圆刀

G90　G94　G00　X30　Z2；

G71　U1　R0.05　P10　Q20　X0.4　Z0.05　F100；

N10　G01　X14　F100　S1200；

…

N20　G00　X36；

Z100；

M05；

M30；

【实例】　零件图样如图 3-58 所示，椭圆长半轴为 10mm，短半轴为 5mm，毛坯尺寸为 $\phi50$mm 的 45 钢料，试编写其加工程序。

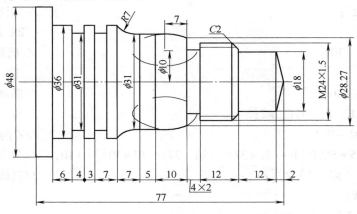

图 3-58　轮廓编程例图

（1）图样分析 本图例最突出的部分是椭圆轮廓，编程时难度较大。

（2）工艺路线分析

1）工件伸出自定心卡盘100mm，并夹紧。

2）90°外圆正偏刀，G71复合循环指令粗车外轮廓。

3）车4mm外沟糟。

4）倒角 $C1.5$。

5）60°螺纹刀车 M24×1.5 螺纹。

6）车断工件。

（3）相关计算

M24×1.5 螺纹小径：$d_1 = 24mm - 0.54 \times 2 \times 1.5mm = 22.38mm$

M24×1.5 螺纹中径：$d_2 = 24mm - 0.65 \times 1.5mm = 23.025mm$

（4）选择刀具 选用 T0101 外圆刀、T0202 车断刀（宽度4mm，左刀尖）、T0303 60°的螺纹刀。

（5）参考程序 用华中数控 HNC-21T 系统编写。

O1

N10　G58;

N20　M03　S1000;

N30　T0101;

N40　G90 G94 G00X50 Z2;

N50　G71 U1 R1 P60 Q260 X0.5 Z0.1 F100;　　　　//粗、精加工工件外形轮廓

N60　G01　X0Z0;

N70　X18　Z-2;

N80　Z-14;

N90　X20;

N100　X23.85　Z-16;

N110　Z-30;

N120　X28.27;　　　　//椭圆起始点（-30, 28.27）

N130　#1 = -30;　　　　//椭圆起始点 Z 坐标值

N140　#2 = -40;　　　　//椭圆终点 Z 坐标值

N150　WHILE　#1　GT　#2;

N160　#1 = #1 - 0.1　　　　//Z 向步长0.1

N170　#3 = [5*SQRT[1-[#1+37]*[#1+37]/[10*10]]]+10;　　//每步 X 坐标值

N180　G01X [#3*2] Z [#1];　　　　//直线逼近

N190　ENDW;

N200　G01　X31　Z-40;

N210　Z-45;

N220　G02　X36　Z−52　R7；　　　　　　　　　　　　//圆弧加工

N230　G01　Z−72；

N240　X48；

N250　Z−82；

N260　G00　X50；

N270　Z100；

N280　T0202；　　　　　　　　　　　　　　　　　　//车槽

N290　G90　G00　X26；

N300　Z−30；

N310　G01　X20　F50；

N320　G00　X40；

N330　Z−59；

N340　G01　X31　F50；

N350　G00　X40；

N360　Z−66；

N370　G01　X31　F50；

N380　G00　X40；

N390　Z100；

N400　T0303；　　　　　　　　　　　　　　　　　　//加工螺纹

N410　G90G00　X30　Z−12；

N420　G76　C2　A60　X22.38　Z−27　K0.81　U0.1　V0.1　Q0.3　F1.5；

N430　G00　X30；

N440　Z100；

N460　T0202；　　　　　　　　　　　　　　　　　　//车断

N470　G90　G00　X50；

N480　Z−81；

N490　G01　X0　F50；

N500　G00　X50；

N510　Z100；

N520　M05；

N530　M30；

【**实例**】　如图3-59所示，毛坯φ36×100，试编写其加工程序。

（1）图样分析　图例最突出的部分是车环形槽轮廓，可用子程序编程。

（2）工艺路线分析

1）用90°外圆正偏刀，用复合循环指令粗、精车外轮廓。

2）调用切槽子程序。

3）车断工件。

4）掉头装夹，钻、镗等加工内轮廓。

（3）选择刀具　选用T0101外圆刀、T0202车断刀（宽度3mm，左刀尖为刀位点）、

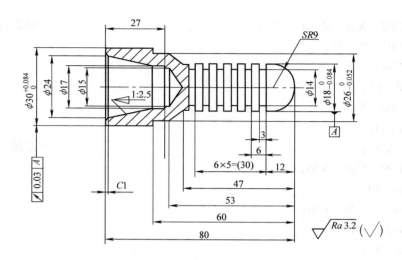

图 3-59   车槽编程例图

T0404 镗孔刀、ϕ15mm 钻头等。

（4）参考程序

1）用华中数控 HNC-21T 系统编写加工程序。程序如下。

O0004

N10   M03   S800；

N20   T0101；   //外圆车刀

N30   G90   G94   G00   X36   Z2；

N40   G71   U2   R0.05   P50   Q130   X0.4

  Z0.05   F150；   //粗、精加工外形轮廓

N50   G01   X0   F100   S2000；

N60   Z0；

N70   G03   X18   Z-9   R9；

N80   G01   Z-47；

N90   X26   Z-53；

N100   Z-60；

N110   X30   C0.5；

N120   Z-83；

N130   G00   X36；

N140   Z100；

N150   T0202；   //换车刀，左刀尖车槽，刀宽 3mm

N160   M03   S360；

N170   G00   X20；

N180   Z-9；

N190   M98   P123   L6；   //调用 O123 子程序 6 次

N200   G90   G00   X32；

```
N210   Z – 83;
N220   G01   X0   F15;                    //车断工件
N230   G00   X36;
N240   Z100;
N250   M05;
N260   M30;


O123                                      //车槽子程序 O123
N5    G91   G00   Z – 6;
N10   G01   X – 6   F15;
N15   G04   P4;                           //暂停4s，光整
N20   G00   X6;
N25   M99;                                //退回主程序


O005                                      //掉头，用 φ15mm 钻头钻孔后，镗孔程
                                            序
N10   M03   S700;
N20   T0404;                              //镗孔刀
N30   G90   G94   G00   X15   Z2;
N40   G71   U1   R0.05   P50   Q100   X – 0.4
   Z0.05   F150;                          //粗、精加工内锥孔程序
N50   G01   X26   F80   S1400;
N60   Z0;
N70   X24   C1;
N80   X16   Z – 20;
N90   Z – 25;
N100   G00   X15;
N110   Z100;
N120   M05;
N130   M30;
```

2）用 FANUC 0i 系统编写，程序如下。

```
O0004;
M03   S800;
T0101;                                    //外圆车刀
G98   G00   X36   Z2;
G71   U2   R0.05;                         //粗车削外轮廓
G71   P10   Q20   U0.4   W0.05   F150;
N10   G01   X0   F100   S2000;
…
```

```
N20    G00    X36;
M03    S2000;
G70    P10    Q20;                          //精车外轮廓
Z100;
T0202;                                      //车槽刀，以左刀尖车槽、刀宽3mm
M03    S360;
G00    X20;
Z-9;
M98    P60123;                              //调用切槽子程序6次
…
Z100;
M05;
M30;
%


O123;                                       //车槽子程序
G00    W-6;
G01    U-6    F15;
G04    P4000;                               //暂停4s，光整
G00    U6;
M99;
%


O005;                                       //掉头，用φ15mm钻头钻孔后，镗孔程
                                               序
M03    S700;
T0404;                                      //镗孔刀
G98    G00    X15;
Z2;
G71    U1    R0.05;
G71    P10    Q20    U-0.4    W0.05    F150;  //粗加工内锥孔程序
N10    G01    X26;
…
N20    G00    X15;
M05;
M3     S2000;
G70    P10    Q20    F80;                    //精加工内锥孔程序
Z100;
M05;
```

M30；

%

【实例】 如图3-60所示，毛坯尺寸为 $\phi50mm \times 200mm$ 的棒料，材料为45钢，根据图中要求加工零件。

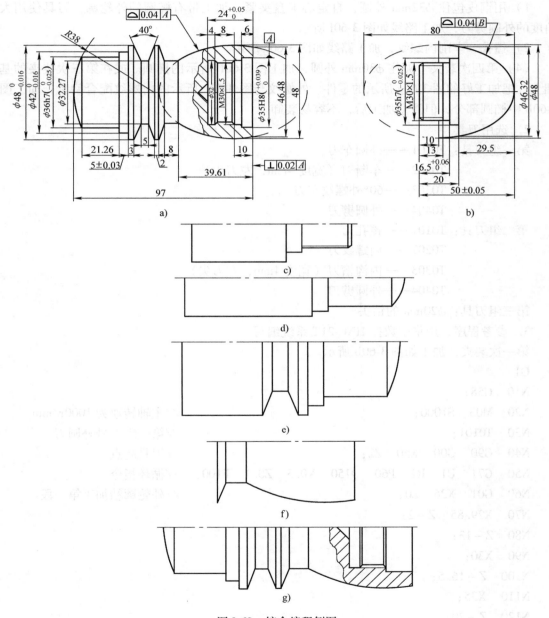

图3-60 综合编程例图

1．工艺分析

（1）第一次装夹 加工图3-60b所示的部分轮廓，左端螺纹、台阶。刀具选用有外圆刀、螺纹刀，走刀路线如图3-60c所示。

（2）第二次装夹（加工图 3-60a）

1）90°外圆刀车削外轮廓，走刀路线如图 3-60d 所示。

2）车断刀车槽、倒角、车断，加工路线如图 3-60e 所示。

（3）第三次装夹

1）用铜皮包住 ϕ32mm 外圆，自定心卡盘夹紧，加工带有椭圆的外轮廓，刀具使用大角度的外圆劈刀，加工路线如图 3-60f 所示。

2）镗孔、车削内螺纹，加工路线如图 3-60g 所示。

（4）第四次装夹　夹住 ϕ30mm 外圆，加工图 3-60b 所示的椭圆。或在第三次装夹的基础上，把加工好的图 3-60g 所示的零件、外螺纹与图 3-60c 所示的内螺纹配合旋紧，加工图 3-60b 中椭圆部分，但注意加工后，不容易装卸。

2. 选用刀具

第一组刀具：T0101——外圆车刀

　　　　　　T0202——车断刀（宽度 4mm，左刀尖）

　　　　　　T0303——60°外螺纹车刀

　　　　　　T0404——外圆劈刀

第二组刀具：T0101——镗孔刀

　　　　　　T0202——内螺纹刀

　　　　　　T0303——内沟糟刀（宽度 4mm，左刀尖）

　　　　　　T0404——外圆劈刀

第三组刀具：ϕ20mm 的钻头

3. 参考程序，用华中数控 HNC-21T 系统编写

第一次装夹，加工如图 3-60b 所示。

```
O1
N10   G58;
N20   M03   S1000;                                    //主轴转速为 1000r/min
N30   T0101;                                          //第一组 1 号外圆刀
N40   G90   G00   X50   Z2;                            //刀具起点
N50   G71   U1   R1   P60   Q150   X0.5   Z0.1   F100;  //循环指令
N60   G01   X26   Z0;                                  //外轮廓精加工第一段
N70   X29.85   Z-2;
N80   Z-13;
N90   X30;
N100   Z-16.5;
N110   X35;
N120   Z-20;
N130   X48;
N140   Z-55;
N150   G00   X50;                                      //外轮廓精加工结束
N160   Z100;
```

```
N170    T0303；                              //第一组 3 号螺纹刀
N180    G90  G01  X32  Z2  F500；           //螺纹刀起刀点
N190    G76  C2  A60  X28.38  Z-10  K0.81  U0.1
        V0.1  Q0.3  F1.5；                  //车削螺纹复合循环指令
N200    G00  X35；
N210    Z100；
N220    T0202；                             //第一组 2 号刀
N230    G90  G00  X50；
N240    Z-54；
N250    G01  X0  F50；                      //车断
N260    G00  X50；
N270    Z100；
N280    M05；                               //主轴停止
N290    M02；                               //程序结束
```

第二次装夹，加工如图 3-60a 所示。

```
O2
N10     M03  S800；                         //主轴转速为 1000r/min
N20     T0101；                             //第一组 1 号外圆刀
N30     G90  G94  G00  X50  Z2；            //刀具起点
N40     G71  U1  R1  P50  Q120  X0.5  Z0.1  F100；
N50     G01  X0  Z0  F80  S1500；           //外轮廓精加工第一段
N60     G03  X36  Z-4.64  R38；
N70     G01  Z-25.9；
N80     X42；
N90     Z-30.9；
N100    X48；
N110    Z-102；
N120    G00  X50；                          //外轮廓精加工结束
N130    Z100；
N140    T0202；                             //第一组 2 号车槽刀
N150    G90  G00  X50  Z-40.73；
N160    G01  X32.27  F50；                  //车槽
N170    G00  X50；
N180    Z-36.9；
N190    G01  X48  F100；
N200    X32.27  Z-39.73；                   //倒右侧角
N210    G00  X50；
N220    Z-43.56；
N230    G01  X32.27  Z-40.73  F50          //倒左侧角
```

N240　G00　X50;

N250　Z – 101;

N260　G01　X0　F50;　　　　　　　　　　　　　　//车断

N270　G00　X50;

N280　Z100;

N290　M05;

N300　M30;

第三次掉头装夹, 加工图 3-60a 右侧面外轮廓。

O3

N10　M03　S800;

N20　T0404;　　　　　　　　　　　　　　//第二组 4 号外圆劈刀

N30　G90　G94　G00　X50　Z2;

N40　G71　U1　R1　P50　Q160　X0. 5　Z0. 1　F100;

N50　G01　X46. 48　Z0　F1500;

N60　#1 = 0;　　　　　　　　　　　　　　//精加工椭圆起始段

N70　#2 = – 39. 61;

N80　WHILE　#1　GT　#2;

N90　#1 = #1 – 0. 1;

N100　#3 = 24 ∗ SQRT [1 – [#1 + 10] ∗ [#1 + 10] / [40 ∗ 40]];

N110　G01　X [#3 ∗ 2] Z [#1];

N120　ENDW;　　　　　　　　　　　　　　//精加工椭圆结束段

N130　G01　X32. 27Z – 39. 61;

N140　Z – 47. 61;

N150　X48　Z – 50. 44;

N160　G00　X50;

N170　Z100;

N180　M05;

N190　M30;

第三次掉头装夹, 加工图 3-60a 右侧面内轮廓。

O4

N10　M03　S1000;

N20　T0101;　　　　　　　　　　　　　　//第二组 1 号镗孔刀

N30　G90　G94　G00　X20　Z2;

N40　G71　U1　R1　P50　Q110　X – 0. 5　Z0. 1　F100;　//循环镗孔

N50　G01　X35;

N60　Z – 6;

N70　X30;

N80　Z – 10;

N90　X28. 5;

N100　Z－24；

N110　G00　X20；

N120　Z100；

N130　T0303；　　　　　　　　　　　　　　//第二组3号沟槽刀

N140　G90　G00　X20；

N150　Z－24；

N160　G01　X32　F50；　　　　　　　　　　//车内槽

N170　G00　X20；

N180　Z100；

N190　T0202；　　　　　　　　　　　　　　//第二组2号内螺纹刀

N200　G90　G00　X20；

N210　Z－8；

N220　G76　C2　A60　X30　Z－19　K0.81　U0.1　V0.1

　Q0.3　F1.5；　　　　　　　　　　　　//内螺纹复合车削循环

N230　G00　X20；

N240　Z100；

N250　M05；

N260　M30；

第四次装夹，加工图3-60b外轮廓。

O5

N10　M03　S1000；

N20　T0404；　　　　　　　　　　　　　　//第二组4号外圆劈刀

N30　G90　G94　G00　X50　Z2；

N40　G71　U1　R1　P50　Q140　X0.5　Z0.1　F100；　//椭圆粗精加工

N50　G01　X0　Z0；

N60　#1＝0；

N70　#2＝－29.5；

N80　WHILE　#1　GT　#2；

N90　#1＝#1－0.1；

N100　#3＝24＊SQRT［1－［#1＋40］＊［#1＋40］／［40＊40］］；

N110　G01X［#3＊2］　Z［#1］F100；

N120　ENDW；

N130　G01　X46.48　Z－29.5；

N140　G00　X50；

N150　Z100；

N160　M05；

N170　M30；

三、内轮廓类

【实例】　零件图样如图3-61所示，编制其加工程序。

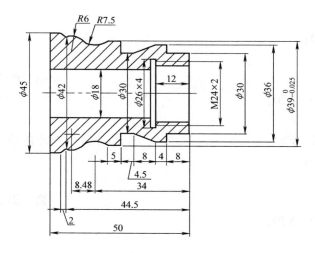

图 3-61 综合编程例图

1．工艺安排

1）工件右端面建立工件坐标系。

2）钻直径 φ17mm 孔。

3）镗直径 φ18mm 孔。

4）车内槽。

5）加工内螺纹 M24×2。

2．参考程序

用 FANUC 0i 系统编写（省略外轮廓加工程序）

O0071

N5	T0303；	//内镗孔刀
N10	M3 S800；	
N15	G98 G00 X17；	
N20	Z2；	
N25	G71 U1.5 R0.5；	//粗加工内形轮廓
N30	G71 P40 Q70 U－0.3 W0.02 F100；	
N40	G00 X23；	
N45	Z0；	
N50	X22 Z－1；	
N55	G01 Z－16 F80；	
N60	X18；	
N65	Z－55；	
N70	G00 X17；	
N75	Z100；	
N80	M3 S1000	
N85	G00 X17；	

N90　Z2；

N95　G70　P40　Q70　F80；　　　　　//精镗内孔轮廓

N100　G00　X17；

N105　Z100；

N110　T0202；

N115　M03　S500；　　　　　　　　//T0202 内沟槽车刀（宽 4mm，左刀
　　　　　　　　　　　　　　　　　　　尖）

N120　G00　X16；

N125　Z－16；

N130　G01　X26　F30；　　　　　　//车内槽 φ26mm×4mm

N135　G00　X16；

N140　Z100；

N145　T0404；　　　　　　　　　　//60°角内螺纹车刀

N150　M3　S600；

N155　G00　X21；

N160　Z2；

N165　G76　P030060　Q100　R0.1；　　//加工 M24×2 的螺纹

N170　G76　X24　Z－14　P1080　Q500　F2；

N180　G00　X17；

N185　Z100；

N190　M5；

N200　M30；

%

【实例】　零件图样如图 3-62 所示，毛坯尺寸为 φ36mm×110mm，编制其加工程序。

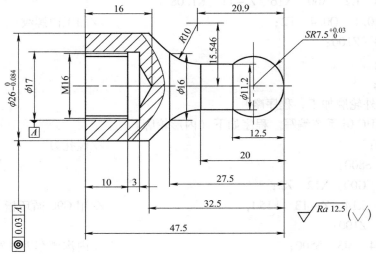

图 3-62　综合编程例图

1．选用刀具

选用刀具包括 T0101 外圆粗车刀、T0202 车断刀（宽4mm，左刀尖）、T0303 镗孔刀、T0404 内沟槽车刀（宽3mm，左刀尖）、T0505 内螺纹车刀等。

2．工艺安排

1）外轮廓加工。

2）钻孔，沟槽、内螺纹加工，镗孔。

3．参考程序

1）用华中数控 HNC-21T 系统编写。程序如下：（内形轮廓）

O1234；

N10　T0303；	//T0303 镗孔刀
N20　M3　S800；	
N30　G90　G94　G00　X12　Z2；	//快速定位到（12，2）点，单一循环起点
N40　G80　X14　Z–13　F150；	//加工内轮廓
N50　G00　Z100；	
N60　T0404　M3　S500；	//内沟槽车刀，宽3mm，左刀尖
N70　G00　X12；	
N80　Z–13；	
N90　G01　X17　F30；	//车内沟槽
N100　G00　X12；	
N110　Z100；	
N120　M3　S800　T0505；	//60°角内螺纹车刀
N130　G00　X13　Z2；	
N140　G76　C2　A60　X16　Z–11　K1.08 U0.2　V0.1　Q0.4　F2；	//加工内螺纹
N150　G00　Z100；	
N160　M5；	
N170　M2；	

（掉头加工外轮廓加工，程序略）

2）用 FANUC 0i 系统编写。程序如下（内形轮廓）：

N5　T0303；	//镗孔刀
N10　M3　S800；	
N15　G98　G00　X12　Z2；	
N20　G90　X14　Z–13　F150；	//用 G90 循环指令加工内孔
N25　G00　Z100；	
N30　T0404　M3　S500；	//内沟槽车刀，宽3mm
N35　G00　X12；	
N40　Z–13；	

N45　G01　X17　F30；　　　　　　　　　　　//车槽

N50　G00　X12；

N55　Z100；

N60　M3　S800　T0505；　　　　　　　　　　//内螺纹车刀

N65　G00　X13；

N70　Z2；

N75　G76　P020060　Q100　R0.1；　　　　　//加工内螺纹

N80　G76　X16　Z－11　P1080　Q500　F2；

N85　G00　Z100；

N90　M5；

N100　M2；

O67；　　　　　　　　　　　　　　　　　　//外轮廓加工

N5　M3　S1000；

N10　T0101；　　　　　　　　　　　　　　//外圆粗车刀

N15　G98G00　X36；

N20　Z2；

N30　G73　U18　R9；　　　　　　　　　　　//加工外形轮廓

N40　G73　P50　Q120　U0.5　W0.02　F200；

N50　G01　X0；

N60　Z0；

N70　G03　X11.2　Z－12.5　R7.5；

N80　G01　Z－20；

N90　G02　X16　Z－27.5　R10；　　　　　　//半球面轮廓加工

N100　G01　X26　Z－32.5；

N110　Z－52；

N120　G00　X36；

N130　Z100；

N140　T0202；　　　　　　　　　　　　　//车断刀（宽4mm，左刀点）

N150　M3　S450；

N160　G00　X38；

N170　Z－51.5；

N180　G01　X0　F30；　　　　　　　　　　//车断工件

N190　G00　X36；

N200　Z100；

N210　M5；

N220　M02；　　　　　　　　　　　　　　//程序结束

%

复习思考题

3-1 数控加工编程的主要内容有哪些？

3-2 刀具补偿有何作用？有哪些补偿指令？

3-3 说明下列 M 代码的功能。

M00　　M02　　M04　　M05　　M06

3-4 数控加工程序编制的步骤有哪些？

3-5 数控程序结构是怎样组成的？

3-6 试编写如图 3-63 所示的加工程序，毛坯尺寸为 $\phi40\text{mm} \times 75\text{mm}$。

3-7 工件毛坯为 $\phi18\text{mm}$ 铜棒，伸出卡盘为 65mm。加工后工件尺寸如图 3-64 所示，编写其加工程序。

（1）装 3 把刀，用 T_1——90°外圆刀、T_2——螺纹刀、T_3——车断刀加工

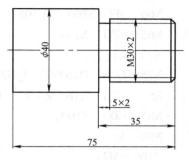

图 3-63　题 3-6 图

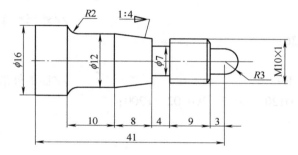

图 3-64　题 3-7 图

（2）刀架退回程序原点（X20，Z60）。程序原点设定在右端面。

3-8 如图 3-65 所示，分析数控车削工艺，写出加工步骤。编写其加工程序。材料为 45 钢，毛坯尺寸为 $\phi36 \times 80$。

3-9 编制如图 3-66 所示加工方案，写出加工步骤，编写其加工程序。材料为 45 钢，毛坯尺寸为 $\phi36 \times 80$。

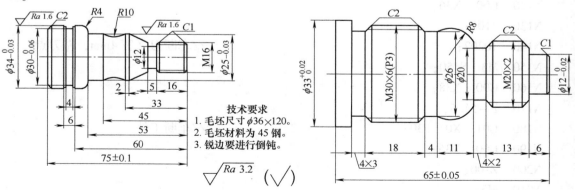

技术要求

1. 毛坯尺寸 $\phi36 \times 120$。
2. 毛坯材料为 45 钢。
3. 锐边要进行倒钝。

图 3-65　题 3-8 图

图 3-66　题 3-9 图

实 训 篇

课 题 一
数控车床的基本操作

【学习目的】

　　熟悉掌握 HNC-21T、FANUC 0i、SIEMENS-802C/S 三个数控系统的面板与基本操作过程。

【学习重点】

　　学习掌握不同数控车床的操作面板结构和特点。

第一节　华中系统面板与手动操作简介

一、HNC-21T 型数控系统的控制面板及基本组成

1. 显示器窗口主界面简介

操作面板上的彩色液晶显示器，用于汉字菜单命令条、系统状态、加工轨迹的图形仿真、辅助机能、故障报警的显示。主界面如图 4-1 所示。

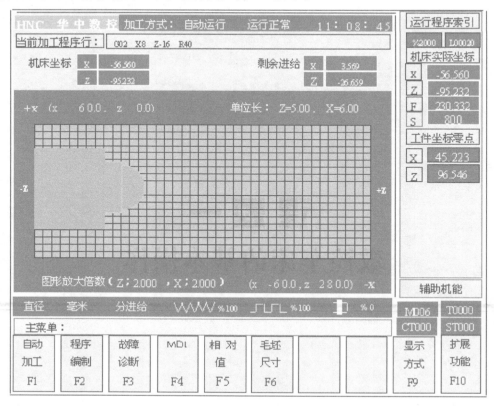

图 4-1　华中 HNC-21T 型数控系统控制操作面板

2. 常用软件界面操作部分

在操作面板上有对应于软件操作界面的"F1 ～ F10"十个功能键，来完成自动加工、程序编辑、参数设定、故障诊断等，另外，还配有标准化字母数字式 MDI 键盘。

（1）图形显示窗口　即中间网格部分，可根据需要在主菜单下用功能键"F9"来设置所显示的内容。按"F9"按键出现显示方式子菜单对话框，如图 4-2 所示。

"显示模式 F1"有四种显示模式；"显示值 F2"有六种显示值；"坐标系 F3"有三种显示值，可在机床坐标系、工件坐标系、相对坐标系之间转换。

（2）菜单命令条　位置在最下部分，可以通过本身菜单命令条中"F1 ～ F10"的功能键完成系统功能的操作。

（3）运行程序索引　它包括自动加工中的程序名及当前程序段号。

（4）机床实际坐标　选定的坐标值，可在机床相对坐标、机床实际坐标、工件实际坐标、指令坐标、剩余进给等之间相互转换。

（5）工件坐标零点　可显示工件坐标系零点在机床坐标系下的坐标值。

（6）辅助机能　可显示自动加工中的 M、S、T 代码。

（7）当前加工程序行　可显示当前正在或将要加工的程序段。

（8）加工方式、系统运行状态及系统时钟　加工方式可在自动（运行）、单段（运行）、

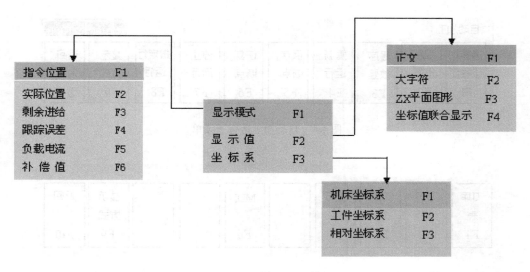

图 4-2　显示方式子菜单

手动（运行）、增量（运行）、回零、急停、复位等之间相互切换；系统运行状态可在"运行正常"和"出错"之间切换；系统时钟可显示当前时间。

（9）机床坐标　刀具当前位置在机床坐标系下的坐标。

（10）剩余坐标　当前程序段的终点与实际位置之差。

3. 程序编辑部分操作

（1）程序的编辑　程序的编辑是在系统软件操作界面主菜单"F2"下，即按"F2"键，出现如图 4-3 所示的编辑功能子菜单，再通过功能键"F1～F10"来完成。

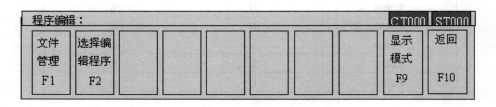

图 4-3　编辑功能子菜单

具体过程是：主界面→程序编辑（F2）→文件管理（F1）→新建文件（F2）→在命令条中输入新建文件名→按回车键→输入程序→保存文件（F4）。

（2）程序的调用　程序的调用是打开软件操作主界面上主菜单按 F1 键在"自动加工 F1"下即出现如图 4-4 所示自动加工运行子菜单，再通过功能键"F1～F10"来完成。具体过程是：自动加工（F1）→选择加工程序（F1）→程序校验（F3）→加工。

4. 刀具数据设置

在软件操作界面主菜单下按"F4"键进入 MDI 功能子菜单，如图 4-5 所示。

手动数据输入（MDI）操作主要包括如下的内容。

（1）刀库数据设置　如图 4-5 所示，按"F1"键窗口将出现刀具库参数表，如图 4-6 所示。

自动加工：								CT000	ST000
选择加工程序 F1	程序平移 F2	程序效验 F3	重新运行 F4	保存断点 F5	恢复断点 F6	停止运行 F7	指定行运行 F8	显示方式 F9	返回 F10

图 4-4 自动加工运行子菜单

刀库表 F1	刀偏表 F2	刀补表 F3	坐标系 F4		MDI F6			显示方式 F9	返回 F10

图 4-5 MDI 功能子菜单

刀库表		
位置	刀号	组号
# 0000	0	0
# 0001	1	1
# 0002	0	0
# 0003	0	0
# 0004	0	0
# 0005	0	0
# 0006	0	0
# 0007	0	0
# 0008	0	0
# 0009	0	0
# 0010	0	0

图 4-6 刀具库参数表

在此表中可进行刀库数据的设置。

1）用上下光键、PgUp、PgDn 来移动蓝色亮条，选择要编辑的选项。

2）按回车键，蓝色亮条所指刀库数据的颜色和背景都发生变化并有一光标在闪；用上下光键、BS、Del 键进行编辑或修改，完毕后按回车键确认。

（2）刀具补偿参数的设置 如图 4-5 所示，按"F2"键图形窗口将出现刀具偏置数据表，如图 4-7 所示（设置和刀库数据设置相同）。

5. 设置仿真模拟图形显示

在主界面下按"显示方式 F9"键，即出现菜单中选"显示模式 F1"选项中打开的子菜单中按 F3 键，即选择"ZX 平面图形"选项，显示窗口将显示 ZX 平面的刀具轨迹蓝屏。

刀偏号	X偏置	Z偏置	X磨损	Z磨损	试切直径	试切长度
#××01	0.000	0.000	0.000	0.000	0.000	0.000
#××02	0.000	0.000	0.000	0.000	0.000	0.000
#××03	0.000	0.000	0.000	0.000	0.000	0.000
#××04	0.000	0.000	0.000	0.000	0.000	0.000
#××05	0.000	0.000	0.000	0.000	0.000	0.000
#××06	0.000	0.000	0.000	0.000	0.000	0.000
#××07	0.000	0.000	0.000	0.000	0.000	0.000
#××08	0.000	0.000	0.000	0.000	0.000	0.000
#××09	0.000	0.000	0.000	0.000	0.000	0.000
#××10	0.000	0.000	0.000	0.000	0.000	0.000
#××11	0.000	0.000	0.000	0.000	0.000	0.000

图 4-7　刀具数据表

6. 图形放大倍与刀具移动

图形放大倍数的调整可以按键盘上的反页键即可放大和缩小，刀具移动可以按上下光标键即可。

二、机床手动操作

1. 机床手动操作面板

机床手动操作面板有自动、单段、增量、回零、机床锁住、超程解除、冷却开停、刀位转换、主轴正反转、主轴停止、主轴修调、快速修调、进给修调、循环启动、进给保持及"急停"等按键如图 4-8 与图 4-9 所示。

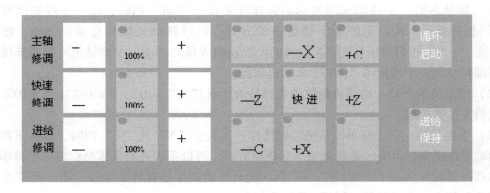

图 4-8　机床手动修调与轴手动控制面板

2. 坐标轴移动和各种修调及操作

坐标轴的移动和修调操作由手持单元和控制面板上的轴手动、进给修调、快速修调等按键共同完成。点动部分、修调部分操作面板如图 4-8 所示。

（1）点动进给　在手动状态下可以移动机床坐标轴，按压"＋X"或"－X"按键指示灯亮，X 轴将产生正向或负向连续移动，松开"＋X"或"－X"按键指示灯灭，X 轴将减

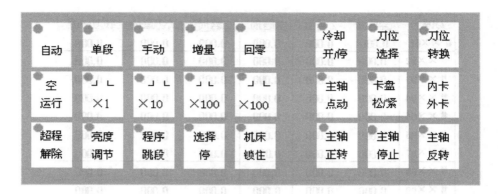

图 4-9 机床控制面板

速停止。用同样的方法可以运行"Z"轴，也可以实行 X 轴和 Z 轴的联动。

（2）点动快进 在点动进给时，若同时按压"快进"按键，则产生相应轴的正向或负向快速移动。

（3）主轴修调 主轴调速可在选定的转速（即 100%）值的 0 ~150% 之间调速。

（4）快速修调 X 轴和 Z 轴的移动可在 0 ~150% 之间进行修调。

（5）进给修调 按压进给修调 100% 按键指示灯亮，进给修调倍率被置为 100%；按压"＋"进给修调按键，进给修调倍率缺省是递增 10%；按压"－"进给修调按键，进给修调倍率缺省是递减 10%。

3. 主轴控制刀位转换、增量及其他操作

主轴控制刀位转换、增量及其他操作由机床操作面板上的方式选择、主轴手动、增量倍率等共同完成。其中操作面板如图 4-9 所示。

（1）增量进给 手持单元的坐标轴选择开关置于"off"挡时，按一下控制面板上的"增量"按键指示灯亮，系统处于增量进给方式，可以移动机床坐标轴。例如，按一下"＋X"或"－X"按键指示灯亮，X 轴将向产生正向或负向移动一个增量值。每当连续按时它将连续移动每一个增量值。同理，Z 轴也如此。

（2）增量值的选择 增量进给值的选择是由"×1"、"×10"、"×100"、"×1000"四个增量倍率按键控制。

（3）手摇进给 当手持单元的坐标轴选择开关置于"X"或"Z"挡时，按一下控制面板上的增量按键指示灯亮，系统处于手摇进给方式，可以手摇进给机床坐标轴。手持单元的坐标轴选择波段开关置于"X"挡，顺时针/逆时针旋转手摇脉冲发生器一格，可控 X 轴向正向或负向移动一个增量值。同理，Z 轴也如此。

（4）手摇倍率选择 手摇进给方式每次只能进给一个坐标轴，即每转一格移动一个移动量。

（5）主轴手动控制、速度修调、点动及停止 主轴手动控制由机床控制面板上的主轴手动控制按键完成。

主轴正转在手动方式下，按一下"主轴正转"按键指示灯亮，当按压主轴修调 100% 按键指示灯亮，这时主轴以设定的转速正转。当按压一下"＋"键时，主轴修调倍率递增

10%；当按压一下主轴修调"－"键时，主轴修调倍率递减 10%。同理，主轴反转时操作也如此。

主轴停止时按一下"主轴停止"按键指示灯亮，主轴将停止运转。

主轴点动时按一下"主轴正点动"或"主轴负点动"按键指示灯亮，主轴将正或负点动转动，松开"主轴正点动"或"主轴负点动"按键指示灯灭，主轴将减速正或负点动转动。

（6）手动刀位转位操作　在手动方式下，按一下"刀位转位"按键，选择刀号，转塔刀架转动到指定刀位。

（7）冷却启动与停止　在手动方式下，按"冷却开停"按键，切削液开；再按为切削液关，默认为关。

4. 手动数据 MDI 运行方式显示如下

在主界面（见图 4-1）下，按"F4"键进入 MDI 功能子菜单，如图 4-5MDI 功能子菜单所示，再按"F6"键，进入 MDI 运行方式，输入 MDI 指令段后按"Enter"键，再按操作面板上的"循环启动"键，系统即开始运行所输入的 MDI 指令。

5. 回参考点、超程解除、机床锁住与空运行

（1）回参考点　按"回零"按键指示灯亮，系统处于手动回参考点方式，可手动返回参考点，接着按"＋X"按键，刀架做返回参考点移动。如做快速移动可按一下"快进"键。当返回参考点结束时，指示灯亮，即完成回参考点操作，Z 向也是如此。

（2）超程解除　当按"超程解除"键指示灯亮时，系统视为其状况为紧急停止，要退出紧急停止必须进行如下操作。

1）松开"急停"按钮，将工作方式为"手动"或"手摇"方式。

2）一直按压"超程解除"按键。

3）在"手动"或"手摇"方式下使该轴向相反方向退出超程状态，并退出"超程解除"按键。

（3）机床锁住　此键为"手动状态下"禁止机床坐标轴动作，主要用于效验程序用。

（4）空运行　在自动方式下，按"空运行"按键指示灯亮，系统处于空运行状态，程序中所编制的进给速率被忽略，坐标轴以最大快移速度移动，并不切削而是确认切削路径及程序，在加工中应关闭此功能键，否则可能会造成危险，此功能键对螺纹无效。

三、系统装置上电、复位、急停与关机

1. 系统装置上电

机床上电前应检查"急停"按钮是否按下，上电后应检查风扇电动机运行与面板上的指示灯是否正常。接通数控装置电源后，系统将自动运行系统软件，显示器显示为软件操作界面，工作方式为"急停"。

2. 机床复位

系统上电进入软件操作界面时，工作方式为"急停"为控制系统运行，须将"急停"按钮左旋复位，使伺服电源接通。

3. 机床急停

机床运行过程中，在危险或紧急情况下，按下"急停"按钮，伺服进给及主轴运转立即停止工作，松开"急停"按钮系统便进入复位状态。

4. 机床关机

按下操作面板上"急停"按钮，按"ALT + X"，伺服电源断开，断开机床电源，否则直接断开电源，将会增加设备的电冲击，降低系统的寿命。

四、自动运行、单段运行、中止运行与任意行运行

1. 自动运行

按一下"自动"按键指示灯亮，系统处于自动运行方式，机床坐标轴由 CNC 自动完成。

（1）自动运行启动—循环启动 自动方式时，按"F1"键进入自动加工子菜单，再按"F1"键选择所要加工的程序，按"循环启动"键指示灯亮，自动加工开始。这种启动同时适用于 MDI 运行和单段运行方式。

（2）自动运行暂停—进给保持 在自动运行时，按"进给保持"键，指示灯亮，程序执行暂停，机床运动轴减速停止，在自动运行暂停时，再按一下"循环启动"按键，系统将重新启动，从暂停前的状态继续运行，M、S、T 各功能保持不变。

2. 单段运行

按"单段"按键指示灯亮，再按"循环启动"按键，系统处于单段自动运行方式，程序控制将单段完成进给停止。第二次按"循环启动"按键，将运行下一行程序段。

3. 中止运行

在程序运行过程中，需要中止运行时须在自动运行子菜单下，按"F7"键，在命令行中弹出"您是否要取消当前运行程序（Y/N）？"如按"Y"键则中止程序运行，并卸载当前运行的程序。

4. 任意行运行

若从程序单中某一行开始加工，则须在自动加工中调出程序，并在自动加工状态下的子菜单中按"从指定行运行 F8"对应"F8"键出现图 4-10 任意行运行对话框，用上下光标键可以进行选择。

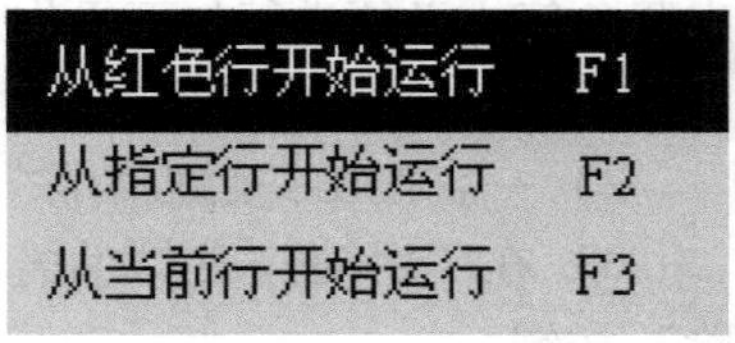

从红色行开始运行	F1
从指定行开始运行	F2
从当前行开始运行	F3

图 4-10　任意行运行对话框

1）在自动加工状态下，调用所选定的加工程序后，用上下光标键选定某程序段。例如，选择第 33 行，按"F8"键，出现如图 4-10 所示任意行运行对话框，再按"F1"键，即"从红色行开始运行 F1"，这时按"Enter"键，最后按"循环启动"键，系统就从第 33 行开始加工。

2）若按"F8"键出现如图 4-10 所示任意行运行窗口再按"F2"键，从指定行开始运行，即出现输入选定行号输入命令条。若选定行号如"33"行则输入"33"再按"Enter"键，最后按循环启动键即可开始从"33"行进行加工。

3）从任意行运行程序，千万要注意系统对选定刀具的识别以及刀具补偿的数值，保证安全操作。

第二节　FANUC 0i 系统面板操作与手动操作简介

一、FANUC 0i 数控系统控制操作面板的基本组成

如图 4-11 所示，它是由 CRT 显示器和 MDI 键盘两部分组成。CRT 显示器可以显示机床的各种参数和功能，如机床参考点坐标、刀具起始点坐标、指令数据、刀具补偿量的数据、报警信号、自诊断结果、滑板快速移动的速度及间隙补偿值等。

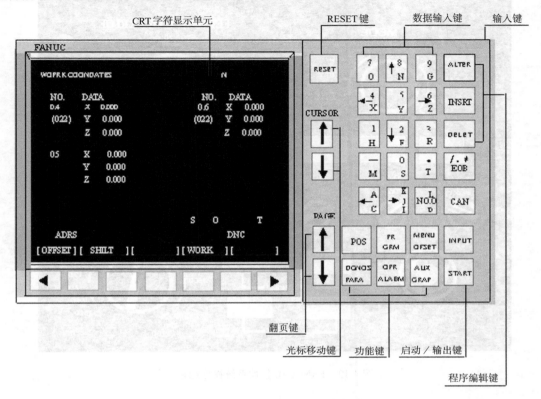

图 4-11　FANUC 0i 数控系统控制操作面板

二、FANUC 0i 数控系统操作面板（图 4-12）

1. 手动操作方式

（1）机床回零　将机床操作面板的"MODE"旋钮拨到"REF"挡，扳转 X、Z 轴控制旋钮"AXIS"选择相应坐标轴，再点击"JOG"的"+"按键，此时所选的坐标轴将回零。相应操作面板上的坐标轴回零指示灯亮，同时显示器上的坐标显示出机床回零坐标值。

（2）手动/连续加工

1）将机床操作面板的"MODE"旋钮拨到"JOG"挡。

2）按配合移动按键"JOG（+、-）"扳转 X、Z 轴控制旋钮"AXIS"选择相应坐标轴，步进量调节旋钮"×1、×10、×100"，快速准确地调节机床。

3）按"SPNDLE"键来控制主轴的转动与停止。

（3）手动/单步加工

1）在对准基准时或在手动连续加工时，若需要精确调节机床时，可进行单步调节。

2）将机床操作面板的"MODE"旋钮拨到"STEP/HANDLE"挡（STEP 为点动，HANDLE 为手轮移动）。

3）按配合移动按键"JOG（+、-）"和步进量调节旋钮"×1、×10、×100"单步调节机床或使用手轮调节机床。

图 4-12　FANUC 0i 数控系统操作面板

注：×1 每次步进量为 0.001mm，×10 每次步进量为 0.01 mm，×100 每次步进量为 0.1 mm。

4）按"SPNDLE"键来控制主轴的转动与停止。

2. 手动数据输入方式（MDI 方式）

1）将机床操作面板的"MODE"旋钮拨到"MDI"挡，可进行 MDI 操作。

2）在 MDI 键盘上，如图 4-12 所示，按"PRGRM"键，进入编辑界面。

3）输入数据，在键盘上点击数字/字母键，第一次点击为字母输出，第二次为数字。

4）按数字/字母键键入字母"O"再输入程序号，不可以与已有的程序编号重复。

5）输入一个程序段后，换行按回车键"EOB"换行。

6）移动光标，按"PAGE"键上下方向键翻页，移动光标。

7）若删除输入域中的数据，可按"CAN"键。

8）若删除光标所在的代码，可按"DELET"键。

9）若清除输入的数据可按"RESET"键。

10）按"INPUT"键输入所写的数据指令。

11）要运行一个完整数据指令可按运行控制按钮"Start"运行程序。

3. 编辑方式

1）显示程序目录。步骤是：拨"MODE"旋钮→"EDIT"→按"PRGRM"键→按软件"Lib"。

2）选择程序。步骤是：拨"MODE"旋钮 →"EDIT"或"AUTO"→ 按"PRGRM"键 → 键入字母"O"→ 键入索引号码 → 按"CURSOR"→ 按"↓"键搜索，找到后在屏幕上显示。

3）回程序头。步骤是：拨"MODE"旋钮 →"EDIT"或"AUTO"→ 按"PRGRM"键 → 键入字母"O"→ 按"CURSOR 中↓键"（或按"RESET"键）。

4）删除一个程序。步骤是：拨"MODE"旋钮 →"EDIT"→ 按"PRGRM"键 → 键入字母"O"→ 键入删除程序号 → 按"DELET"键。

5）删除全部程序。步骤是：拨"MODE"旋钮 →"EDIT"→ 按"PRGRM"键 → 键入字母"O"→ 按"M 字母上一'键"→ 键入数字"9999"→ 按"DELET"键。

6）搜索一个指定代码（代码可以是一个字母或一个完整的代码如：N0111、M 等）。步骤是："MODE"旋钮 →"EDIT"→ 按"PRGRM"键 → 键入搜索字母或代码 →按"CURSOR 中↓键"。

7）MDI 方式输入和运行程序。步骤是：拨"MODE"旋钮 →"MDI"→ 按"PRGRM"键 → 键入字母/数字将数据输入 → 按"INPUT"键 → 按"Start"键。（清除可按"RESET"键）。

8）编辑 NC 程序。步骤是：拨"MODE"旋钮 →"EDIT"→ 按"PRGRM"键 → 按"PAGE 中↑或↓键"→ 按"CURSOR 中↑或↓键"→ 键入字母/数字将数据输入 → 按"CAN"键删除输入数据。

注：删除、插入、替代：按"DELET"键，删除光标所在代码；按"INSRT"键，将输入域的内容插入到光标所在代码后面；按"ALTER"键，用输入域的内容替代光标所在代码。

9）用 MDI 键盘手工输入 NC 程序。步骤是：拨"MODE"旋钮 →"EDIT"→ 按"PRGRM"键 → 键入字母"O"→ 键入程序编号 → 按"INPUT"键 → 输入程序内容。

4. 自动加工

1）选择数控程序或自行编写程序输入。

2）将控制面板上"MODE"旋钮调到"AUTO"上，进入自动加工模式。

3）选择单步开关"Single Biock"置"ON"上，运行程序时每次执行一条指令。

4）选择跳过开关"Opt Skip"置于"ON"上，"M01"代码有效。

5）根据需要调节进给速度调节旋钮"FEEDRATE OVERRIDE"，调节数控程序运行的进给速度，调节范围从 0~150%。

6）选择按"start"、"Hold"、"Stop"按钮，控制其开始、暂停、停止。

7）若此时将控制面板上"MODE"旋钮调到"DRY"空运行上，则表示此时是以 G00 速度进给。

第三节 SIEMENS 802C/S 系统面板操作与手动操作简介

一、SIEMENS 802C/S 数控系统控制操作面板的基本组成

1. 数控系统控制操作面板（图 4-13）

个别功能键说明：

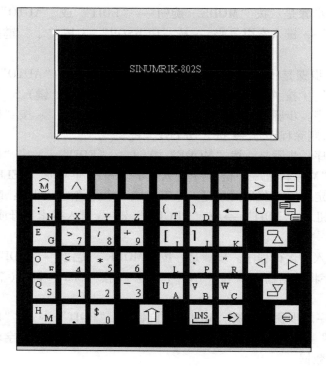

图 4-13 SIEMENS 802C/S 数控系统控制操作面板

⊖	报警应答键	>	菜单扩展键	←	删除键（退格键）
⊟	区域转换键		垂直菜单键		软菜单键
▷	光标向右键	INS	空格键	M	加工显示
∪	选择/转换键		光标向上键、向上翻页		回车/输入键
⇧	上挡键	∧	返回键		

2. 机床操作面板的组成功能键说明（图 4-14）

个别功能键说明：

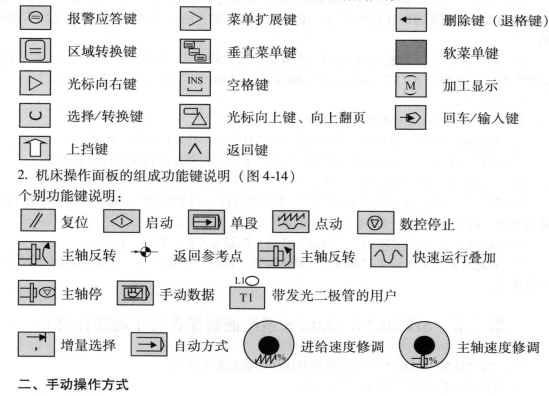

二、手动操作方式

1. 机床回零

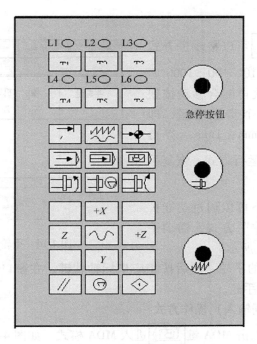

图 4-14　机床操作面板

1）打开电源开关，机床上电，CRT 屏上出现 SIEMENS 802C/S 系统字样，系统进行自检后进入加工操作区，即"JOG"运行方式，如图 4-15 所示，出现"回参考点窗口"，机床只有在"JOG"运行方式下才能进行回零操作。

加工	复位	手动	10000　INC	

DEM01.MPF

机床坐标	实际	再定位 mm	F: mm/min
+X	0.000	0.000	实际: 0.000
+Z	0.000	0.000	
+SP	0.000	0.000	编程: 0.000

S	0.000	0.000	T: 0　D: 0

手轮进给		各轴进给	工件坐标	实际值放大

图 4-15　JOG 运行窗口

2）按下参考点键 ⊕ 并按住坐标轴"+X、+Z"点动使每个坐标轴依次回零，直到回参考点窗口中显示 ⊕ 符号为止。

3）按下操作面板上 ∿ 键，进入手动运行状态，可按"-X、-Z"手动使每个坐标轴返回，机床正常操作。

2. 手动/连续加工

1）点击机床操作面板上的 ∿ 键，切换机床进入手动运行方式。

2）按住相应"X 或 Z"坐标轴，以机床设定的数据中规定的速度（可修调）运行。

3）在按方向键的同时，按下快速运行叠加键 ∿∿ 可以加快坐标轴的运行速度。

4）点击机床主轴手动控制按钮 ⊐Ⅰ(⊐Ⅰ⤵ ⊐Ⅰ◯ 可控制机床主轴的正转、反转、停转。

3. 手动/单步加工

1）选择增量键  可以按步进方式运行，依次按可选择 1、10、100、1000 四种不同的增量，每按一次再配合移动按钮"X、Z"使刀架移动一个步进增量，即 0.001mm、0.01mm、0.1mm、1mm，若再按 键结束步进增量运行方式，恢复手动状态。

2）在"JOG"方式下可以通过功能扩展键，可进入"手轮脉冲"方式，摇动手轮使机床移动，如图 4-16 所示。

图 4-16 手轮脉冲方式窗口

3）移动光标到所选的手轮，然后按相应坐标轴软键，在窗口中出现符号√，按"确认"表示已选择该坐标轴手轮。

三、MDA（手动数据输入）操作方式

1）切换操作面板，点击 MDA 键 进入 MDA 模式，如图 4-17 所示，进行程序编辑操作。

2）输入数控程序，按执行键 执行输入的程序。

3）输入区的内容若仍保留可以重复运行，输入一个字符可以删除程序段。

四、自动加工方式

1）选择数控程序或自行编写程序输入、输入补偿值，安全锁定装置已启动，自动方式的运行状态如图 4-18 所示。

2）在机床操作面板上按自动方式选择键 ，CRT 屏幕上显示系统中所有程序目录窗口，如图 4-19 所示。

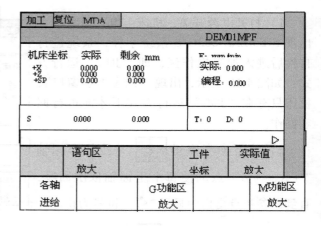

图 4-17 MDA 模式窗口

3）将光标移动键定位到所选的程序上，并用"选择"软键选择待加工的程序。

4）按程序启动键 ，程序将自动执行。

5）在程序执行过程中，可按程序停止键 ，则暂停程序运行，再按程序启动键 可恢复程序继续运行。

6）在自动加工过程中，如按复位键 ，则中断整个程序运行，光标返回到程序开头，再按程序启动键 ，程序将从程序头开始重新自动执行。

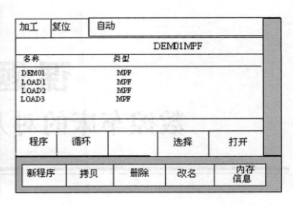

图 4-18 自动运行窗口   图 4-19 程序目录窗口

复习思考题

4-1 说明数控机床开机与关机的顺序？首先应进行何种操作？

4-2 说明数控机床在哪些情况下要进行回参考点操作。

4-3 在数控机床上手动完成各种速率修调操作。

4-4 试将编写的程序调出后从任意选定一行开始运行。

4-5 简述华中 HNC-21T 系统数控车床控制面板的基本组成。

4-6 华中 HNC-21T 系统数控车床的手动数据输入操作包括哪些内容？

4-7 试做华中 HNC-21T 系统数控车床回参考点、程序校验、空运行等的练习。

4-8 简述华中 HNC-21T 系统数控车床超程解除的步骤。

4-9 简述 SIEMENS 802C/S 数控系统控制操作面板的基本组成。

4-10 简述 FANUC 0i 数控系统控制操作面板的基本组成。

4-11 FANUC 0i 数控系统的编辑方式有什么作用？

4-12 在 FANUC 0i 数控系统自动方式下可完成机床的哪些操作？

课 题 二
数控车床的对刀与找正操作

【学习目的】

掌握对刀的概念及重要性，并学会在经济型数控车床四工位自动转位刀架上进行对刀的方法。

【学习重点】

熟悉掌握工件坐标系的建立、对刀原理、方法及对刀过程、补偿及修订等。

第一节　数控车床对刀的相关知识

一、装刀具

数控车床一般均采用四工位自动刀架，装刀须调整刀尖应与主轴中心线等高，调整办法用顶尖法或试切法。刀杆伸出长度应为刀杆厚度的 1.5～2 倍。

装刀一般原则是：功能相近的刀具就近安装，工序切换与更换刀具应在较短的时间内完成。例如，对于车外轮廓，一号刀位装外圆粗车刀，二号刀位装外圆精车刀，三号刀位装车槽（车断）刀，四号刀位装螺纹车刀。对于车内腔零件，一号刀位装粗内膛刀，二号刀位装精内膛刀，三号刀位装内槽车刀，四号刀位装内螺纹车刀。

二、装工件

数控车床一般均采用自动定心卡盘，工件的装夹、找正方法与普通车床基本相同。对于圆棒料在装夹时应水平放置在卡盘的卡爪中，并经找正后旋紧卡盘的扳手，工件夹紧找正随即完成。

三、回参考点

机床上电后，一般要求必须回参考点，然后进入其他运行方式，以确保机床坐标系的建立，消除反向间隙及机床误差等。

四、对刀概念

加工一个零件往往需要几把不同的刀具，而每把刀具在机床刀架上都是随机装夹的，所以在刀架转位调刀时，刀尖所处的位置是不相同的，但系统要求在加工一个零件时，无论是调哪一把刀其进给走刀路线都应严格按照编程所设定的刀号轨迹运行。

在工件坐标系下，不同长度和位置的刀具经过测量和计算后，得到刀偏值，并将其放入刀库表或补偿表中，使得对工件进行切削时保证刀具刀位点坐标一致，这个过程称为对刀。

对每一把刀具进行外圆试切和端面试切等方法找出刀具的刀偏值，按刀号分别将其值输入到刀偏表中。

第二节 采用工件坐标系设定方式对刀

一、对刀原理

采用工件坐标系设定方式 G92 X_ Z_（FANUC 用 G50 X_ Z_）程序段对刀时，必须通过调整机床刀架，将刀尖放在程序所要求的起刀点位置，如（100、120）。系统在执行程序段时，刀不动，但建立了刀具位置坐标在（100、120）点的工件坐标系，在移动刀具时可以使用 MDI 方式操作。

二、方法及过程

1）工件坐标系原点设定在工件前端面与主轴中心线交点上。

2）返回参考点，建立机床坐标系。

3）试切外径并测量，如图 5-1 所示。

计算坐标增量，以程序段 G92 X100 Z120 为例，用外圆刀在工件外圆试切一刀，沿 Z 轴的正方向退刀，用千分尺测量工件直径为 φ39.420mm，计算刀尖当前位置移动到起刀点位置所需的距离为 X = 100mm − 39.420mm = 60.580mm。此时用增量方式将刀尖在当前位置沿 X 正方向退 60.580mm 的距

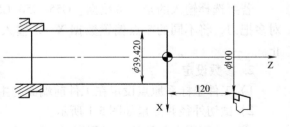

图 5-1 试切测量

离，并记录下 CRT 显示"机床实际坐标"一栏"X"值，如"−76.164"，在工件右端面试切一刀，沿 X 轴的正方向退刀，并记录下 CRT 显示"机床实际坐标"一栏"Z"值，如"−395.255"计算刀尖当前位置移动到起刀点位置所需的距离为

$$Z = -395.255mm + 120mm = -275.255mm$$

4）对刀操作 根据算出的坐标增量，用手摇脉冲发生器或增量方式移动刀具使之移动到 CRT 显示机床实际坐标为（−76.164、−275.255）值的位置上。

5）建立工件坐标系　接上当前刀尖所处的位置在机床坐标系下的值（-76.164、-275.255），这点与当前刀尖在工件坐标系中的值（100、120）是同一点。

若执行程序段 G92　X100　Z120 时，则数控系统用新的工件坐标系坐标值取代了机床坐标系坐标值。

第三节　采用工件坐标系（G54～G59）选择方式对刀

一、HNC-21T 系统

1. 对刀原理

采用工件坐标系设定方式 G54 ～ G59 程序段对刀时，在 MDI 功能子菜单下打开图 5-2 界面中 "坐标系 F4" 选项，进入坐标系手动数据输入方式，图形显示主窗口 G54 坐标系数据如图 5-2 所示。

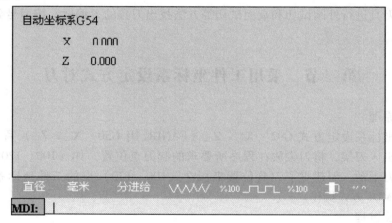

图 5-2　自动坐标系数据显示窗口

若要选择输入的坐标系数据，G55/G56/G57/G58/G59 可依次按 Pgdn 或 Pgup 键可依次对多把刀，将不同的零点偏置数据 X、Z 输入后系统能自动记忆直至被新的数据所取代为止。

2. 参数设定

1）工件坐标系原点设定在工件前端面与主轴中心线交点上。

2）试切外径并测量如图 5-1 所示。

①　计算零点偏置值。以程序段 G54　X80　Z100 为例，选用使用的刀具用手动方式下切削工件外圆一刀，沿 Z 轴的正方向退刀，用千分尺测量工件直径为 ϕ45.420mm，同时，并记录下 CRT 显示 "机床实际坐标" 一栏 "X" 值，如为 " - 41.124"，将工件直径 ϕ45.420mm 取负值，并与 - 41.124mm 相加，得 X = (- 41.124)mm + (- 45.420)mm = - 86.544mm。

在工件右端面试切一刀，沿 X 轴的正方向退刀，并记录下 CRT 显示 "机床实际坐标" 一栏 "Z" 值，如 " - 315.225"，即 Z = - 315.225mm。

②　输入零点偏置值。在图 5-2 显示方式下将（X - 86.544，Z - 315.225）输入到 MDI

命令行中回车确认并退出界面，此时系统便将一号外圆刀零点偏置数据 X、Z（即工件零点在机床坐标系下的坐标值）自动记忆到系统中。

③　对刀操作。无论刀具当前点处在何位置，当调出程序段 G54　X80 Z 100 执行时，刀具总能找到在工件坐标系下 X 80、Z 100 的点，即数控系统用新的工件坐标系取代了回参考点时所建立的机床坐标系。在对多把刀具时，每把刀所对的方法相同，可在 G55/ G56/ G57/ G58/ G59 之中任意选择，但一定要与所规定的刀位号相同。

二、FANUC 0i 系统

1. 对刀原理

1）使用基准刀具对刀后，测得试切后零件外圆 a 及编程原点到工件右端面距离 b 值。

2）将屏幕上 X、Z 显示分别减去 a、b 值后，输入到零点偏置的 G54 ~ G59 中相应的 X、Z 值中去。

2. 参数设定

1）按"MENU OFFSET"键，进入参数设定界面，如图 5-3 所示。

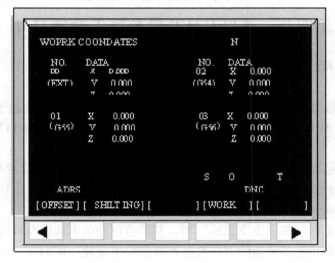

图 5-3　参数设定窗口

2）用"PAGE 中↑或↓键"在 N01 ~ N03 坐标系页面对应 G54 ~ G56 和 N04 ~ N06 坐标系页面对应 G57 ~ G59 之间切换。图 5-3 为 N01 ~ N03 坐标系页面。

①　用"CURSOR 中↑或↓键"选择坐标系。

②　按数字键输入地址字 X、Z 和数值到输入域。

③　按"INPUT"键，把输入域中的内容输入到指定的位置。

三、SIEMENS 802C/S 系统刀具参数设定操作

1）在机床操作面板上按区域转换键 ⊟，返回主菜单，再按参数软键，弹出如图 5-4 所示 R 参数窗口。

2）按零点偏移软键进入如图 5-5 所示零点偏移窗口，选择一个可设置零点偏移 G54、G55。例如，选择 G56、G57 时需按翻页键。

3）如用可编程零点偏移 G158 指令设置工件坐标系，不须进行上述零点偏移的设置，只须在程序中书写 G158　X0　Z（　）程序段，在 Z（　）后填入卡爪右端面距工件右端面的距离即可。

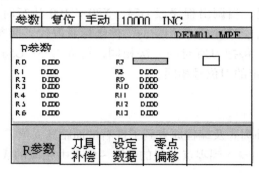

图5-4　R 参数窗口　　　　　　　　　图5-5　零点偏移窗口

第四节　采用刀具补偿参数 T 功能对刀

一、HNC-21T 系统

1. 对刀原理

采用刀具补偿的功能偿参数 T 功能指令方式对刀时，可在 MDI 功能子菜单下打开图 4-5MDI 功能子菜单界面中"刀偏表 F2"选项进入刀偏表，图形显示主窗口如图 5-6 刀具数据表所示。

刀具补偿其中包括刀具位置补偿和刀尖圆弧半径补偿。刀具补偿号从"01"组开始，"00"为取消刀具补偿号，一般同一编号指令刀具补偿号和刀具位置号以相同为宜，如"T0202"这样可以减少编程时的错误。

1）设置刀偏数据时可按"上下光标"键，移动蓝色亮条来选择要编辑的选项。

2）按回车键，蓝色亮条所指的刀具数据的背景发生变化，同时有一光标在闪，这时可以进行数据输入或编辑修改，修改完毕后再按回车键确认。

2. 方法及过程

1）工件坐标系原点设定在工件前端面与主轴中心线交点上。

2）试切外径并测量，如图 5-6 所示。

①　测量并输入试切直径值。以"T0101"程序段为例，选用使用的刀具在手动方式下切削工件外圆一刀，沿 Z 轴的正方向退刀，用千分尺测量工件直径如为 $\phi 55.220$mm，然后将此值输入到刀偏表中相对应于"#××01"一行中"试切直径"一栏中并确认。

②　输入试切长度零值。在工件右端面试切一刀，沿 X 轴的正方向退刀，然后将"0.000"输入到刀偏表中相对应于"#××01"一行中"试切长度"一栏中并确认，用同样的方法可依次再对第二把刀"T0202"。

③　退出界面。当所用的几把刀依次对完确认以后，数控系统便建立起新的工件坐标系以取代回参考点时所建立的机床坐标系，这时可按"F10"退出界面，即可做下一步调程序加工工作。

刀偏号	X偏置	Z偏置	X磨损	Z磨损	试切直径	试切长度
#××01	0.000	0.000	0.000	0.000	0.000	0.000
#××02	0.000	0.000	0.000	0.000	0.000	0.000
#××03	0.000	0.000	0.000	0.000	0.000	0.000
#××04	0.000	0.000	0.000	0.000	0.000	0.000
#××05	0.000	0.000	0.000	0.000	0.000	0.000
#××06	0.000	0.000	0.000	0.000	0.000	0.000
#××07	0.000	0.000	0.000	0.000	0.000	0.000
#××08	0.000	0.000	0.000	0.000	0.000	0.000
#××09	0.000	0.000	0.000	0.000	0.000	0.000
#××10	0.000	0.000	0.000	0.000	0.000	0.000
#××11	0.000	0.000	0.000	0.000	0.000	0.000

图 5-6 刀具数据表

注：用刀具补偿值的方法可直接设定工件坐标系，在编程时不用 G92 或 G54～G59；如使用 G92 或 G54～G59 设定工件坐标系时，应将 T0101 写成 T0100 或 T01、将 T0202 写成 T0200 或 T02 以后的刀具以次类推。也就是系统在执行 T0100 或 T01 程序段时只做调刀动作，并不建立工件坐标系。

3. 刀具磨损量补偿参数的使用

1）如工件加工好以后，实测工件值大于图样尺寸 0.1mm，则将相应刀具磨损量补偿在图 5-6 刀偏表中"X 磨损"输入"－0.1"即可，若长度出现偏差也可以用刀具磨损量补偿在图 5-6 刀偏表中"Z 磨损"输入相应值即可。此时若是复合循环可以将复合循环程序段用分号"；"屏蔽后重新运行一次，自动加工后即可保证工件尺寸。

2）在用机夹刀具加工时，若不知道刀尖圆弧半径时，即可不输入刀尖圆弧半径按"0"处理，正常对刀加工。如工件加工好以后，实测工件值大于图样尺寸某个值，则将这个值在相应刀具磨损量补偿中处理，方法同上。

4. 刀具圆弧补偿参数

在 MDI 功能子菜单下打开如图 4-5 所示的 MDI 功能子菜单，界面中"刀偏表 F3"选项进入刀补表，可进行刀补数据设置，图形显示主窗口如图 5-7 所示。在加工过程中，如使用

刀补表		
刀补号	半径	刀尖方位
#××01	0.000	3
#××02	1.000	3
#××03	-1.000	3
#××04	0.000	3
#××05	0.000	3
#××06	0.000	3
#××07	0.000	3
#××08	0.000	3
#××09	0.000	3
#××10	0.000	3

图 5-7 刀补表

机夹刀具，还需将刀尖圆弧半径、刀尖方位输入到刀补表中。

1）设置刀补数据时可用 ← 、→ 、↓ 、↑ 移动蓝色亮条来选择要编辑的选项。

2）按回车键，蓝色亮条所指的刀具数据的背景发生变化，同时有一光标在闪，这时可以进行数据输入或编辑修改，修改完毕后再按回车键确认。

二、FANUC 0i 系统

1. 刀具形状补偿参数的设置（OFFSET/GEOMETRY）

1）选用实际使用的刀具用手动方式切削工件，实测刀具切削后的直径 D 及刀具距离工件右端面的数值 L。

2）按"MENU OFFSET"键两次，进入参数设定页面。

3）用"PAGE 中↑或↓键"选择补偿参数页面，如图 5-8 所示。

4）用"CURSOR 中↑或↓键"选择补偿参数编号。

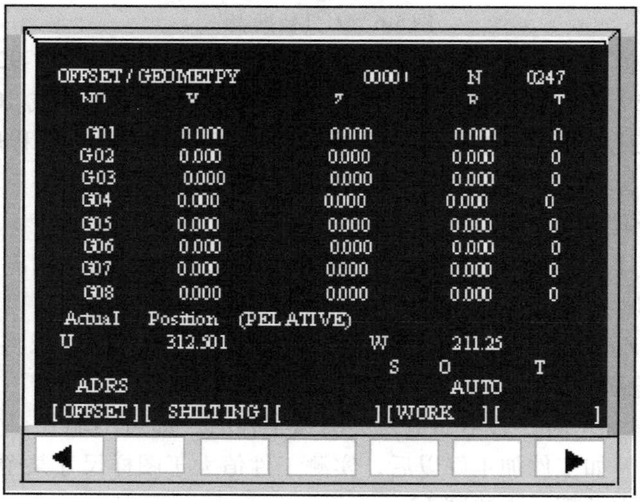

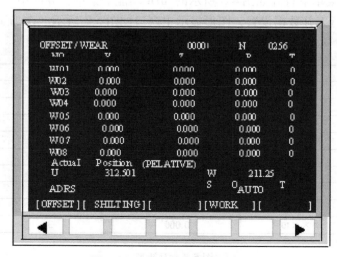

图 5-8　刀具补偿参数页面窗口

图 5-9　刀具补偿参数页面窗口

5）输入补偿值按"X"键输入测量值 D，按"Z"键须加负号输入测量值 *L*。

6）按"INPUT"键，把输入域中的补偿值输入到指定的位置，此时工作零点也被直接指定在工件右端面与轴线交点外。

2. 输入磨损量补偿参数（OFFSET/WEAR）

1）按"MENU OFSET"键进入参数设定页面。

2）用"PAGE 中↑或↓键"选择刀具补偿参数页面，如图 5-9 所示。

3）用"CURSOR 中↑或↓键"选择补偿参数编号。

4）输入补偿值到输入域。

5）按"INPUT"键，把输入域中的补偿值输入到光标所在的行。

三、SIEMENS 802C/S 系统

1. 对刀及刀补参数的设置

1）按机床操作面板上的手动数据 MDA 键 ，进入 MDA 方式，如图 4-17 所示。在程序输入区内输入程序段"S800 M03"后，按控制面板上的输入确认键 ，再按机床操作面板上的程序启动键 ，开始执行程序段，主轴以 800r/min 的速度正转。

2）主轴启动以后，在程序输入区输入"T1　D1"，按输入确认键 ，再按程序启动键 ，则刀架转位，1 号外圆刀转到当前刀具位置。

3）按点动键 ，进入手动方式，用 1 号刀车削零件右端面，沿 X 方向退刀。

4）在操作面板上按区域转换键 ，返回主菜单，按参数软键弹出 R 参数窗口，如图 5-4 所示，再按刀具补偿软键，进入刀具补偿参数窗口，如图 5-10 所示。在刀具补偿参数窗口中按扩展键 ，出现下层一排软键，按对刀软键，X 轴对刀窗口（Z 轴对刀窗口），对刀窗口的切换可通过"轴 +"软键来实现。

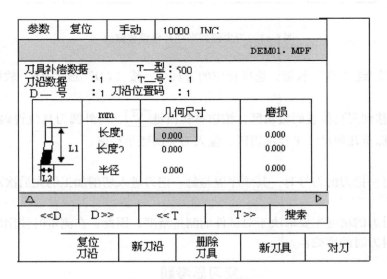

图 5-10　刀具补偿参数窗口

5）按主轴停转键 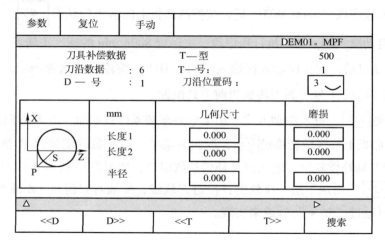 使主轴停转，测量卡爪右端面到零件右端面的距离，并将其值输入到对刀窗口相应的"Z"零偏中。

6）按计算→确认软键，系统自动计算出 1 号刀外圆的 Z 轴刀补 L2，并自动输入到刀具补偿参数窗口中的长度 2 的几何尺寸中。

用同样的方法重复（2 ~ 6）可以进行 X 轴对刀，略。

用同样的方法还可以对切槽刀、螺纹刀。

当所有刀具的"X、Z"两者对刀完后，按 + X、+ Z 方向键使刀架退回换刀点位置即可。

2. 刀具圆弧半径补偿的设置

在应用 G41/G42 指令时，需要在系统中设置刀尖圆弧半径补偿。

1）在操作面板上按区域转换键，返回主菜单，按主菜单中"参数"，刀具补偿软键打开刀尖圆弧半径补偿设置窗口，如图 5-11 所示。

参数	复位	手动		
				DEM01。MPF
刀具补偿数据		T—型		500
刀沿数据 ：6		T—号：		1
D — 号 ：1		刀沿位置码：		3
	mm	几何尺寸		磨损
	长度1	0.000		0.000
	长度2	0.000		0.000
	半径	0.000		0.000
△			▷	
<<D	D>>	<<T	T>>	搜索

图 5-11　刀尖圆弧半径补偿设置窗口

2）按"《T"或"T》"软键，选择相应的刀具号，按"《D"或"D》"软键，可选择相应的刀沿号。

3）将光标移到刀具位置码编辑区，按选择转换键，将外圆刀具位置码调整为 3。

4）移动光标至几何尺寸半径编辑区，输入刀尖圆弧半径值。

注意事项：

①　确定每一把刀的刀号时，其顺序应与每一把刀进入切削加工的先后次序一致，以节省转刀时间。

②　试切对刀的精度主要取决于对试件的测量精度，因此，在测量时使用的量具应加以注意，以保证对刀时的准确性。

复习思考题

5-1　试在数控机床编写一个程序并做模拟训练。

5-2　数控机床在自动加工方式下可完成机床哪几种操作?

5-3　机床坐标系如何建立的? 工件坐标系是如何设定的?

5-4　简述机床原点、参考点与编程原点之间的关系。

5-5　使用90°外圆车刀对刀操作如图5-12所示的零件。当试切工件前端面时，在机床实际坐标系下的读数为（X – 95.35，Z – 230.56），试切工件外圆时，在机床实际坐标系下的读数为（X – 85.45，Z – 254.36）；试切后测量工件直径为 $\phi19.65$mm。

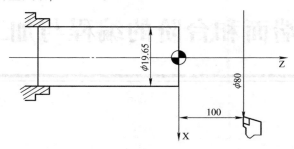

图 5-12　题 5-5 图

回答问题：（1）当采用 G92 指令建立坐标系编程时，刀具起点在机床坐标系下的坐标值是多少?

（2）当采用 G54 指令建立坐标系编程时，零点偏置值是多少?

（3）若起点在机床坐标系下编程时，若使用 G53　X（）　Z（），写出 X、Z 的坐标值。

课 题 三
外圆、端面和台阶的编程与加工操作

【学习目的】

掌握车外圆、车台阶的方法及确定切削用量、循环用法、子程序调用等，并能对加工质量进行分析和处理，提出解决问题的措施。

【学习重点】

熟练掌握数控加工外圆轮廓面的基本方法和确定有关切削用量等。

第一节　数控加工切削用量及轴类的相关知识

零件都是由简单的几何形面组合而成，比如圆柱、圆锥、圆弧、平面，将这些基础的简单几何形面加工工艺搞清，下一步才能对复杂机械零件进行加工工艺处理。

1. 切削用量相关知识

对于车削外圆首先应看零件的轴向长短是否属于细件，另外还要看机床的刚性是否需要加顶尖。粗车时选择切削用量时应把背吃刀量放在首位，尽可能大。其次是进给量，最后是切削速度。用硬质合金车刀精车时，尽量提高切削速度，用较小的背吃刀量。

在编制数控加工程序时，必须确定每道工序的切削用量，并编入程序单中，其中包括背吃刀量、进给量、主轴转速。

（1）背吃刀量的确定　在机床功率、夹具、刀具及工艺系统刚性允许条件下，尽可能选取较大的背吃刀量，以减少走刀次数，提高生产率，精加工余量一般为（0.1~0.5）mm。

（2）进给量的确定 进给量是指单位时间内刀具沿进给方向移动的距离。单位有两种（mm/min）和（mm/r）一般粗加工外圆时可选择0.3~0.8mm/r、精加工可选择0.1~0.3mm/r、车断时可选择0.05~0.2mm/r。

（3）主轴转速 主轴转速一般根据被加工部位直径，并按工件和刀具的材料和加工性质等条件所允许的切削速度来确定，可查表、计算及实际经验选取。对一般钢料来说，粗车外圆应在1000r/min以下，精车外圆应在1000r/min以上。车螺纹时，主轴转速将受螺纹螺距（导程）的影响，即主轴每转一转，刀具移动一个螺距（导程）。所以转速一般800r/min以下。

2. 轴类的相关知识

对于车削外圆轴当长度大于直径3倍以上时的杆件称为轴类零件，可分为光轴、台阶轴、偏心轴和空心轴等。

（1）技术要求 一般轴类零件除了尺寸精度、表面粗糙度值要求外，还有形状和位置精度要求，具体要看零件图的要求。

（2）毛坯形式 毛坯常采用热轧圆棒料、冷拉圆棒料。用作机械上的轴类零件，大多数采用锻件，少数结构复杂的轴类零件可采用球墨铸铁、稀土铸铁铸造。

（3）常用车刀 常用车刀有90°偏刀、45°车刀、车断刀等。

第二节 实 例

一、车削端面零件

【实例】 车端面零件如图6-1所示。

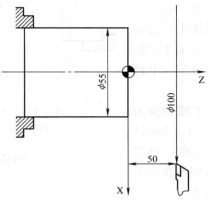

毛坯尺寸：φ55×70
材料：Q235

图6-1 端面零件

1. 刀具选择

选用无断屑槽90°右偏刀。

2. 工艺分析

1）刀具从起刀点快速移动至 X = 60、Z = 0 点，切削右端面至 X = −1 点。

2）从中心点让刀至 Z = 2，退出至 X = 100。

3. 参考程序

【华中 HNC-21T 系统】

%0031

N10	G92 X100 Z50；	//工件坐标系的设定
N20	M03 S900；	//主轴正转转速 900 r／min
N30	G00 X60 Z0；	//刀具快移至 X60、Z0 点
N40	G01 X −1 F120；	//切削右端面至 X −1 点
N50	G00 Z2；	
N60	X100；	//让刀后退出至 X = 100 点
N70	M05；	//主轴停转
N80	M30；	//主程序结束并返回程序头

【FANUC 0i 系统】

O0031

N10 　 G50 　 X100.0 　 Z50.0；

⋮

4. 注意事项

1）注意 FANUC 系统坐标系的设定用"G50"，不同于华中系统。

2）对于车削件，一般先车端面，有利于确定长度方向的尺寸。

对于铸件应先倒角，以免刀尖与不均匀外圆表面接触，造成刀尖损坏。如果毛坯余量大则须用 45°端面刀粗加工；余量很小的精车可以采用 90°右偏刀加工；精度要求较高的铸件加工应分粗车、半精车、精车几个加工阶段进行。

3）在车削右端面时，为了减少换刀次数，方便对刀，车小余量（1～2mm）端面时，一般采用 90°右偏刀车削，且刀尖一定要与主轴中心等高，否则将在端面中心处产生小凸台或将刀尖损坏。

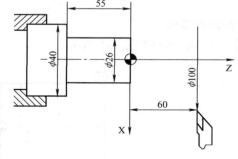

毛坯尺寸：φ40×70

材料：45钢

图 6-2　车外圆零件

4）对于数控车削来说，由于对刀时须车削且刀架上的刀位有限，因此，端面一般都用手动车削，编程时可以不将端面程序编出。

二、车削外圆零件

【实例】　车削外圆零件如图 6-2 所示。

1. 刀具选择

1）90°重磨右偏刀。

2）45°端面刀。

2. 工艺分析

1）用自定心卡盘夹持左端，棒料伸出卡爪外60mm。

2）用90°正偏刀加工外圆留精车余量：X = 1mm 粗车与精车采用同一把刀。

3. 参考程序

【华中 HNC-21T 系统】

%0032（T01 为 1 号重磨右偏刀）

N10	T01；	
N15	G92　X100　Z100；	//工件坐标系的设定
N20	M03　S900；	//主轴正转转速 900r/min
N30	G00　X42　Z2；	//刀具快移至 X42、Z2 循环点
N40	G80　X36　Z−55　F200；	//第一刀直径方向粗车 4mm
N50	X32　Z−55　F200；	//第二刀直径方向粗车 4mm
N60	X29　Z−55　F200；	//第三刀直径方向粗车 3mm
N70	X27　Z−55　F200；	//第四刀直径方向半精车 2mm
N80	X26　Z−55　F200；	//第五刀直径方精车 1mm
N90	G00　X100　Z100；	//退刀至起刀点位置
N100	M05；	//主轴停转
N110	M30；	//主程序结束并返回程序头

【FANUC 0i 系统】

O0031

N10　G50　X100.0　Z50.0；　　　　　　　//工件坐标系的设定

⋮

N40　G90　X36.0　Z−55.0　F0.2；　　　　//第一刀直径方向粗车 4 mm

⋮

4. 注意事项

若仅车削外圆和倒角可以用45°车刀，也可以用90°右偏刀，45°车刀的刀尖角等于90°要比90°右偏刀的刀头强度高，车削后的零件表面粗糙度值较小，此件有台阶只能用90°右偏刀。

三、车削台阶零件

【实例】 车削台阶零件，如图6-3所示。

1. 刀具选择

1）选90°重磨右偏刀。

2）45°端面刀。

2. 工艺分析

1）用自定心卡盘夹持左端，棒料伸出卡爪外60mm。

2）用90°正偏刀加工外圆留精车余量 X = 1 mm。

3）本题用子程序编程时先不考虑精车余量。

3. 相关计算

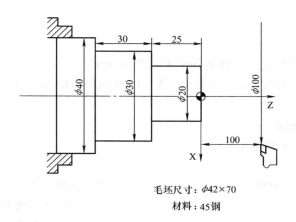

毛坯尺寸：$\phi42\times70$

材料：45钢

图 6-3　台阶零件

当采用子程序编程时，须计算整个零件 X 向退出量（双边量）为 $\phi40mm - \phi20mm = \phi20mm$，所以整个零件加工时进刀点与出刀点相差 20 mm。而 20 mm 分 10 份切削，则每次进刀需要 2 mm，而加工 10 份需要车削 10 刀次，因毛坯直径为 $\phi42mm$，所以第一次车削至 $\phi40mm$，以后每次进刀 2 mm，再车削 10 刀后到零件尺寸，所以应调用 11 次。

4. 参考程序（用子程序编程举例）

【华中 HNC-21T 系统】

%0033（T01 为 1 号重磨右偏刀）

N10	T01；	
N15	G54　G00　X100　Z100；	//选择工件坐标系
N20	M03　S800；	//主轴正转转速 800r/min
N30	G00　X42　Z2；	//移到子程序起点处
N40	M98　P0002　L11；	//调用子程序，并循环 11 次
N50	G00　X100　Z100；	//返回对刀点
N60	M05；	//主轴停
N70	M30；	//主程序结束并复位
%0002；		//子程序名
N80	G01　U－2　F200；	//从 X42 进到切削起点 $\phi40mm$
N90	W－27；	//加工 $\phi20mm$ 圆柱段
N100	U10；	//加工 $\phi20\sim\phi30mm$ 过渡台阶
N110	W－30；	//加工 $\phi30mm$ 圆柱段
N120	G00　U10；	//离开已加工表面
N130	W57；	//退到循环起点处
N140	U－20；	//调整每次循环的切削量
N150	M99；	//子程序结束，回到主程序

5. 注意事项

1）车削台阶轴时，首先应车直径较大的一端以免过早地降低零件的刚性，在车削时不能采用45°外圆车刀，左向台阶和工件外圆只能用90°右偏刀。90°右偏刀也适合于车削直径较大和长度较短的工件端面。

2）工件若过长应采用一夹一顶的装夹方式，这种方式在编程时退刀时应注意刀具不能与尾座相撞。

3）练习过程中如何修改加工程序内的数据或刀具补偿值，要经教师允许后方可修改，学生自己不要随意修改加工程序内的数据。

4）精车后，若直径尺寸波动幅度超过图示公差要求，应查找原因。

① 如果直径尺寸均增大或减小同一数值，可以判断是对刀点位置调整问题。

② 如果直径尺寸参差不齐应从"机"、"电"、"刀具"等多方面找原因。

③ 如果表面粗糙度值达不到要求时，应从刀具刃磨和切削用量选择两个方面查找原因。

复习思考题

6-1 用子程序编程或用单一固定循环编程，零件原点已给出，自己设定起刀点位置，用一把外圆车刀进行粗、精车削试编程并上机运行。图6-4a要求循环7次，图6-4b要求循环11次，图6-4c要求循环11次，图6-4d要求用单一固定循环编程。

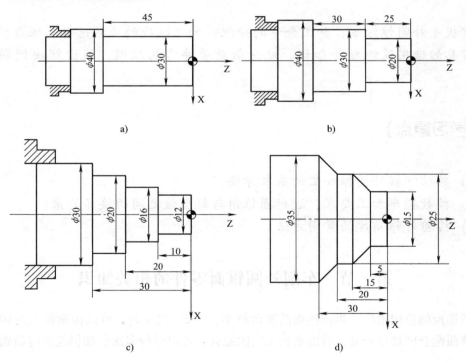

图6-4 题6-1图

课题四

外锥形面的编程与加工操作

【学习目的】

掌握车外圆锥方法、加工余量的分配、加工路线的正确选择、锥度换算知识、刀具的选用及测量等知识。能分析质量异常的原因,找出解决问题的途径。

【学习重点】

1) 熟练掌握外圆锥加工的基本方法。
2) 按数控车加工要求,进行圆锥角与斜度值之间的换算关系。
3) 检验外锥角度的常用方法。

第一节 车削外圆锥面零件的相关知识

外圆锥面的应用很广,当圆锥面的锥角较小,如30°以下时,可以传递很大的转矩。另外,圆锥面配合同轴度较高,并能做到无间隙配合,可以进行多次装卸仍能保持精确的定心作用。

1. 圆锥种类

(1) 莫氏圆锥 如车床主轴锥孔、钻头锥柄、顶尖锥柄、铰刀锥柄等,它分七个号码,0、1、2、3、4、5、6,最小为0号,最大为6号。号数不同时,圆锥半角和尺寸也不同,它是从寸制换算过来的,需要时可以查有关手册。

（2）米制圆锥　有八个号码，4、6、80、100、120、140、160 和 200 号，号码是指大端的直径。特点是号数不同，其锥度不变，都是 $C = 1$：20（C 为锥度），詹锥半角 $\alpha/2 =$ 1°25′56″。

2. 圆锥锥度

大端直径与小端直径之差与圆锥长度之比称为圆锥锥度。$C = D - d/L$，锥度一旦确定后，圆锥角也就确定了。

3. 圆锥计算

圆锥四个参数之间的关系式，即 $\tan（\alpha/2）=（D - d）/2L$。

圆锥半角（$\alpha/2$）须查三角函数表，也可用近似公式

$$\alpha/2 = 28.70 \times（D - d）/L$$

$$\alpha/2 \approx 28.70 \times C$$

第二节　车外圆锥面

【实例】　车削锥面，如图 7-1 所示。

1. 刀具选择

1）选择有断削槽的 90°正偏刀车削。

2）选择 45°端面刀。

2. 工艺分析

1）采用手动切削右端面。

2）用自定心卡盘夹持左端，棒料伸出卡爪外 40mm。

3）用 90°正偏车刀加工外圆给精车留余量 X = 0.8mm。

3. 相关计算

利用斜度比计算锥的长度 L

$$（D - d）/L = C（C = 1：1.5）$$

即　$L =（D - d）/C =（50 - 30）mm \times 1.5 = 30mm$

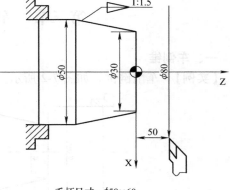

毛坯尺寸：$\phi50 \times 60$

材料：45 钢

图 7-1　锥面零件

计算"I"的值：$I =（d - D）/2$（车端面时，从 Z = 3mm 处入刀，在 Z = 3mm 处经三角形比例计算端面直径为 $\phi28mm$），即 $I =（28 - 50）mm/2 = -11mm$。

4. 参考程序（用单一固定循环 G80）

【华中 HNC-21T 系统】

%0041（T01 为 1 号重磨右偏刀）

N10　T01；

N15　G00　G54　X80　Z50；　　　　//设立坐标系，定义对刀点的位置

N20　M03　S900；　　　　　　　　//主轴正转、转速 900r/min

N30　G00　X52　Z3；　　　　　　//快速移动到循环点处，Z = 3mm 处

N40　G80　X50　Z - 30　I - 2　F200；　　//第一刀粗车锥面直径方向背吃刀量 4mm

N50　X50　Z - 30　I - 4；　　　　　　//第二刀粗车锥面直径方向背吃刀量 4mm

N60 X50 Z－30 I－6；	//第三刀粗车锥面直径方向背吃刀量4mm
N70 X50 Z－30 I－8；	//粗车第四刀锥面直径方向背吃刀量4mm
N80 X50 Z－30 I－10；	//第五刀粗车锥面 X 向留精车量0.8mm
N90 X50 Z－30 I－11；	//精车锥面至尺寸
N100 G00 X80 Z50；	//退回对刀点
N110 M30；	//主程序结束并复位

5. 注意事项

车削圆锥面时，刀尖必须严格对准工件轴线，否则将产生双曲线误差。

6. 锥度测量

锥度一般用量规检验，用涂色法检验其接触大小确定锥度的正确性。用圆锥塞规检验锥孔时，涂层应薄而均匀，套合时用力要轻，转动量一般在半圈以内。转动量过多不便于观察，以致误判。要求套规和外圆锥的接触面积达60%以上。若发现只有大端部分接触，则说明锥角太大；反之，若发现只有小端部分接触，则说明锥角太小。

锥径一般可用圆锥界限量规检验，当工件的端面在圆锥量规台阶或两刻度线中间即为合格。

第三节　车倒锥与双头圆锥面

一、车倒锥

【实例】　车削倒锥，如图7-2所示。

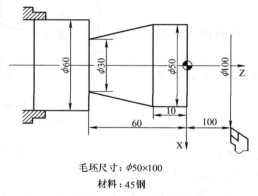

毛坯尺寸：$\phi50\times100$

材料：45钢

图 7-2　倒锥零件

1. 刀具选择

选择有断屑槽副偏角为35°的90°正偏机夹刀车削。

2. 工艺分析

1）采用手动切削右端面。

2）用自定心卡盘夹持左端，棒料伸出卡爪外70mm。

3）用90°正偏车刀加工外圆，给精车留余量 X＝0.8 mm。

4）因为采用机夹刀车削，所以必须对其刀尖圆弧半径进行补偿。

5）用单一固定循环加工零件的顺序，先加工 $\phi60 \sim \phi50$mm 的圆柱面，后加工倒锥面。

6）粗车与精车采用同一把刀。

3. 相关计算

利用斜度比计算 "*I*" 方法同图 7-1，车倒锥 *I* 为正值，车锥面起刀点选在 Z-8 处进刀，经三角形比例计算可得入刀点处端面直径为 $\phi50.8$mm，即 $I = (50.8-30)$ mm/2 = 10.4mm。

4. 参考程序（用单一固定循环）

【华中 HNC-21T 系统】

%0241（T01 为 1 号重磨右偏刀）

N10　T01；	
N15　G54　G00　X100　Z100；	//设立坐标系，定义对刀点的位置
N20　G40　G97　G99　S800　M03；	//取消刀补、主轴正转恒转速 800r/min
N30　G00　X62　Z3；	//快速移动到循环点处，Z=3mm 处
N40　G80　X58　Z-60　F200；	//粗车第一刀外圆
N50　G80　X54　Z-60；	//粗车第二刀外圆
N60　G80　X51　Z-60；	//粗车第三刀外圆
N70　G80　X50　Z-30；	//精车 $\phi50$mm 外圆
N80　G00G42　X70.8　Z-8；	//加右刀补、快速移动到车锥循环点处
N90　G80　X46　Z-60　I10.4　F200；	//粗车第一刀倒锥面
N100　G80　X42　Z-60　I10.4；	//粗车第二刀倒锥面
N110　G80　X38　Z-60　I10.4；	//粗车第三刀倒锥面
N120　G80　X34　Z-60　I10.4；	//粗车第四刀倒锥面
N130　G80X30.8　Z-60　I10.4；	//粗车第五刀倒锥面，X 向留精车余量 0.8mm
N140　G80　X30　Z-60　I10.4；	//精车倒锥面至尺寸
N150　G00　G40　X100；	//取消刀具半径补偿
N160　M05；	//主轴停
N170　M30；	//主程序结束并复位

【FANUC 0i 系统】

O0041	
N10　G54　G00　X100.0　Z100.0；	//工件坐标系的设定
⋮	
N40　G90　X58.0　Z-60.0　F0.2；	//粗车第一刀外圆
⋮	
N90　G90　X46　Z-60　R10.4　F0.2；	
⋮	

二、车双头圆锥

【实例】 车削双头锥零件如图 7-3 所示。

1. 刀具选择

1）选择有断屑槽副偏角为 35° 的正偏机夹车刀两把（分粗车与精车）。

2）选择 45° 端面刀。

2. 工艺分析

1）采用手动切削右端面。

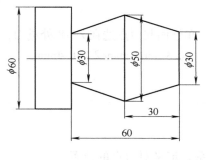

毛坯尺寸：$\phi60\times100$
材料：45 钢

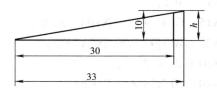

图 7-3 双头锥零件　　　　　　　　图 7-4 几何分析图

2）粗车精车须对两次刀，精车刀对右端面时应采用增量贴近法确认。

3）自定心卡盘夹持左端，棒料伸出卡爪外 80mm。

4）先用 1 号粗车刀加工，给精车留余量 X = 0.8mm，Z = 0.4mm

5）粗车加工完后再换 2 号精车刀加工。

6）每次进刀时不能用 G00 贴近工件，刀尖应停在右侧圆锥面的延长线上，为计算方便，这里设停在 Z = 3mm 处的延长线上。

3. 相关计算

在 Z = 3mm 处的延长线上，X 的值根据三角形之比求得，如图 7-4 所示。根据两个直角三角形相似原理，有 10/h = 30/33，即 h = 11mm。

因此，在 Z = 3mm 处的延长线上，X 切入点为 X = 50mm − (2×11)mm = 28mm

4. 程序举例（采用多重复合循环 G71 编程，用 G54/G55 对刀）

【华中 HNC-21T 系统】

%0042

N10 T01；	//调用 1 号粗车刀
N20 G54 G00 X100 Z100；	//选定坐标系 G54 到程序起点位置
N30 M03 S900；	//主轴正转、转速 900r/min
N40 G00 X61 Z3；	//快速移动到循环起点处
N50 G71 U1.5 R1.2 P100 Q130 X0.8 Z0.4 F200；	
N60 G00 X100 Z100 M05；	//粗车后，到换刀点位置，主轴停
N70 T02；	//调用 2 号精车刀
N80 G55 G00 X100 Z100；	//选定坐标系 G55 到程序起点位置
N85 M03 S1200；	//主轴正转、转速 1200r/min
N90 G00 G41 X61 Z3；	//2 号精车刀加入刀尖圆弧半径补偿
N100 G00 X28 Z3；	//精加工轮廓开始到锥面的延长线上
N110 G01 X50 Z − 30 F150；	//精加工右侧圆锥面
N120 X30 Z − 60；	//精加工左侧圆锥面

N130 X60；　　　　　　　　　　//退出已加工表面，精加工轮廓结束

N140 G00 G40 X100 Z100；　　　//取消刀具半径补偿，返回换刀点处

N150 M02；　　　　　　　　　　//程序结束

【FANUC 0i 系统】

O00042

⋮

N50 G73 U15 W1 R10；

N60 G73 P100 Q130 U0.8 W0.4 F0.2；　//外圆粗车循环

⋮

N200 G70 P100 Q130；

⋮

5. 注意事项

1）车削此双头锥零件的关键是左右锥体一定要对称。

2）在车削倒锥时一定要注意锥度与车刀副偏角的关系不能出现刀具干涉现象。

3）循环车削圆锥时的车削路线应保持与锥体母线平行，车削次数可采用下式进行计算：

$$n = \frac{(D - d)}{2a_P}$$

式中　n——循环次数；

　　　D——圆锥大径；

　　　d——圆锥小径；

　　　a_P——背吃刀量（单边尺寸）。

若计算循环次数 n 为小数，则只取整数，循环后再车一刀至尺寸。若须精车则先留出精车量后计算循环次数，最后一刀精车至尺寸。

4）注意产生双曲线误差的判别，分析其产生的原因。

5）车内圆锥要注意受到刀杆刚性、排屑及车床机械精度等多种因素影响，产生的振动和"让刀"，应考虑适应调整有关切削用量等措施。

6）刀尖与车床主轴轴线严格等高。

复习思考题

7-1　如图7-5所示的锥体，零件原点给出，自己设定起刀点位置，试用一把90°外圆车刀车削，用单一固定循环编程并上机操作运行，毛坯尺寸为 $\phi45\text{mm} \times 70\text{mm}$。

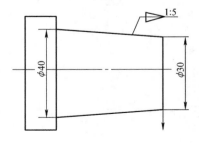

图7-5　题7-1 图

7-2　如图 7-6 所示的阶梯锥体，零件原点给出，自己设定起刀点位置，用两把 90°外圆车刀（粗车、精车）车削，试用子程序编程并上机操作运行，毛坯尺寸为 $\phi45\text{mm} \times 100\text{mm}$。

7-3　如图 7-7 所示的倒锥体，零件原点给出，自己设定起刀点位置，用一把 90°外圆车刀车削，试用多重复合循环 G71 编程并上机操作运行，毛坯尺寸为 $\phi45\text{mm} \times 100\text{mm}$。

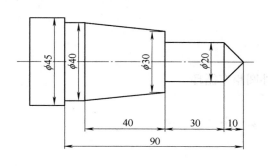

图 7-6　题 7-2 图　　　　　　　　　　　　　　图 7-7　题 7-3 图

课题五
车槽与车断编程与加工操作

【学习目的】

掌握刀具的刃磨与刀位点的使用方法，数控加工过程中的应急处理及选择车断与车槽的最佳途径。

【学习重点】

1）熟练掌握车槽刀的选择，刀头几何尺寸的确定、刃磨、装夹和对刀的基本方法。

2）学会在数控车床上加工各种外槽和端面槽。

第一节 车槽类零件的相关知识

在加工机械零件的过程中，经常需要车断零件；在车削螺纹时为退刀方便，并使零件装配有一个正确的轴向位置须开设退刀槽；在加工变径轴过程中也常用排刀切削等加工零件，这些都需要进行车槽或车断，所以说车槽或车断是机械加工过程中不可缺少的一个环节。

1. 车槽（车断）刀

车槽（车断）刀以横向进给为主，前端的切削刃为主切削刃，有两个刀尖，两侧为副切削刃，刀头窄而长，强度差；主切削刃太宽会引起振动，切断时浪费材料，太窄又削弱刀头的强度。

主切削刃可以用如下经验公式计算

$$a \approx (0.5 \sim 0.6)\sqrt{d}$$

式中　a——主切削刃的宽度（mm）；

　　　d——待加工零件表面直径（mm）。

刀头的长度可以用如下经验公式计算

$$L = h + (2 \sim 3)$$

式中　L——刀头长度（mm）；

　　　h——切入深度（mm）。

2. 车槽工序安排

车槽一般安排在粗车和半精车之后、精车之前。若零件的刚性好或精度要求不高时，也可以在精车后再车槽。

第二节　车　　槽

一、单槽车削

【实例】　车削槽，如图 8-1 所示。

1. 刀具选择

1）选择有断屑槽的 90°正偏刀。

2）选择刀宽 4mm 的车槽刀。

3）选择 45°端面刀。

2. 工艺分析

1）外圆粗车与精车采用同一把刀，车槽刀对刀时以左刀尖进行对刀。

2）用自定心卡盘夹持左端，棒料伸出卡爪外 108mm。

3）先用 1 号 90°正偏车刀加工外圆，给精车留余量 X = 1mm，Z = 0.4mm。

4）精车加工完后再换 2 号车槽刀加工。

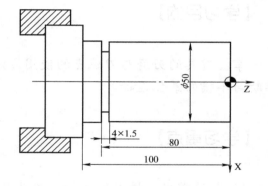

毛坯尺寸：$\phi 55 \times 120$

材料：45钢

图 8-1　槽类零件

3. 参考程序（外轮廓加工程序略）

【华中 HNC-21T 系统】

%0051（T03 为 3 号切槽车刀）

　　⋮

N10 T03；　　　　　　　　　　　　//调用 3 号车槽车刀

N20 G56 G00 X100 Z100；　　　　　//选定坐标系 G56 到程序起点位置

N30 M03 S500；　　　　　　　　　//主轴正转，转速 500r/min

N40 G00 X52 Z−80；　　　　　　　//3 号车槽车刀到切削起点处

N50 G01 X47 F40；　　　　　　　　//车槽

N60 G04 P2；　　　　　　　　　　//暂停 2s，光整加工

N70 G00 X100

N80 Z100；　　　　　　　　　　　//退出已加工表面，到程序起点位置

N90 M02；　　　　　　　　　　　//程序结束

二、多槽车削

【实例】　车削多槽，如图8-2所示的零件。

1. 刀具选择

1）选择有断屑槽的90°重磨正偏刀。

2）选择刀宽5mm的切槽刀。

3）选择45°端面刀。

2. 工艺分析

1）用自定心卡盘夹持左端，棒料伸出卡爪外108mm，找正夹紧。

2）多槽切削时采用子程序法编程较简单。

3. 参考程序（零件外轮廓编程略）

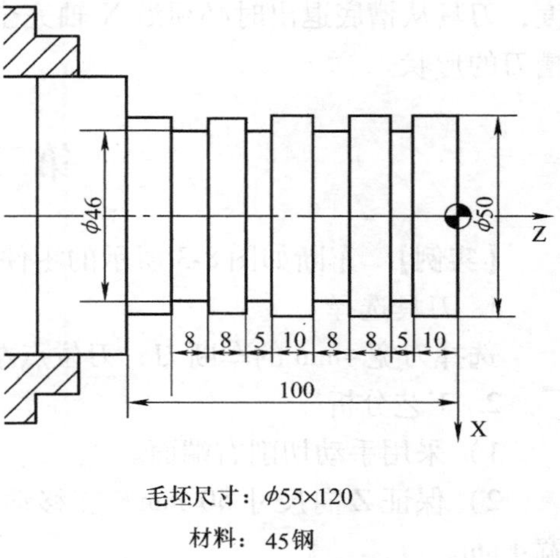

毛坯尺寸：$\phi55\times120$

材料：45钢

图8-2　多槽类零件

【华中 HNC-21T 系统】

%0052

　⋮

N100 T02；　　　　　　　　　　//调用2号切槽刀

N110 G55 G00 X100 Z100；　　　//选定坐标系，到程序起点位置

N120 G96 M03 S100；　　　　　//恒线速度有效，线速度为100m/ min

N130 G00 X52 Z0；　　　　　　//快速移动到循环起点处

N140 M98 P0022 L2；　　　　　//调用子程序，并循环2次

N150 G00 X100 Z100；　　　　//返回对刀点

N160 M05；　　　　　　　　　　//主轴停

N170 M30；　　　　　　　　　　//主程序结束并复位

%0022；　　　　　　　　　　　//子程序名

N180 G00 W − 15；　　　　　　//增量编程切削起点处

N190 G01 U − 6 F40；　　　　　//加工第一个ϕ46mm 槽

N200 G04 P2；　　　　　　　　　//暂停2s，光整加工

N210 U6；　　　　　　　　　　　//退离已加工表面

N220 G00 W − 16；　　　　　　//增量进到第二个ϕ46mm 槽切削起点处

N230 G01 U − 5.5 F40；　　　　//加工第二个ϕ46mm 槽，留精车量1 mm

N240 U 5.5；　　　　　　　　　//退离已加工表面

N250 W 3；　　　　　　　　　　//增量进刀到槽宽8mm 处

N260 U − 6；　　　　　　　　　//进刀加工到ϕ46mm 尺寸

N270 W − 3；　　　　　　　　　//后退精车槽到ϕ46mm 尺寸

N280 U6；　　　　　　　　　　　//退离已加工表面

N290 M99；　　　　　　　　　　//子程序结束，回到主程序

三、注意事项

1）采用子程序编程时须用增量形式。

2）在数控机床上车槽与普通机床所使用的刀具与方法基本相同。一次车槽的宽度取决于车槽刀的宽度，宽槽可以用多次排刀法切削，但在 Z 方向退刀时移动距离应小于刀头的宽度，刀具从槽底退出时必须沿 X 轴完全退出，否则将发生碰撞。另外，槽的形状取决于车槽刀的形状。

第三节　车　　断

【实例】　车断如图 8-3 所示的零件。

1. 刀具选择

选择刀宽 4mm 的车断刀，刀位点左刀尖。

2. 工艺分析

1）采用手动切削右端面。

2）保证 Z 向尺寸 50 mm，在移动刀具时应加刀宽 4mm。

3）径向进给应过 X = 0 点。

3. 程序举例

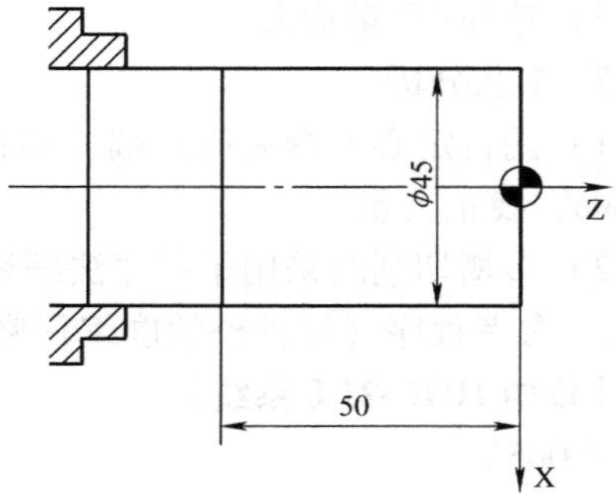

【华中 HNC-21T 系统】

毛坯尺寸：$\phi45\times70$
材料：Q235

图 8-3　切断件

%0053	
T01；	//调用 1 号车槽刀刀宽为 4mm
G54 G00 X100 Z100；	//选定坐标系，到程序起点位置
G96 M03 S80；	//恒线速度有效、线速度为 80m/min
G00 X48 Z – 54；	//快速移动到切削起点处
G01 X – 1 F40；	//进刀切削到过零线尺寸
G00 X100；	
Z100；	//返回对刀点
M30；	//主程序结束并复位

4. 注意事项

1）车断时对于实心工件，工件半径应小于车断刀刀头的长度；对于空心工件，工件的壁厚应小于车断刀刀头的长度。在车断较大直径的工件时，不能将工件直接车断，应采取其他办法防止发生事故。

2）车矩形外沟槽时，车刀的主切削刃应安装于车床主轴轴线平行并等高的位置上，过高过低都不利于车断。

3）车断过程出现切断平面呈凸、凹形等和因车断刀主切削刃磨损及"扎刀"，要注意调整车床主轴转速和加工程序中有关的进给速度数值。

4）当主轴的径向圆跳动误差较大或槽既深又窄，且切屑不易断时可采用反切法，其加工程序不变。

5）车断时要注意安全，预防事故的发生，并时刻观察机床的状态。

第四节　车 端 面 槽

【实例】　端面槽零件如图 8-4 所示。

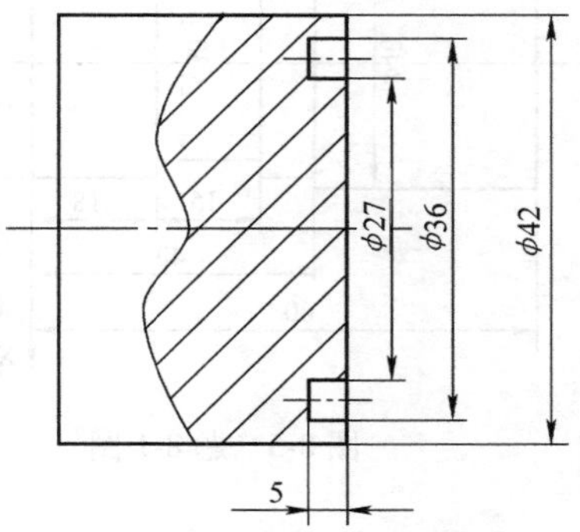

1. 刀具选择

1) 45°端面刀。

2) 端面外槽刀。

2. 工艺分析

1) 用自定心卡盘夹紧 ϕ45mm 外圆，找正并夹紧。

2) 采用手动切削右端面。

3. 程序举例（外轮廓程序略）

【华中 HNC-21T 系统】

%0054

⋮

T03；　　　　　　　　　　//调 用 3

G54 G00 X100 Z100；　　　//选定坐标系，到程序起点位置

G96 M03 S70；　　　　　　//恒线速度有效、线速度为 70m/min

G00 X36 Z 2；　　　　　　//快速移动到切削起点处

G01 W－7 F20；　　　　　//进刀切削至端面深度 6mm 尺寸

G04 P3；　　　　　　　　//暂停 3s，光整加工

W7 F40；　　　　　　　　//退刀至切削起点处

G00 X100

Z100；　　　　　　　　　//返回对刀点

M02；　　　　　　　　　　//主程序结束

毛坯尺寸：ϕ45×70
材料：45 钢

图 8-4　端面槽

号端面车槽刀，刀宽为 4.5 mm

4. 注意事项

1) 端面外槽刀在刃磨时，副后面必须按略小于端面槽外圈圆弧半径刃磨成圆弧形，以免车槽时副后面刮伤外圈槽壁。

2) 端面外槽刀的主切削刃应安装得和车床主轴轴线等高并垂直。

3) 若端面外槽刀的主切削刃比槽的宽度小，应按零件尺寸使用排刀法两次进刀。

4) 由于主切削刃宽度较大刀头的强度低，因此进刀时的进给量一定要小。

复习思考题

8-1　如图 8-5 所示，槽体零件原点题给出，自己设定起刀点位置，试用刀宽为 4mm 的车槽刀车削，试编程并上机床操作加工。毛坯尺寸为 ϕ42mm×80mm。

8-2　如图 8-6 所示，槽体零件原点题给出，自己设定起刀点位置，试用刀宽为 4mm 的车槽刀车削，试编程并上机床操作加工。毛坯尺寸为 ϕ42mm×100mm。

8-3　如图 8-7 所示，槽体零件原点题给出，自己设定起刀点位置，试用子程序编程并上机床操作加工。毛坯尺寸为 ϕ40mm×80mm。

8-4 如图 8-8 所示，端面槽体零件原点题给出，自己设定起刀点位置，试编写程序并上机床操作加工。毛坯尺寸为 $\phi42mm \times 60mm$。

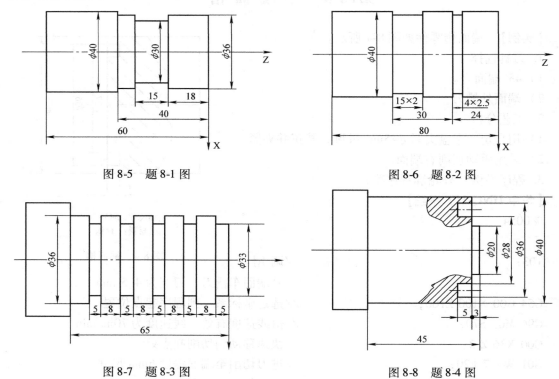

图 8-5 题 8-1 图

图 8-6 题 8-2 图

图 8-7 题 8-3 图

图 8-8 题 8-4 图

课题六
外成形面编程与加工操作

【学习目的】

1）掌握成形面的加工、测量、补偿，节点位置的处理，刀具的干涉与解除。

2）了解尖形刀具的刀尖圆弧半径对车削质量的影响。

【学习重点】

1）熟练掌握在数控车床上加工成形面的基本方法。

2）熟练掌握加工成形面所选择的尖形车刀及圆弧形车刀的刃磨、装夹及对刀。

3）熟练掌握检测外成形面的各种方法及尖形车刀的刀尖圆弧对加工质量的影响。

第一节　车削外成形面零件的相关知识

在数控机床加工过程中，经常遇到工件轮廓是由圆弧和圆弧、圆弧和直线相切或相交而构成的一些成形面零件，对这些零件的加工数控机床要比在普通机床上加工容易得多，能显示出数控机床加工复杂成形面的一个最显著特点。

只要按照数控系统编程的格式及要求，编写出相应的圆弧插补程序段，就可实现对成形面的加工。

1. 成形面

有些零件的轴向剖面成曲线形，如各类手摇柄、单球手柄、双球手柄及一些简单工艺品等，都具有这些特征的表面称为成形面（或称特性面）。

2. 编程计算

在数控机床上加工成形面零件，在编程时对于简单回转体零件要通过结构图上的圆弧、圆心坐标等利用勾股定理、三角函数、平面几何等相关数学计算来得到基点坐标；对于复杂回转体零件的圆弧与圆弧相切、相交则要通过给定零件图的相关尺寸，采用解析几何列解方程来求解。

3. 精确绘图

一些特殊复杂的成形面，可以在计算机上应用绘图软件（如 AutoCAD 等）精确绘出零件轮廓，然后利用软件的测量功能进行精确的测量，即可得出各点的坐标值。

4. 自动编程

一些计算量特别大的复杂成形面，应用 CAM 软件自动编程。

5. 表面滚花

滚花是用滚花刀来对零件表面挤压使其产生塑形变形而形成花纹的过程。滚花刀装夹在刀架上，使滚花刀的轴线与旋转工件中心线等高，滚花时产生的径向压力很大，可先把滚花刀宽度的 1/2 或 1/3 处与工件表面向接触，使滚花刀与工件表面有一个很小的夹角，比较容易切入，不易产生乱纹，来回滚压 1～3 次，直至花纹清晰为止。

第二节　外圆弧成形面

【实例】　车削圆弧零件如图 9-1 所示。

1. 刀具选择

选择有断屑槽的 90°正偏刀和 45°端面刀。

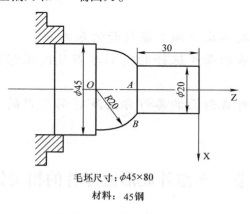

毛坯尺寸：$\phi45\times80$

材料：45钢

图 9-1　圆弧零件

2. 工艺分析

1）粗车、精车须对两次刀。精车刀对右端面时应采用增量贴近法确认。

2）用自定心卡盘夹持左端，棒料伸出卡爪外 55mm。

3）先用 1 号粗车刀加工，给精车留余量 X = 1mm，Z = 0.4mm。

4）粗车加工完后再换 2 号精车刀加工。

5）每次进刀时不能用 G00 贴近工件，刀尖应停在右侧圆柱面的延长线上。

3. 相关计算

整个零件出刀点与入刀点的距离之差为 φ45mm – φ20mm = 25mm。

根据直角三角形 △OAB 用勾股定理可求出 OA 的长度为 17.321mm；子程序调用次数和进给量的确定，大端与小端之差为 φ45mm – φ20mm = 25mm。若分 10 次车削，每刀应车削掉 2.5mm，须循环 10 次。

4. 参考程序（采用子程序编程）

【华中 HNC-21T 系统】

%0061		//T01 为 1 号粗车刀，T02 为 2 精车刀
N10	T0101；	//调 1 号粗车刀，确定其坐标系
N20	G00 X100 Z100；	//到程序起点或换刀点位置
N30	M03 S800；	//主轴正转以 800r/min 旋转
N40	G00 X46 Z1 M08；	//移到子程序起点处，浇注切削液留精车量 1mm
N50	M98 P0002 L10；	//调用子程序，并循环 10 次
N60	G00 X100；	
N70	Z100 M09；	//返回对刀点，切削液停
N80	M05；	//主轴停
N90	T0202；	//调 2 号精车刀，确定其坐标系
N100	M03 S1200；	//主轴正转以 1200r/min 旋转
N110	G00 X20 Z1；	
N120	G01 Z – 30 F120；	//精车零件各部分
N130	G03 X40 Z – 47.321 R20；	//精车零件各部分
N140	G01 X45；	
N150	G00 X100 Z100；	//精车后退回程序起点
N160	M05；	//主轴停
N170	M30；	//主程序结束并复位
%0002		//子程序名
N180	G01 U – 2.5 F100；	//到切削起点处，留下后面切削余量
N190	W – 30.6；	//从 Z = 1mm 起刀车外圆 Z 向留 0.4mm 余量
N200	G03 U20 W – 17.321 R20；	//加工 R20mm 圆弧段
N210	G01 U5；	//加工中部圆环
N220	G00 U1；	//离开已加工表面
N230	W47.321；	//回到循环起点处
N240	U – 26；	//调整每次循环的切削量为 2.5mm
N250	M99；	//子程序结束，并回到主程序

【FANUC 0i 系统略】

5. 注意事项

1）在数控车床上车削成形面时要注意副偏角的角度，不能与工件产生干涉。

2）加工时若直径量相差比较大，应设定主轴线速度恒定。

3）FANUC 系统调用子程序为 M98　P10　L0002 其中"P、L"的含义与华中系统的相反，其他相同。

第三节　圆球面加工

【实例】　车削圆球体件如图 9-2 所示。

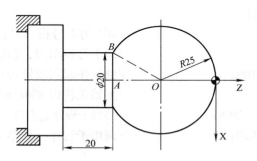

毛坯尺寸：$\phi55\times90$

材料：Q235

图 9-2　圆球体件

1. 刀具选择

1）刀宽 5mm 的车槽刀。

2）带有断屑槽的 90°左偏刀。

3）带有断屑槽的 90°右偏刀。

4）45°端面车刀。

2. 工艺分析

1）采用手动切削右端面。

2）90°正偏刀粗车、精车用同一把刀；90°右偏刀粗车、精车也用同一把刀。

3）用自定心卡盘夹持左端，棒料伸出卡爪外 75mm。

4）用 90°左偏刀车削加工右半球，用 90°右偏刀车削加工左半球。

5）车削顺序

①　用车槽刀以排切法从右到左车削加工 $\phi20$mm 外圆槽并车至 $\phi20.8$mm 直径尺寸。

②　采用 G71 粗车循环法用 90°右偏刀车削加工左半球。

③　采用 G72 端面车削循环法用 90°左偏刀车削加工右半球。

3. 相关计算

连接三角形 OAB 利用勾股定理求得

$$OA = \sqrt{OB^2 - AB^2} = \sqrt{25^2 - 10^2}\,\text{mm} = 22.91\text{mm}　即 B 点坐标（20、47.91）$$

4. 参考程序（用排刀法切槽程序略）

【华中 HNC-21T 系统】

%0063

N10	T0202；	//T02 为 2 号右偏刀、T03 为 3 号左偏刀，调 2 号右偏刀，确定坐标系
N20	M03 S800；	//主轴正转、转速 800r/min
N25	G96 S100；	//恒线速度有效，100m/min
N30	G00 X58 Z－47.91 M08；	//到左半球外圆切削循环点
N40	G71 U1.2 R1.1 P50 Q65 X0.8 Z－0.5 F150；	
N50	G01 X20；	//移动到精车起点处
N60	G02 X50 W22.91 R25；	//精车左半球外圆
N65	G01 X55；	
N70	G00 X100；	
N80	Z100 M09；	//到程序起点或换刀点位置
N85	G97 S600；	//取消恒线速度，设主轴 600r/min
N90	M05；	
N100	T0303；	//调 3 号左偏刀，确定坐标系
N110	M03 S1000；	//主轴正转、转速 1000r/min
N115	G96 S100；	//恒线速度有效，100m/min
N120	G00 X58 Z2 M08；	//到右半球外圆切削循环点
N130	G72 W0.5 R1.2 P140 Q165 X0.8 Z0.4 F200；	
N140	G00 Z－25；	
N150	G01 X50；	
N160	G02 X0 Z0 R25；	//精车右半球外圆
N165	G01 X55；	
N170	G00 X100；	
N180	Z100 M09；	//到程序起点位置
N190	G97 S600；	//取消恒线速度，设主轴 600r/min
N200	M30；	//程序结束并复位

【FANUC 0i 系统】

⋮

G71	U1.2 R1.1；	
G71	P50 Q60 U0.8 W0.5 F0.2；	//外圆粗车循环
N50	G01 X20.0；	//移动到精车起点处
N60	G02 X50.0 W22.91 R25.0；	//精车左半球外圆
G70	P50 Q60；	
⋮		//（同上略）
G72	W0.5 R1.2；	
G72	P140 Q160 U0.8 W0.4 F0.2；	

N140　…

…

N160　G70　P140　Q160；
　⋮

5. 注意事项

1）FANUC 0i 系统为小数点编程，须在整数后面加小数点，且循环语句的格式不同。

2）在球面上各点的斜率不同，所以在车削时要设定主轴线速度恒定，退刀后还应取消恒线速度。

第四节　其他成形面

在数控机床零件加工过程中，有的特殊零件轮廓是由圆锥面与圆弧相切而构成的特殊几何形体。对于计算这种几何形体上的基点坐标及圆弧的圆心坐标，可以通过给定零件图的相关尺寸，采用三角函数、平面几何、解析几何等的综合计算求解。例如，加工如图 9-3 所示的零件，此件为锥体素线与 R10mm 圆弧相切所组成的特殊形体零件。

【实例】　车削图 9-3 所示单锥体零件。

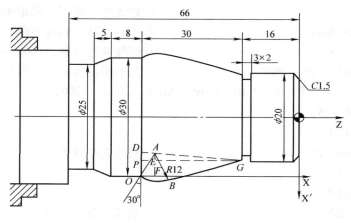

毛坯尺寸：$\phi45 \times 100$

材料：45钢

图 9-3　单锥体零件

1. 刀具选择

1）带有断屑槽的副偏角 35°、主偏角 90°重磨左偏刀。

2）刀宽 3mm 的车槽刀。

3）45°端面车刀。

2. 工艺分析

1）采用手动平右端面，粗车精车用同一把刀。

2）用自动定心卡盘夹持左端，棒料伸出卡爪外 75mm。

3）用 90°正偏刀车削加工，注意切倒锥副偏角不能产生干涉。

4）正偏刀车削加工时径向留 0.8mm 精车余量，轴向留 0.4mm 精车余量。

3. 相关计算

1）建立如图 9-3 所示的 XOY 直角坐标系。

2）作图连接 OA，过 G 点作轴平行线 GP，过 A 点作 BG 的垂线 AB，过 A 点作 GP 的垂线 AE。

3）在 $Rt\triangle OAD$ 中以"O"为坐标系原点计算 A 点坐标，因为 $OA=R=12mm$、$\angle DOA=30°$，利用三角函数关系解得：X 坐标值为 6，Y 坐标值为 10.392，即 A（6，10.392）

4）以圆心坐标 A（6，10.392）半径为 $R12mm$，得圆的方程

$$(X-6)^2+(Y-10.392)^2=122$$

5）计算 BG 所在直线的斜率。

在 $Rt\triangle AEG$ 中，因为 $AE=AF-EF$，而 $EF=（\phi30mm-\phi20mm）/2=5mm$，所以 $AE=10.392mm-5mm=5.392mm$。

利用三角函数计算得

$$\tan\angle AGE=（10.392-5）mm/（30-6）mm=0.2247$$

即为 BG 所在直线的斜率，查表得 $\angle AGE=12°40''$。

计算 AG 的长度

$$G=\sqrt{(10.392mm-5mm)^2+(30mm-6mm)^2}=24.6mm$$

在 $Rt\triangle AGB$ 中，因为 $AB=R=12$，$AG=24.6$，所以利用三角函数求出 $\angle AGB=29°12''$
所以 $\angle PGB=\angle AGB-\angle AGP=29°12''-12°40''=16°32''$
所以，BG 所在直线的斜率

$$K=\tan\angle PGB=\tan16°32''=0.2968$$

6）求 BG 在 XOY 直角坐标系中的直线方程。

根据零件图形尺寸，G 点坐标为（20，5），即 BG 直线方程为

$$Y-5=0.2968（X-30）$$

7）直线与圆方程联立求 B 点坐标。

$$\begin{cases}(X-6)2+（Y-10.392）2=122\\Y-5=0.2968（X-30）\end{cases}$$

解方程得 $X_B=9.2$，$Y_B=-1.172$，即 B（9.2，-1.172）

8）计算 B 点在工件坐标系的坐标。

$$X'_B=30+1.172=31.172\quad Z'_B=9.2-（30+16）=-36.8$$

4. 参考程序（采用 T 指令对刀，切槽程序略）

【华中 HNC-21T 系统】

%0064	//T01 为 1 号左偏刀
T0101；	//调 1 号左偏刀
G00　X100　Z100；	//确定坐标系到程序起点或换刀点位置
M03　S1000；	//主轴正转、转速 1000r/min
G00　X45　Z1.5　M08；	//到外圆循环点，开切削液
G71　U1.2　R1.1　P10　Q20　X0.8　Z0.5　F150；	//外圆粗车循环

N10　G01　X17　Z0；　　　　　　　　　　　　　//移动到精车起点处

G01　X20　Z-1.5；

Z-16；

X31.172　Z-36.8；

G03　X30　Z-46　R12；　　　　　　　　　　//精车零件各部分尺寸

G01　W-8；

X25　W-5；

N20　Z-66；

G00　X100；

Z100　M09；　　　　　　　　　　　　　　　　//到程序起点或换刀点位置

M05；　　　　　　　　　　　　　　　　　　　　//主轴停转

M30；

【FANUC 0i 系统】

⋮

G71　U1.2　R1.1；

G71　P10　Q20　U0.8　W0.5　F0.2；　　　　//外圆粗车循环

N10　G00　X17 Z0；　　　　　　　　　　　　//移动到精车起点处

⋮　　　　　　　　　　　　　　　　　　　　　　//（同上略）

N20　Z-66.0；

G70　P10　Q20；

5. 注意事项

1）FANUC 系统编程中 G71…F0.2 其中"0.2"单位是 mm/r。

2）该零件从外观上看并不复杂，但计算量很大且很容易出错，建议在找基点时最好应用 CAD 精确绘出零件轮廓，利用软件的测量功能进行精确测量。

复习思考题

9-1　如图9-4 所示，给出尺寸及零件原点，试用子程序编程并上机操作运行加工。毛坯尺寸为 φ30mm ×110mm。

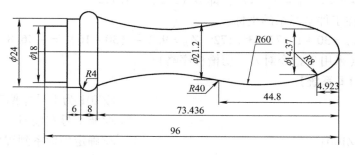

图9-4　题9-1图

9-2　图9-5 所示为双锥体零件，使用复合循环指令编程并上机操作运行加工。毛坯尺寸为 φ40mm × 110mm。

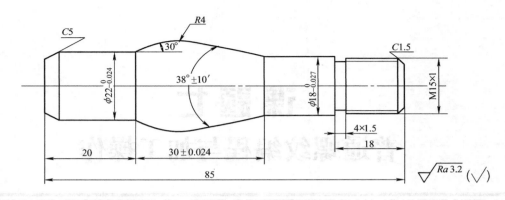

图 9-5　题 9-2 图

9-3　图 9-6、图 9-7 所示为复杂体零件，使用复合循环指令编程并上机操作运行加工。毛坯尺寸均为 $\phi48\text{mm} \times 110\text{mm}$。

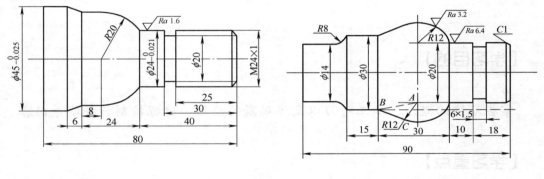

图 9-6　题 9-3 图 　　　　　　　　　　　　　图 9-7　题 9-3 图

课 题 七
普通螺纹编程与加工操作

【学习目的】

掌握螺纹的概念、加工对刀以及编码器的应用、过程控制与补偿等内容。

【学习重点】

1）了解车削螺纹的原理，熟练掌握在数控车床上车削螺纹的基本方法。
2）了解主轴脉冲编码器的工作原理、安装、调试与使用。
3）掌握不同材质如何选择数控车床车削螺纹的转速及工艺参数的调整。

第一节　车削普通三角形螺纹零件的相关知识

螺纹是机械零件上最常用的联接结构之一，具有结构简单、拆装方便及联接可靠等优点，在机械制造业中广泛应用。

1. 螺纹分类

螺纹按断面形状一般可分为三角形、矩形、梯形、锯齿形和圆形螺纹。

2. 表示代号

普通螺纹分为粗牙普通螺纹和细牙普通螺纹，即当公称直径相同时，细牙螺纹的螺距较小，用字母"M"及公称直径×螺距表示，如 M20×1.5 等。粗牙螺纹用字母"M"及公称直径表示，如 M20 等。

3. 寸制螺纹和管螺纹

牙型角为 55°，公称直径是指内螺纹的大径，用英寸（in）来表示，螺距用（1in = 25.4mm）牙数 n 表示。

管螺纹主要应用于流通气体或液体的管接头、旋塞、阀门的联接。根据螺纹副的密封状态与牙型角可分为非螺纹密封的圆柱管螺纹与螺纹密封的圆锥管螺纹（55°圆锥管螺纹和60°圆锥管螺纹）。

4. 螺纹车削进刀法

1）直进法。易获得较准确的牙型，但切削力较大，常用于螺距小于 3mm 的三角螺纹。

2）左右车削法。在每次往复行程后，除了做横向进刀外，还需要向左或向右微量进给。

3）斜进法。在每次往复行程后，除了做横向进刀以外，只在纵向的一个方向微量进给。

5. 车多线螺纹

沿两条或两条以上，在轴向等距分布的螺旋线所形成的螺纹。

6. 螺纹车削控制过程

各种螺纹上的螺旋线是按车床主轴每转一转时，纵向进刀为一个螺距（或导程）的规律进行车削的。在数控车床上用车削法可以加工螺纹，工具和刀具方面与普通机床一样，由于车螺纹起始时有一个加速过程，停刀时有一个减速过程，在这段距离中螺距不可能准确，所以应注意在两端要设置足够的升速进刀段和降速退刀段，以消除伺服滞后造成的螺距误差。升速进刀段和降速退刀段的尺寸计算如下。

升速进刀段：$\delta_1 = 0.0015nPh$

降速退刀段：$\delta_2 = 0.00042nPh$ （n 为主轴转速 r/min Ph 为螺纹导程，单位 mm）

7. 车螺纹的安排 在数控设备上车螺纹一般安排在精车以后车削。

第二节 外三角形螺纹及多线螺纹

一、不带退尾量的单线螺纹切削

【实例】 车削圆柱螺纹零件如图 10-1 所示。

1. 刀具选择

1）有断屑槽的 90°重磨左偏刀。

2）刀宽 4mm 的车槽刀。

3）刀尖角 60°米制螺纹车刀。

4）45°端面刀。

2. 工艺分析

1）采用手动切削右端面，粗车精车用同一把刀。

2）用自定心卡盘夹持左端，棒料伸出卡爪外 85mm。

3）用 90°正偏刀车削加工外圆轮廓，车槽刀车到位后应有暂停光整加工。

4）正偏刀车削加工时径向留 0.8mm 精车余量，轴向留 0.4mm 精车余量。

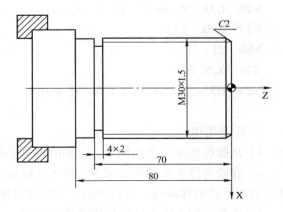

毛坯尺寸：$\phi 40 \times 100$

材料：45钢

图 10-1 圆柱螺纹零件

5）车螺纹采用三次进刀第一次背吃刀量 0.6mm、第二次背吃刀量 0.5mm、第三次背吃刀量 0.325mm。

3. 相关计算

1）加工外螺纹时外圆轮廓应车削到的尺寸 d = 公称直径 $-0.13Ph$，即

$$d = 30mm - 0.13 \times 1.5mm = 29.805mm$$

2）车螺纹时螺纹底径应车削到的尺寸 d = 公称直径 $-1.08Ph$，即

$$d = 30mm - 1.08 \times 1.5mm = 28.38mm$$

4. 参考程序（采用 T 指令对刀，车外圆与车槽程序略）

【华中 HNC-21T 系统】

```
%0071                              //T03 为 3 号螺纹车刀
   ⋮
T0303；                            //调 3 号螺纹车刀，确定坐标系
M03  S650；                        //主轴正转，转速 650r/min
G00  X32  Z1；                     //到螺纹循环起点，升速段 1mm
G82  X29.205  Z-66.5  F1.5；       //车削螺纹到终点，降速段 0.5mm
X28.705  Z-66.5  F1.5；            //螺纹加工
X28.38  Z-66.5  F1.5；
X28.38  Z-66.5  F1.5；             //去毛刺，光整加工
G00  X100  Z100；                  //退回程序起点
M02；                              //主程序结束
```

【FANUC 0i 系统】（其螺纹循环指令用 G92，其他与华中系统相同程序略）

【SIEMENS 802C/S 系统】

```
   ⋮
N10  S500  M03；                   //主轴正转，转速 500r/min
N20  T3  D3；                      //换三号螺纹刀
N30  G00  X29.205  Z1；            //车削螺纹到起点
N40  G33  Z-66.5  K1.5  SF=0；     //切削第一次螺纹，背吃刀量 0.6mm
N50  G00  X32；                    //X 向快速退刀
N60  Z1；
N70  X28.705；                     //X 向快速到切削螺纹到起点
N80  G33  Z-66.5  K1.5  SF=0；     //车削第二次螺纹，背吃刀量 0.5mm
   ⋮
```

5. 注意事项

1）从螺纹粗加工到精加工，主轴的转速必须保持一常数。

2）在没有停止主轴的情况下，停止螺纹加工将很危险。因此，螺纹加工时进给保持无效，若按下进给保持键，刀具在加工完螺纹后停止运动。

3）在螺纹加工中不使用恒定线速度控制。

4）刃磨刀尖角时应等于牙型角，左右切削刃必须是直线。

5）装夹螺纹刀时，应使刀尖与工件中心等高，并使车刀刀尖角的对称中心线与工件轴

线垂直，否则会使牙型歪斜。

6）受车刀挤压使外径产生塑性变形胀大，因此螺纹大径应车至

$$d = 公称直径 - 0.13Ph = 30mm - 0.13 \times 1.5mm = 29.805mm$$

7）螺纹背吃刀量可采用数次进给，每次进给背吃刀量可按螺纹深度依次递减分配。

8）车削螺纹时主轴的转速：$n \leqslant \left(\dfrac{1200}{P}\right) - 80$

9）用 SIEMENS 802C/S 系统车削螺纹 SF 为起点，偏移量单线可不设。

二、带退尾量的双线螺纹切削

【实例】 车削带退尾量的双线圆柱螺纹零件如图 10-2 所示。

1. 刀具选择

1）有断屑槽的 90°左偏刀。

2）刀尖角 60°米制螺纹车刀。

3）45°端面车刀。

2. 工艺分析

1）采用手动车削右端面，粗车精车用同一把刀。

2）用自定心卡盘夹持左端，棒料伸出卡爪外 85mm。

3）用 90°正偏刀车削加工外圆轮廓，正偏刀车削加工时径向留 0.8mm 精车余量，轴向留 0.4mm 精车余量。

4）车多线螺纹有两种方法：第一种是按指令格式中的"C"和"P"给定值，第二种是在加工完第一条螺纹后刀沿轴向移动一个螺距再车第二条螺纹。

5）车螺纹采用三次进刀第一次背吃刀量 0.8mm，第二次背吃刀量 0.6mm，第三次背吃刀量 0.5mm。

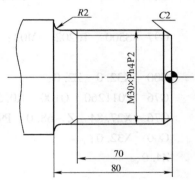

毛坯尺寸：$\phi40\times100$
材料：45钢

图 10-2 双线圆柱螺纹零件

3. 相关计算

1）加工外螺纹时，外圆轮廓应车削到的尺寸 d = 公称直径 $- 0.13Ph$，即 $d = 30mm - 0.13 \times 2mm = 29.74mm$

2）车螺纹时螺纹底径应车削到的尺寸 d = 公称直径 $- 1.08Ph$，即 $d = 30mm - 1.08 \times 2mm = 27.84mm$

所以，螺纹的单边牙深为 $(29.74 - 27.84)$ mm/2 = 0.95mm

3）Z 向回退量 $R = -2mm$，X 向回退量 $E = 0.95mm$

注：车螺纹前先精车外圆柱面至尺寸。

4. 参考程序（外圆程序略）

【华中 HNC-21T 系统】

%0072；   //T01 为 1 号外圆车刀，T02 为 2 号螺纹车刀

T0202；   //调 2 号螺纹刀，确定坐标系

M03 S500；   //主轴正转，转速 500r/min

G00 X32 Z4；   //到螺纹循环起点

G82　X28.94　Z－68　R－2　E0.95　C2　P180　F4；//第一刀加工螺纹

X28.34　Z－68　R－2　E0.95　C2　P180　F4；　　//第二刀加工螺纹

X27.84　Z－68　R－2　E0.95　C2　P180　F4；　　//第三刀加工螺纹

X27.84　Z－68　R－2　E0.95　C2　P180　F4；　　//去毛刺，光整加工

G00　X100　Z100；　　　　　　　　　　　　　//到程序起点或换刀点位置

M02；

注：另外一线螺纹程序只要改 P180 为 P0 即可。

【FANUC 0i 系统】（外圆程序略）

O0073

⋮

G97　S500　T0202　　M03；　　　　　//调 2 号螺纹车刀，主轴正转，转速
　　　　　　　　　　　　　　　　　　　　500r/min，确定坐标系

G00　X32.0　Z2.0；　　　　　　　　　//到螺纹循环起点

G76　P011260　Q100　R0.5；

G76　X27.84　Z－68.0　P950　Q800　F4；　//车削第一条螺纹的复合切削循环指令

G00　X32.0；

Z4.0；　　　　　　　　　　　　　　　//沿 Z 轴正向后退螺距 2mm 到第二条
　　　　　　　　　　　　　　　　　　　　螺纹循环起点

G76　P011260　Q100　R0.5；

G76　X27.84　Z－68.0　P950　Q800　F4；　//车削第二条螺纹的螺纹复合切削循环
　　　　　　　　　　　　　　　　　　　　指令

G00　X100.0　Z100；

⋮

M30；

5. 注意事项

1）P 为主轴基准脉冲处距离切削起点的主轴转角。车削单线螺纹时 P 为任意角；车削多线螺纹时为相邻螺纹头的切削起始点之间对应的主轴转角，如车削双线螺纹时起始点角度相差为 $P = 360/2 = 180$。

2）在数控机床上车削多线螺纹的关键是分线要准确，其工艺、刀具方面与普通机床基本相同。

3）每次进给量可以凭经验选取不用查表，这里应注意车螺纹时，螺纹底径应车削到的尺寸 $d =$ 公称直径 $-1.08Ph$（查表理论值过深，车出牙型过尖）。

4）FANUC 0i 系统中 G76 指令 Q、P、R 地址后的数值应以无小数点形式表示单位为微米制，但第一行中 R 单位为毫米。

第三节　外锥螺纹切削

【实例】 车削带退刀槽的单线圆锥螺纹零件如图 10-3 所示。

1. 刀具选择

1）有断屑槽的90°左偏刀。

2）刀尖角60°米制螺纹车刀。

3）45°端面车刀。

4）刀宽4mm的车槽刀。

2. 工艺分析

1）采用手动切削右端面，粗车精车用同一把刀。

2）用自定心卡盘夹持左端，棒料伸出卡爪外65mm。

3）用90°机夹左偏刀加工外轮廓面，左偏刀车削加工时径向留0.8mm精车余量，轴向留0.4mm精车余量。

4）切螺纹采用两次进刀第一次背吃刀量0.8mm，第二次背吃刀量0.6mm。

3. 相关计算

1）计算"I"值。因为螺纹有升速段2mm，如图10-4所示，根据两个直角三角形相似有 $10/h = 40/42$，即 $h = 10.5$mm

所以，在 $Z = 2$ 处的直径为 50mm − 10.5mm $\times 2 = 29$mm。

因为螺纹降速段1.5mm，如图10-5所示，根据两个直角三角形相似，有 $10/H = 40/41.5$，即 $H = 10.375$mm。

所以，零件在 $Z = -41.5$mm 处的直径为 30mm + 10.375mm $\times 2 = 50.75$mm。

由以上计算可得 $I = (29 - 50.75)$ mm/2 = −10.875mm

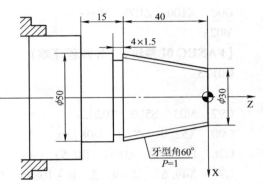

毛坯尺寸：$\phi 60 \times 80$

材料：45钢

图 10-3 单线圆锥螺纹零件

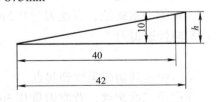

图 10-4 几何分析图

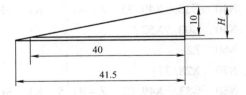

图 10-5 几何分析图

2）加工外轮廓圆锥螺纹小径 d 与大径 D 时，外圆锥应实际车削到的尺寸分别为

$$d = 30 - 0.13Ph = 30\text{mm} - 0.13 \times 1\text{mm} = 29.87\text{mm}$$

$$D = 50 - 0.13Ph = 50\text{mm} - 0.13 \times 1\text{mm} = 48.87\text{mm}$$

3）车削螺纹时，在升速点与降速点，螺纹小径 d' 底与大径 D' 底应车削到的尺寸分别为

$$d' = 29 - 1.08Ph = 29\text{mm} - 1.08 \times 1\text{mm} = 27.92\text{mm}$$

$$D' = 50.75 - 1.08Ph = 50.75\text{mm} - 1.08 \times 1\text{mm} = 49.67\text{mm}$$

4）计算螺纹的牙深，以 $Z = 0$、$X = 30$ 处为基准点计算

即 $[(30 - 0.13Ph) - (30 - 1.08Ph)] /2 = [29.87\text{mm} - 28.92\text{mm}] /2 = 0.475$mm

5）精整次数 $C = 2$，螺纹高度 $K = 0.475$mm，精加工余量 $U = 0.15$mm、最小背吃刀量深

度 $V = 0.1$mm，第一次背吃刀量深度 $Q = 0.3$mm。

4. 参考程序

【华中 HNC-21T 系统】（外轮廓程序略）

%0073	//T03 为 3 号螺纹车刀
⋮	
T0303;	//调 3 号螺纹车刀，确定坐标系
M03　S500;	//主轴正转 500r/min
G00　X52.0　Z2.0　M08;	//到螺纹循环起点
G76　C2　A60　X49.67　Z－41.5　I－10.875　K0.475　U0.15　V0.1　Q0.3　F1;	
G00　X100　Z100　M09;	//到程序起点或换刀点位置
M02;	

【FANUC 0i 系统】（外圆程序略）

O0173	
⋮	
G97　M03　S500　T0202;	
G00　X52.0　Z2.0　M08;	//到螺纹循环起点，开切削液
G76　P010060　Q100　R0.5;	
G76　X49.67　Z－41.5　R－10875　P475　Q300　F1.0;	
⋮	

【SIEMENS 802C/S】（外圆程序略）

⋮	
N10　S400　M03;	//主轴正转，转速 400r/min
N20　T3　D3;	//换 3 号螺纹车刀
N30　G00　X29.37　Z2.0　M08;	//车削螺纹到起点
N40　G33　X49.37　Z—41.5　K1　SF＝0;	//车削第一次螺纹，背吃刀量 0.5mm
N50　G00　X52;	//X 向快速退刀
N60　Z2;	
N70　X28.77;	//X 向快速到切削螺纹到起点
N80　G33　X49.07　Z－41.5　K1　SF＝0;	//车削第二次螺纹，背吃刀量 0.3mm
N90　G00　X52;	
⋮	

5. 注意事项

1）FANUC 系统与华中系统螺纹编程都可以使用 G76，但格式不同。

2）在 FANUC 系统中 G76 指令第二行中 Q、P、R 地址后的数值应以无小数点形式表示。

3）在编程时，重点是计算"I"值（FANUC 系统用"R"值），一定按照入刀点与出刀点的位置来计算，而不能按实际的锥度尺寸考虑。

4）不允许在执行螺纹加工程序段中随意暂停。

5）严禁在车床主轴旋转过程中用棉纱擦拭车出的螺纹表面，以免发生人身事故。

6）启动运行车削加工程序时，宜低速开动车床主轴，使主轴脉冲发生器按规定信号发出工作脉冲信号。

7）调整主轴与进给间的关系。

8）在调整螺纹车刀切削深度时，要注意保持其划痕细而清晰。

复习思考题

10-1 如图 10-6、图 10-7 所示，给出零件尺寸，试完成复合循环指令粗、精车及螺纹编程并上机操作运行加工，工件不车断。毛坯尺寸均为 $\phi45\text{mm} \times 100\text{mm}$。

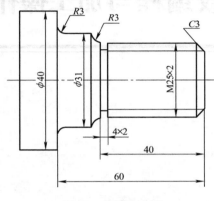 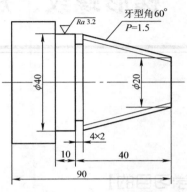

图 10-6 题 10-1 图   图 10-7 题 10-1 图

10-2 如图 10-8 所示，给出零件尺寸，试完成复合循环指令粗、精车及锥螺纹、圆柱螺纹编程并上机操作运行加工，工件车断。毛坯尺寸为 $\phi42\text{mm} \times 120\text{mm}$。

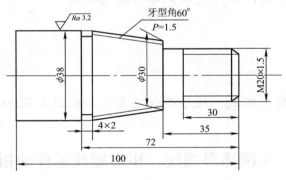

图 10-8 题 10-2 图

课题八
梯形螺纹、矩形螺纹编程与加工操作

【学习目的】

  熟悉梯形螺纹、矩形螺纹车刀的几何参数及其刃磨方法，掌握梯形、矩形螺纹切削余量的合理分配及车削后的零件质量分析。

【学习重点】

  了解掌握车削梯形螺纹、矩形螺纹及多线螺纹的原理和车削的基本方法。

第一节　车削梯形螺纹、矩形螺纹零件的相关知识

  1. 梯形螺纹、矩形螺纹的用途

  梯形螺纹广泛用于传动结构如机床的丝杠等，一般它的长度较长，精度要求较高。而矩形螺纹是一种非标准螺纹，传动精度低，广泛用于台虎钳、千斤顶等工具中，缺点是它经过一段时间使用后由于磨损便产生松动，且不能调整。

  2. 梯形、矩形螺纹的代号及标记

  梯形螺纹代号用"Tr"及公称直径和螺距表示。左旋螺纹须在尺寸规格之后加注"LH"右旋则不标注出，如 Tr40×4、Tr36×6LH 等。

  矩形螺纹代号只用"矩"及公称直径和螺距表示，如矩 42×6 等。导程与线数用斜线分开，左边表示导程，右边表示线数，如矩 45×6（P3）等。

  梯形螺纹的标记由螺纹公差带代号和螺纹旋合长度代号组成，如 Tr50×7LH-8e-L（Tr50

×7LH 为梯形螺纹代号、8e 为公差带代号、L 为旋合长度组代号）。

3. 梯形、矩形螺纹的车削方法

在数控机床上车削梯形螺纹，其工艺、刀具方面与普通机床基本相似。在切削过程中，每次往复行程后除了作横向进刀外，还要向左或向右做微量纵向进给粗车、半精车和精车。

在数控机床上车削矩形螺纹切削过程中，当螺距大于 4mm 时，采用直进法粗车，再用直进法左、右精车两侧面。当螺距较小时，一般不分粗、精车，用一把车刀采用直进法完成车削。

4. 梯形螺纹的种类

梯形螺纹可分为米制螺纹和寸制螺纹两种（这里只介绍米制螺纹）。

5. 梯形螺纹的中径公差及牙型角

梯形外螺纹的中径公差等级有 7、8、9 三种；公差带位置有 e、c 两种。梯形内螺纹的中径公差等级有 7、8、9 三种；公差带位置只有 H 一种，其基本偏差为零，牙型角 $\alpha = 30°$。

6. 梯形、矩形螺纹车刀

（1）梯形螺纹精车刀

1）两侧车削刃夹角：高速钢车刀一般取 $30° \pm 10'$，硬质合金车刀一般取 $30° \pm$ （$-5'' \sim -15''$）。

2）横车削刃的宽度：$W = 0.366P - 0.536\alpha_c$，应用牙顶间隙 α_c 时查《金属切削手册》。

3）纵向前角：一般取 0°，必要时也可以取 5°～10°，但其前刀面上的两侧车削刃夹角要做相应修改，否则将影响牙形角。

4）纵向后角：一般取 6°～8°。

5）两侧切削刃后角：$\alpha_{左} = $（3°～5°）$\pm \Psi$

$\alpha_{右} = $（3°～5°）$\pm \Psi$（$\Psi$ 为螺旋升角，即 $\tan\Psi = P/\pi d_2 = P/\pi D_2$）

车右旋螺纹时，Ψ 取正号；车左旋螺纹时，Ψ 取负号。

（2）矩形螺纹精车刀

1）主切削刃宽度：$b = 0.5P + $（0.02～0.05）

2）刀头长度：$L = 0.5P + $（1～3）

3）纵向前角：加工钢件时，一般取 12°～16°

4）纵向后角：一般取 6°～8°

5）两侧切削刃后角：（同梯形螺纹）

第二节　梯形螺纹编程与加工操作

【实例】　车削梯形螺纹零件如图 11-1 所示。

1. 刀具选择

1）有断屑槽的 90°机夹左偏刀。

2）45°端面车刀。

3）梯形螺纹车刀其主切削刃宽度磨成 1.0mm 牙型角 30°（并用齿形样板严格检验）。

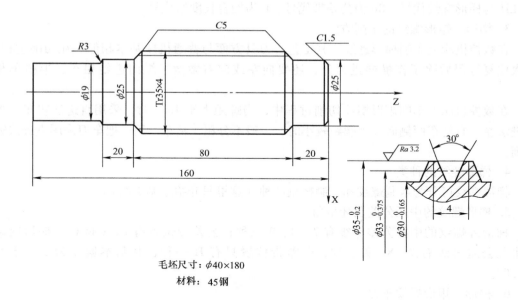

毛坯尺寸：$\phi40 \times 180$

材料：45钢

图 11-1　梯形螺纹零件

4）中心钻。

2. 工艺分析

1）用45°端面刀手动切削右端面，并钻中心孔 *A2/4. 25*。

2）一夹一顶装夹，棒料伸出卡爪外 165mm，用90°机夹左偏刀加工外圆外径留 0.8mm 精车余量，轴向留 0.4mm 精车余量。

3）外圆粗车、精车用同一把刀。

4）用梯形螺纹车刀加工时，应采用左右切削法。

5）车削螺纹的顺序。

①　沿径向 X 进刀车至接近中径处，退刀后在轴向 Z 左右进刀车削两侧至给定的尺寸。

②　沿径向 X 留出精车量进刀车至接近底径尺寸，退刀后在轴向 Z 左右进刀车削两侧至给定的尺寸。

③　沿径向 X 精车至零件底径公差尺寸，退刀后在轴向 Z 左右进刀车削两侧至零件规定的公差尺寸。

3. 相关计算

1）计算牙槽底宽度：$W = 0.336P - 0.536\alpha_c$。牙顶间隙 α_c 查《金属切削手册》P $(1.5 \sim 5)$，α_c 取值为 0. 25，即 $W = 0.336 \times 4mm - 0.536 \times 0.25mm = 1.21mm$

2）计算每次进刀与左右让刀尺寸。梯形螺纹车刀主切削刃的宽度为 1.0mm，而牙槽底宽度为 1.21mm。所以，Z 向左右让刀的距离为（1.21 - 1.0）mm/2 = 0.21mm/2 = 0.105mm。

3）计算牙的深度：$h_3 = 0.5P + \alpha_c = 0.5 \times 4mm + 0.25mm = 2.25mm$。

4）调整每次切入量，略。

4. 参考程序

【华中 HNC-21T 系统】

%0076	//外轮廓程序略，T02 为 2 号梯形螺纹车刀
⋮	
T0202;	//调 2 号梯形螺纹车刀，确定坐标系
M03 S500;	//主轴正转、转速 500r/min
G00 X38;	
Z－18 M08;	//快速到车梯形螺纹循环点，切削液开
G82 X34.5 Z－102 F4;	
G82 X34 Z－102 F4;	//第一次 X 径向进刀至中径尺寸
G82 X33.5 Z－102 F4;	
G82 X33 Z－102 F4;	
G00 X38;	//快速退刀至梯形螺纹径向循环点
Z－18.05;	//退刀 Z 负向偏移 0.05mm
G82 X34.5 Z－102 F4;	
G82 X34 Z－102 F4;	//第二次 Z 负向偏移进刀至中径尺寸
G82 X33.5 Z－102 F4;	
G82 X33 Z－102 F4;	
G00 X38;	//快速退刀至梯形螺纹径向循环点
Z－17.95;	//退刀 Z 正向偏移 0.05mm
G82 X34.5 Z－101 F4;	
G82 X34 Z－101 F4;	//第三次 Z 正向偏移进刀至中径尺寸
G82 X33.5 Z－101 F4;	
G82 X33 Z－101 F4;	
G00 X38	
Z－18;	//快速移动到第一次车梯形螺纹循环点
G82 X32.5 Z－102 F4;	
G82 X32 Z－102 F4;	//第四次 X 径向进刀至 ϕ31.5mm 尺寸
G82 X31.5 Z－102 F4;	
G00 X38;	//快速退刀至梯形螺纹径向循环点
Z－18.08;	//退刀 Z 负向偏移 0.08mm
G82 X32.5 Z－102 F4;	
G82 X32 Z－102 F4;	//第五次 Z 负向偏移进刀 ϕ31.5mm 尺寸
G82 X31.5 Z－102 F4;	
G00 X38;	//快速退刀至梯形螺纹径向循环点
Z－17.92;	//退刀 Z 正向偏移 0.08mm
G82 X32.5 Z－102 F4;	
G82 X32 Z－102 F4;	//第六次 Z 正向偏移进刀 ϕ31.5mm 尺寸
G82 X31.5 Z－102 F4;	

```
G00    X38；
Z－18；                              //快速移动到第一次切梯形螺纹循环点
G82    X31    Z－102    F4；⎫        //第七次 X 径向进刀至 φ30.5mm 尺寸
G82    X30.5    Z－102    F4；⎭
G00    X38；                         //快速退刀至梯形螺纹径向循环点
Z－18.1；                            //退刀 Z 正向偏移 0.1mm
G82    X31    Z－102    F4；          //第八次 Z 负向偏移进刀 φ30.5mm 尺寸
G82    X30.5    Z－102    F4；
G00    X38；                         //快速退刀至梯形螺纹径向循环点
Z－17.9；                            //退刀 Z 负向偏移 0.1mm
G82    X31    Z－102    F4；⎫        //第九次 Z 正向偏移进刀 φ30.5mm 尺寸
G82    X30.5    Z－102    F4；⎭
G00    X38；
Z－18；                              //快速移动到第一次切梯形螺纹循环点
G82    X30.419    Z－102    F4；      //第十次精车到零件尺寸公差值
G00    X38；                         //快速退刀至梯形螺纹径向循环点
Z－18.105；                          //退刀 Z 负向偏移 0.105mm
G82    X30.419    Z－102    F4；      //第十一次 Z 负向偏移精车到公差值
G00    X38；                         //快速退刀至梯形螺纹径向循环点
Z－17.895；                          //退刀 Z 正向偏移 0.105mm
G82    X30.419    Z－102    F4；      //第十二次 Z 正向偏移精车到公差值
G00    X100；
Z100    M09；                        //退刀到程序起点位置
M02；
```

【FANUC 0i 系统】 （其螺纹循环指令用 G92，其他与华中系统相同）或用宏程序编写
　⋮

```
G00    X40    Z－10；
#1 = 35
while［#1    GT    30］D01
#1 = #1－0.1
G92    X［#1］Z－110    F40
END1
```

【SIEMENS 802C/S 系统】
　⋮

```
N10    T2    D1；                     //调 2 号螺纹车刀
N20    S600    M03；                  //主轴正转，转速 600r/min
N30    G00    X34.5    Z－18    M08； //快速移动到车梯形螺纹起刀点，加切削液
N40    LWJG；                         //调子程序第一次车第一条螺纹
N50    G00    X34；                   //快速进刀
```

N60	LWJG；	//调子程序第一次车第一条螺纹
N70	G00　X33.5；	//快速进刀
N80	LWJG；	//调子程序第一次车第一条螺纹
N90	G00　X33；	//快速进刀
N100	LWJG；	//调子程序车第一条螺纹至中径处
N110	G00　X34.5　Z－18.05；	//快速到螺纹起刀点 Z 负向偏移 0.05mm
N120	LWJG；	//调子程序第二次车第一条螺纹
N130	G00　X34；	//快速进刀
N140	LWJG；	//调子程序第二次车第一条螺纹
N150	G00　X33.5；	//快速进刀
N160	LWJG；	//调子程序第二次车第一条螺纹
N170	G00　X33；	//快速进刀
N180	LWJG；	//调子程序第二次车第一条螺纹至中径处
N190	G00　X34.5　Z－17.95；	//快速到螺纹起刀点 Z 正向偏移 0.05mm
N200	LWJG；	//调子程序第三次车第一条螺纹
N210	G00　X34；	//快速进刀
N220	LWJG；	//调子程序第三次车第一条螺纹
N230	G00　X33.5；	//快速进刀
N240	LWJG；	//调子程序第三次车第一条螺纹
N250	G00　X33；	//快速进刀
N260	LWJG；	//调子程序第三次车第一条螺纹至中径处
⋮		//以下第四次同上略
%LMJG；		//车螺纹子程序
N500	G91　G33　Z－102　K4；	//增量形式，车削螺纹
N510	G00　X10；	//快速退刀
N520	G00　Z82；	//返回螺纹起点
N530	G90；	//换绝对坐标编程
N540	M17；	//子程序结束

5. 注意事项

1）在刃磨梯形螺纹刀时，为了能左右切削并留有精加工余量，刀头宽度应小于牙槽底宽，刀尖角应略小于牙型角，牙型半角应准确。

2）车削钢料时，应磨有 6°～8°的径向后角和 10°～15°径向前角

3）两侧的直线度要好，表面粗糙度值小，刀尖适当倒圆。

4）两侧后角，车右旋螺纹时，$\alpha_{fL}=（3°～5°）+\phi$、$\alpha_{fR}=（3°～5°）-\phi$

5）车削时先用刀头宽度略小于牙槽底宽的车槽刀，用车直槽的方法车置接近中径处，再粗车两侧面。

第三节　矩形螺纹编程与加工操作

【实例】 车削矩形螺纹零件如图 11-2 所示。

1. 刀具选择

1）带断屑槽的 90°正重磨偏刀。

2）45°端面车刀。

3）矩形螺纹车刀其主切削刃宽度磨成 2.5mm（并用齿形样板严格检验）。

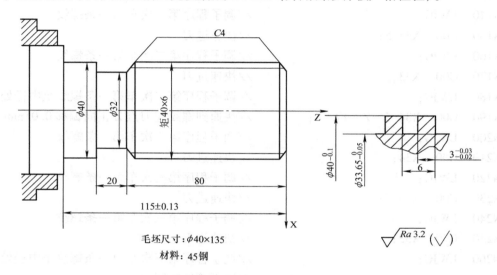

毛坯尺寸：$\phi40 \times 135$

材料：45 钢

图 11-2　矩形螺纹零件

2. 工艺分析

1）用 45°端面车刀手动切削右端面。

2）装夹，棒料伸出卡爪外 120mm，用 90°偏刀加工外圆外径留 0.8mm 精车余量，轴向留 0.4mm 精车余量。

3）外圆加工粗车、精车用同一把刀。

4）用矩形螺纹车刀加工时，先用直进法粗、精车至尺寸，再左右采用直进法切削法精车至零件尺寸。

3. 相关计算

1）计算牙槽底宽度：$b = 0.5P + (0.02 \sim 0.04)$ mm，即 $b = 0.5 \times 6$mm $+ 0.025$mm $= 3.025$mm；或从零件图上得到尺寸为 $b = 6$mm $- (3 - 0.025)$ mm $= 3.025$mm。

2）计算每次进刀与左右让刀尺寸。矩形螺纹车刀主切削刃的宽度为 2.0mm，而牙槽宽度为 3.025mm，所以 Z 向左右让刀的距离应为 $(3.025 - 2.0)$ mm/2 $= 1.025$mm/2 ≈ 0.513mm。

3）计算牙型高度。

$h_1 = 0.5P + \alpha_c = 0.5 \times 6$mm $+ 0.16$mm $= 3.16$mm（α_c 间隙取值为 $0.1 \sim 0.2$）；或从零件图上得到尺寸为 $h_1 = (39.95 - 33.625)$ mm/2 ≈ 3.163mm。

4）调整每次切入量：略。

4. 参考程序

【华中 HNC-21T 系统】

%0077   //T02 为 2 号矩形螺纹刀

  ⋮

T0202；   //调 2 号矩形螺纹刀，确定坐标系

M03 S500；   //主轴正转、转速 500r/min

G00 X42 Z4 M08；   //快速移到切矩形螺纹循环点

G82 X39 Z – 84 F6；   //分层粗车矩形螺纹

X38.2 Z – 84 F6；

X37.4 Z – 84 F6；

X36.6 Z – 84 F6；

X35.8 Z – 84 F6；

X35 Z – 84 F6；

X34.2 Z – 84 F6；

X33.8 Z – 84 F6；

X33.625 Z – 84 F6；   //精车矩形螺纹底径至尺寸

G00 X42；   //径向到切矩形螺纹循环点

Z4.5；   //Z 正向偏移 0.5mm

G82 X39 Z – 84 F6；

X38.2 Z – 84 F6；

X37.4 Z – 84 F6；

X36.6 Z – 84 F6；

X35.8 Z – 84 F6；   //分层沿 Z 正向粗车右侧矩形螺纹

X35 Z – 84 F6；

X34.2 Z – 84 F6；

X33.8 Z – 84 F6；

X33.625 Z – 84 F6；   //精车至底径尺寸

G00 X42；   //径向到切矩形螺纹循环点

Z3.5；   //Z 负向偏移 0.5mm

  ⋮   //分层沿 Z 负向粗车左侧矩形螺纹程序略

G00 X42；   //径向到切矩形螺纹循环点

Z4.513；   //Z 正向偏移至 0.513mm 零件尺寸

G82 X39 Z – 84 F6；

G82 X38.2 Z – 84 F6；

G82 X37.4 Z – 84 F6；

G82 X36.6 Z – 84 F6；

G82 X35.8 Z – 84 F6； //分层沿 Z 正向精车右侧矩形螺纹

G82 X35 Z – 84 F6；

G82   X34. 2   Z – 84   F6；

G82   X33. 8   Z – 84   F6；

G82   X33. 625   Z – 84   F6；　　　//右侧精车至底径尺寸

G00   X42；　　　　　　　　　　　//径向到切矩形螺纹循环点

Z3. 487；　　　　　　　　　　　　//Z 负向偏移 0. 513mm

　　⋮　　　　　　　　　　　　　　//分层沿 Z 负向精车左侧矩形螺纹

【FANUC 0i 系统】（其螺纹循环指令用 G92 其他与华中系统相同程序略）

【SIEMENS 802C/S 系统】（用 2 号螺纹刀、LCYC97 螺纹车削循环车矩形螺纹 B40 × 6 外螺纹）

　　⋮

N100   T2   D1；　　　　　　　//调 2 号外螺纹车刀

N110   S600   M03；　　　　　　//主轴正转，转速 600r/min

R100 = 40；　　　　　　　　　　//螺纹起点直径

R101 = 4；　　　　　　　　　　　//螺纹起点 Z 向坐标

R102 = 40；　　　　　　　　　　//螺纹终点直径

R103 = – 84；　　　　　　　　　//螺纹终点 Z 向坐标

R104 = 4；　　　　　　　　　　　//螺纹导程

R105 = 1；　　　　　　　　　　　//螺纹加工类型为外螺纹

R106 = 0. 175；　　　　　　　　//螺纹精加工余量，半径量

R109 = 4；　　　　　　　　　　　//空刀导入量

R110 = 4；　　　　　　　　　　　//空刀导出量

R111 = 3. 163；　　　　　　　　//螺纹牙深半径量

R112 = 0；　　　　　　　　　　　//螺纹起始点偏移

R113 = 8；　　　　　　　　　　　//螺纹粗车次数

R114 = 1；　　　　　　　　　　　//螺纹线数

LCYC97；　　　　　　　　　　　//调用螺纹切削循环

N120   G00   X100   Z100；　　//回换刀点

　　⋮　　　　　　　　　　　　　　//螺纹刀左右偏移车侧面编程同上略

N130   M05；

N140   M02；

5. 注意事项

1）在刃磨车刀时，应保证各切削刃平直和两侧切削刃的对称性。

2）装刀时，横切削刃必须与车床的主轴轴线相平行并等高。

3）为防止在切削过程中"扎刀"现象，切削时可采用弹性刀杆。

4）在螺纹加工过程中，进给修调开关和主轴修调开关均无效，在操作时可采用"单段"方式，但不允许在执行螺纹加工时随意暂停。

5）测量梯形螺纹中径尺寸时，可采用三针测量法。

复习思考题

11-1　如图 11-3 所示，给出矩形螺纹零件尺寸，试用循环指令完成粗、精车及矩形螺纹编程并上机操作运行加工。毛坯尺寸为 $\phi30\text{mm} \times 60\text{mm}$。

11-2　如图 11-4 所示，给出梯形螺纹零件尺寸，试用复合循环指令完成粗、精车及梯形螺纹编程并上机操作运行加工。毛坯尺寸为 $\phi35\text{mm} \times 120\text{mm}$，用顶尖装夹。

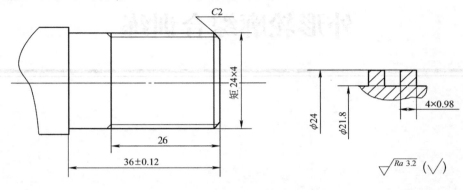

图 11-3　题 11-1 图

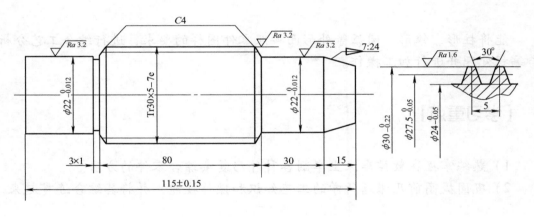

图 11-4　题 11-2 图

课题九
外形轮廓综合训练

第一节　车削综合零件的相关知识

　　加工外形轮廓综合零件要比简单零件复杂得多，应根据零件的形状特点、技术要求、工件数量和安装方法来综合考虑。

　　1）如果毛坯余量大又不均匀或要求精度较高时，应分粗车、半精车和精车等几个阶段。

　　2）如果零件过长要用顶尖装夹，在编程时应注意 Z 向退刀不要撞到尾座。

　　3）对于复杂的零件要经过两次装夹，由于对刀及刀架刀位的限制一般应把第一端粗、精车全部完成后再掉头。这与普通车床不一样，掉头装夹时注意应垫铜皮或做开口轴套或软卡爪。

　　4）车削时一般应先车端面，这样有利于确定长度方向的尺寸。车铸铁时应先车倒角，避免刀尖首先与外皮和砂型接触而产生磨损。

5）若零件需要磨削这时只进行粗车和半精车。

6）对于台阶轴的车削应先车直径较大的一端。

7）车槽、一般安排在精车后、车螺纹一般安排在最后车削。

第二节　综合加工实例（1）

【**实例**】加工外轮廓综合零件（1），如图 12-1 所示。

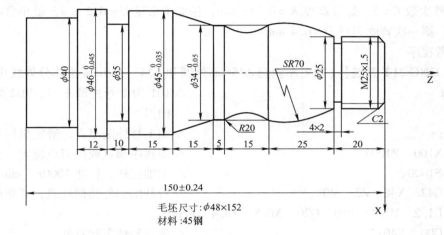

毛坯尺寸：$\phi48\times152$

材料：45钢

图 12-1　外轮廓综合零件（1）

1. 刀具选择

1）有断屑槽的90°机夹左偏刀。

2）45°端面刀。

3）60°三角形螺纹车刀。

4）刀宽为 4 mm 的车槽刀。

2. 工艺分析

1）此件需要掉头两端加工车削，以 $\phi45$mm 外圆和 $\phi34\sim\phi45$mm 锥体交线为分界。

2）先车削 $\phi40$mm 一端至 $\phi45$mm 掉头后车削 M 25 一端至 $\phi34\sim\phi45$mm 锥体交线处。

3）装夹，用45°端面刀手动切削 $\phi40$mm 侧端面。

4）用90°偏刀加工外圆，粗、精车时用同一把刀，径向留 0.8mm 精车余量，轴向留 0.4mm 精车余量。

5）用刀宽 4 mm 的车槽刀分三次加工 $\phi35$mm 槽。

6）掉头时用铜皮垫（或做 $\phi40$mm 同心轴套）装夹 $\phi40$mm 外圆并找正。

7）用45°端面刀手动切削 M 25 侧端面，保证工件长度。

8）用90°偏刀加工外圆，外径留 0.8mm 精车余量，轴向留 0.4mm 精车余量；车至零件尺寸。

9）车槽并加工螺纹。

10）用 T 指令对刀，螺纹车削指令用复合循环 G76 编写。

3. 相关计算

1）加工外轮廓圆柱螺纹直径 d 时，外圆柱应实际车削到的尺寸为

$$d = 35 - 0.13\ P = 35\text{mm} - 0.13 \times 1.5\text{mm} = 34.805\text{ mm}$$

2）加工外轮廓各尺寸圆柱面时应按公差取其中间值。

3）计算螺纹的牙深（牙高），即

$$[(35 - 0.13\ P) - (35 - 1.08\ P)]/2$$
$$= [(35\text{mm} - 0.13 \times 1.5\text{mm}) - (35\text{mm} - 1.08 \times 1.5\text{mm})]/2$$
$$= [34.805 - 33.38]\text{mm}/2 \approx 0.713\text{mm}$$

4）精整次数 $C = 2$，螺纹高度 $K = 0.713$ mm，精加工余量 $U = 0.2$ mm，最小背吃刀量 $V = 0.1$ mm，第一次背吃刀量 $Q = 0.4$ mm

4. 参考程序

【华中 HNC-21T 系统】（加工左侧到 $\phi45$mm 外圆和 $\phi34 \sim \phi45$mm 锥体分界线止）

%0081	//T01 为 1 号外圆车刀、T02 为 2 号车槽刀
T0101；	//调 1 号外圆车刀，确定坐标系
G00　X100　Z100；	//到程序起点或换刀点位置
M03　S1000；	//主轴正转，转速 1000r / min
G00　G42　X48　Z2　M08；	//右补偿到外圆循环点，开切削液
G71　U1.2　R1.1　P10　Q20　X0.8　Z0.4　F200；	
N10　G00　X40；	//移动到精车起点处
G01　Z - 33；	
X45.978；	
W - 12；	
X44.983　W - 10；	//精车零件各部分尺寸
N20　W - 15；	
G00　G40　X100；	//取消刀具半径补偿
Z100　M09；	//到换刀点位置，切削液停
M05；	
T0202；	//调 2 号车槽刀，确定坐标系
M03　S600；	//主轴正转，转速 600r / min
G00　X50　Z - 49　M08；	//快速到外圆车槽进刀点，开切削液
G01　X35.5　F40；	//工进车槽，留精车直径量 0.5mm
G00　X50；	
W - 3.5；	
G01　X35.5　F40；	//排刀法车宽 10 mm 直径 $\phi45$mm 的槽
G00　X50；	
W - 3.5；	
G01　X35　F40；	
Z - 49；	//精车槽底至尺寸 $\phi45$mm
G00　X100；	

Z100　M09；　　　　　　　　　　　　//退回换刀点位置，切削液停

M02；

重新对刀：加工右侧到 $\phi45$mm 外圆和 $\phi34$ ~ $\phi45$mm 锥体分界线止。T01 为 1 号外圆车刀、T02 为 2 号车槽刀、T03 为 3 号螺纹车刀。

％0082

T0101；　　　　　　　　　　　　　　//调 1 号外圆车刀，确定坐标系

G00　X100　Z100；　　　　　　　　//到程序起点或换刀点位置

M03　S1000；　　　　　　　　　　　//主轴正转，转速 1000r／min

G00　G42　X48　Z2　M08；　　　　//右补偿到外圆循环点，开切削液

G71　U1.2　R1.1　P10　Q20　X0.8　Z0.4　F200；
　　　　　　　　　　　　　　　　　　　//外圆粗车循环

N10　G00　X17；　　　　　　　　　　//移动到精车起点处

G01　X24.805　Z－2；

Z－20；

X25；

G03　X33.975　W－25　R70　　　　//精车零件各部分尺寸

G02　W－15　R20；

G01　W－5；

N20　X44.983　W－15；

G00　G40　X100；　　　　　　　　　//取消刀具半径补偿

Z100　M09；　　　　　　　　　　　　//到换刀点位置，切削液停

M05；

T0202；　　　　　　　　　　　　　　//调 2 号车槽刀，确定坐标系

M03　S600；　　　　　　　　　　　　//主轴正转，转速 600r/min

G00　X28　Z－20　M08；　　　　　//快速到外圆车槽进刀点，开切削液

G01　X21　F40；　　　　　　　　　　//工进车槽，留精车直径量 0.5mm

G04　P2；　　　　　　　　　　　　　//暂停 2s，光整加工

G00　X100；

Z100；　　　　　　　　　　　　　　//退回换刀点位置

M05；

T0303；　　　　　　　　　　　　　　//调 3 号螺纹车刀，确定坐标系

M03　S500；　　　　　　　　　　　　//主轴正转 500r/min

G00　X28　Z1.5；　　　　　　　　　//到螺纹循环起点

G76　C2　A60　X33.38　Z－17　K0.713　U0.2　V0.1　Q0.4　F1.5；
　　　　　　　　　　　　　　　　　　　//螺纹复合切削循环

G00　X100　Z100　M09；　　　　　//到程序起点或换刀点位置

M02；

【FANUC 0i 系统】
　　⋮

G73 U12.5 W0 R10；

G73 P10 Q20 U0.5 W0.05 F0.2；

⋮

G70 P10 Q20；

⋮

5. 注意事项

1）此件用 FANUC 系统编程只是复合循环的格式不同。

2）加工该件时矩形外沟槽车刀的主切削刃必须与车床的主轴轴线相平行。

第三节 综合加工实例（2）

【**实例**】 加工外轮廓综合零件（2），如图 12-2 所示。

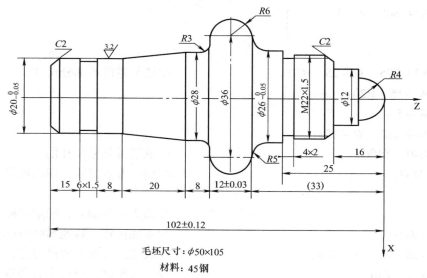

毛坯尺寸：φ50×105

材料：45钢

图 12-2 外轮廓综合零件（2）

1. 刀具选择

1）有断屑槽的 90°机夹左偏刀。

2）45°端面车刀。

3）60°三角形螺纹车刀。

4）刀宽为 4 mm 的车槽刀。

2．工艺分析

1）此件需要掉头两端加工车削，因为切 R6mm 圆环刀具会发生干涉，所以只能在圆环最大径处接刀。为了使接刀平滑，掉头装夹时应按公差要求加工一个内孔为 φ20mm×35mm 的开缝定位铝合金轴套。

2）用 45°端面刀手动切削 φ20mm 侧端面。

3）装夹，棒料伸出卡爪外 70 mm，用 90°偏刀加工外圆外径留 0.8 mm 精车余量，轴向留 0.4 mm 精车余量。

4）粗车精车用一把刀加工左半端，用刀宽 4 mm 的车槽刀加工两处槽。

5）加工开缝定位轴套的加工顺序。

①　准备 ϕ30mm×38mm 毛坯并车外圆和端面。

②　钻 ϕ15mm 的通孔。

③　卸下工件在轴向开 2 mm 的通缝。

④　重新装夹工件，按公差要求车削带通缝的 ϕ20mm×35mm 内孔（车削完后不要卸下轴套，直接将零件装入套内并夹紧以保证准确定位）。

6）用轴套装夹 ϕ20mm 外圆并找正。

7）用 45°端面刀手动切削圆球侧端面，保证工件长度。

8）用 90°偏刀加工外圆外径留 0.8 mm 精车余量，轴向留 0.4 mm 精车余量，车至零件尺寸。

9）车槽并加工螺纹。

3. 相关计算

1）加工外轮廓圆柱螺纹直径 d 时，外圆柱应实际车削到的尺寸为

$$d = 22 - 0.13\ P = 22\text{mm} - 0.13 \times 1.5\text{mm} = 21.805\ \text{mm}$$

2）加工外轮廓各尺寸圆柱面时应按公差取其中间值；略。

3）计算螺纹的内径尺寸，即

$$(22 - 1.08\ P) = (22\text{mm} - 1.08 \times 1.5\text{mm}) \approx 20.38\text{mm}$$

4. 参考程序

【FANUC 0i 系统】（加工左侧到 R6mm 圆环最大径分界线止）

O0083	//T01 为 1 号外圆车刀、T02 为 2 号车槽刀
T0101;	//调 1 号外圆车刀，确定坐标系
G97　G99　M03　S1000;	
G00　X50.0　Z2.0	
G71　U1.2　R1.1;	
G71　P10　Q20　U0.8　W0.4　F0.2;	//外圆粗车循环
N10　G00　G42　X12.0;	//移动到精车起点处，并加右刀补
G01　X19.985　Z－2.0;	
Z－29.0;	
X23.0;	
X28.0　W－20.0;	
W－5.0;	
G02　X34.0　W－3.0　R3.0;	
G01　X36.0;	
G03　X48.0　W－6.0　R6.0;	
N20　G40　G01　W－2.0;	
G70　P10　Q20;	//外圆精车循环
G00　X100.0;	//取消刀具半径补偿

Z100.0　M09；	//到换刀点位置
M05；	
T0202；	//调2号车槽刀，确定坐标系
M03　S600；	//主轴正转，转速600r/min
G00　X22.0　Z－19.0　M08；	//快速到外圆车槽进刀点
G01　X17.5　F0.2；	//工进车槽，留精车直径量0.5mm
G00　X22.0；	
W－2.0；	
G01　X17.0　F0.2；	//排刀法车宽6mm的槽
W2.0；	
G00　X100.0；	
Z100.0　M09；	//退回换刀点位置
M02；	
⋮	//重新对刀，加工右侧到*R*6mm圆环最大径分界线止。外轮廓程序参考左侧略
T0303；	//调3号螺纹车刀，确定坐标系
M03　S400；	//主轴正转，转速400r/min
G00　X24.0　Z－15.0；	//到螺纹循环起点
G92　X21.2　Z－22.0　F1.5；	//第一刀车进0.65mm
X20.8　Z－22.0　F1.5；	//第二刀车进0.4mm
X20.38　Z－22.0　F1.5；	//第三刀车进0.42mm
X20.38　Z－22.0　F1.5；	//光整加工
G00　X100.0　Z100.0；	//退回到程序起点
M02；	

5. 注意事项

1）由于此件只能在最大外圆环处接刀，所以必须要准确测出其轴向长度，否则在接刀处不能吻合。

2）最大外圆环处接刀极易出现错位，所以必要时应按公差要求加工一个开缝定位铝合金轴套。

第四节　综合加工实例（3）

【**实例**】加工外轮廓销轴综合零件（3），如图12-3所示。

1. 刀具选择

1）有断屑槽的90°机夹左偏刀。

2）45°端面车刀。

3）60°三角形螺纹车刀。

4）刀宽为5mm的车槽刀。

2. 工艺分析

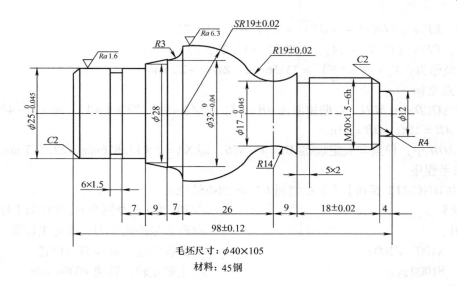

毛坯尺寸：$\phi40×105$

材料：45钢

图 12-3　销轴综合零件（3）

1）此件需要调头两端加工车削，为了使接刀无刀痕，应在 $SR19$mm 半圆球与 $R3$mm 圆弧结合处接刀，掉头后可以采用 $\phi25$mm × 20mm 开缝定位铝合金轴套或用铜皮垫后夹紧。

2）用45°端面刀手动切削 $\phi25$mm 侧端面。

3）装夹，棒料伸出卡爪外 70 mm，用90°偏刀加工外圆外径留 0.8 mm 精车余量，轴向留 0.4 mm 精车余量。

4）粗车、精车用同一把刀加工左半端，用刀宽 5 mm 的车槽刀排切 6 mm 宽的槽。

5）用45°端面刀手动切削 $\phi12$mm 侧端面，保证工件长度 98 ± 0.12mm。

6）用90°偏刀加工外圆外径留 0.8 mm 精车余量，轴向留 0.4 mm 精车余量，车至零件尺寸。

7）切槽并加工螺纹。

8）采用 T 指令对刀螺纹切削用循环指令 G82 编写。

3. 相关计算

如图 12-4 所示，相关计算如下。

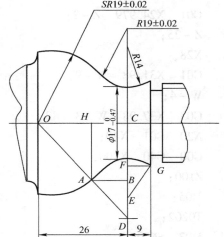

图 12-4　相关计算图

1）加工外圆柱螺纹直径 M20 时，外圆柱应实际车削到的尺寸为

$$d = 20 - 0.13P = 20\text{mm} - 0.13 × 1.5\text{mm} = 19.805\text{ mm}$$

2）加工外轮廓各尺寸时应按公差取其中间值；略

3）计算螺纹的内径尺寸，即

$$(20 - 1.08P) = (20\text{mm} - 1.08 × 1.5\text{mm}) ≈ 18.38\text{mm}$$

4）计算两个圆弧相接的基点坐标和 $R14$mm 圆弧与侧端面的交点坐标。连接两个圆弧坐标 OD；连接 $R14$mm 圆弧圆心与侧端面圆弧交点 EG。

过 G 点做垂线 FG；过 A 点做垂线 AB；求 G 点坐标：在 Rt△GFE 中求 EF。

因为 $EF = \sqrt{(GE)^2 - (GF)^2} = \sqrt{14^2 - 9^2} = 10.72$

所以，$CF = (17/2 + 14) - 10.72 = 11.25$，即

G 点坐标为：$X_G = 2(CF) = 23.56mm$ $ZG = -22mm$

求 A 点坐标

因为 $\triangle OCD \backsim \triangle ABD$，根据相似比 $AB = 13$，即 $ZA = -(22 + 9 + 13)mm = -44mm$，由以上可得 $AB = 2OC = OH = 13mm$。

在 $\triangle AOH$ 中，根据勾股定理得 $AH = 13.856$，即 $XA = 2 \times 13.856mm = 27.713\ mm$

4. 参考程序

【**华中 HNC-21T 系统**】（车左侧到 $R3mm$ 圆弧结束）

%0085	//T01 为 1 号外圆车刀、T02 为 2 号车槽刀
T0101；	//调 1 号外圆车刀，确定坐标系
G00 X100 Z100；	//到程序起点或换刀点位置
M03 S1000；	//主轴正转，转速 1000r/min
G40 X40 Z2 M08；	//到外圆循环点
G71 U1.2 R1.1 P10 Q20 X0.8 Z0.4 F200；	
	//外圆粗车循环
N10 G00 G42 X17；	//移动到精车起点处加右补偿
G01 X24.979 Z-2；	//精车零件各部分尺寸
Z-25；	
X28；	
G01 X31.98 W-9；	
W-4；	//精车零件各部分尺寸
G03 X37.98 W-3 R3；	//取消刀具半径补偿
N20 G01 X40；	
G00 G40 X100；	
Z100；	//到换刀点位置
M05；	
T0202；	//调 2 号车槽刀刀宽 5mm 确定坐标系
M03 S600；	//主轴正转，转速 600r/min
G00 X28 Z-17；	//快速到外圆车槽进刀点
G01 X21.5 F40；	//工进车槽，留精车直径量 0.5mm
G00 X28；	
W-1；	//排刀法切宽 6mm，$\phi22mm$ 的槽
G01 X22 F40；	
W1；	
G00 X100；	
Z100；	//退回换刀点位置
M02；	
⋮	//重新对刀，加工右侧到 $SR19$ 圆弧结

束。程序参考左侧编法略

T0303；	//调 3 号螺纹车刀，确定坐标系
M03　S400；	//主轴正转，转速 400r/min
G00　X22　Z－2；	//到螺纹循环起点
G82　X19.2　Z－19　F1.5；	//第一刀车进 0.605mm
G82　X18.7　Z－19　F1.5；	//第二刀车进 0.50mm
G82　X18.38　Z－19　F1.5；	//第三刀车进 0.32mm
G82　X18.38　Z－19　F1.5；	//光整加工
G00　X100　Z100；	//退回到程序起点
M02；	

【FANUC 0i 系统】

⋮

G73　U2.0　W1.5　R8；

G73　P10　Q20　U0.4　W0.2　F0.2；

⋮

G70　P10　Q20；

⋮

5. 注意事项

1）由于 FANUC 系统中复合循环指令 G71 的功能不如华中系统功能强大，它不适合带有凹槽零件的加工，此件带有凹槽应该用闭合循环指令 G73，或分段加工。

2）G73 中的 R 为粗车循环次数。对于圆棒料来说，具体应看零件上最细处直径留出精车量与此处毛坯外径的差值，根据每次的背吃刀量来计算。

复习思考题

12-1　如图 12-5、图 12-6 所示，给出尺寸，试完成复合循环指令粗、精车及螺纹编程并上机操作运行两端加工。毛坯尺寸均为 φ50mm×155mm。

12-2　如图 12-7 所示，给出零件尺寸，试完成复合循环指令粗、精车、及螺纹编程并上机操作运行加工。毛坯尺寸为 φ40mm×150mm，并在 133 mm 处车断，所有未注倒角均为 0.5mm。

12-3　如图 12-8 所示。给出零件尺寸，试完成复合循环指令粗、精车、车槽及螺纹编程并上机操作运

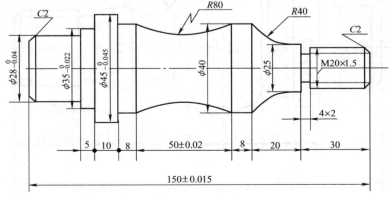

图 12-5　题 12-1 图

行两端加工。毛坯尺寸为 $\phi45mm \times 148mm$，所有未注倒角均为 0.4mm。

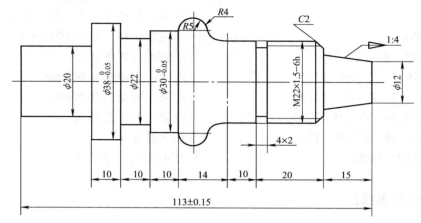

图 12-6 题 12-1 图

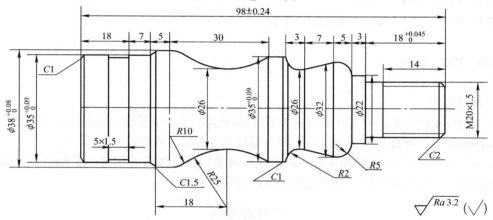

图 12-7 题 12-2 图

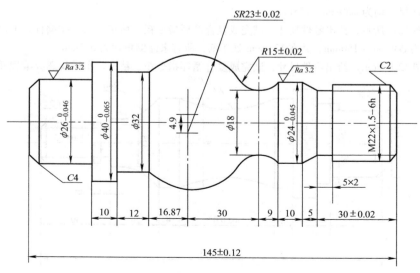

图 12-8 题 12-3 图

课 题 十
内套、内腔编程与加工操作

【学习目的】

进一步巩固提高对刀的操作技能，灵活选择各种对刀方法，完成多把车刀的对刀工作，掌握内成形面的编程与加工中的刀具干涉的处理、编程方向选择、质量控制等知识。

【学习重点】

熟练掌握编制内台阶、内曲面、内锥面、内沟槽和内螺纹的程序及在数控车床上车削各种内套、内腔综合零件基本操作的方法。

第一节　车削内套、内腔类零件的相关知识

在机械设备上常见有各种轴承套、齿轮及带轮等一些带内套及内腔的零件，因支撑、连接配合的需要，一般都将它们做成带圆柱的孔、内锥、内沟槽和内螺纹等一些形状，此类件称为内套、内腔类零件。

1. 技术要求

1）内套、内腔类零件一般都要求具有较高的尺寸精度、较小的表面粗糙度值和较高的几何精度。在车削安装套类零件时关键的是要保证位置精度要求。

2）内轮廓加工刀具回旋空间小，刀具进退刀方向与车外轮廓时有较大区别，编程时进退刀尺寸必要时需仔细计算。

3）内轮廓加工刀具由于受到孔径和孔深的限制刀杆细而长，刚性差。对于切削用量的选择，如进给量和背吃刀量的选择较切外轮廓时的稍小。

4）内轮廓切削时切削液不易进入切削区域，切屑不易排出，切削温度可能会较高，镗深孔时可以采用工艺性退刀，以促进切屑排出。

5）内轮廓切削时切削区域不易观察，加工精度不易控制，大批量生产时测量次数需安排多一些。

2. 车削工艺与编程特点

1）内成形面一般不会太复杂，加工工艺常采用钻→粗镗→精镗，孔径较小时可采用手动方式或 MDI 方式"钻→铰"加工。

2）大锥度锥孔和较深的弧形槽、球窝等加工余量较大的表面加工可采用固定循环编程或子程序编程，一般直孔和小锥度锥孔采用钻孔后两刀镗出即可。

3）较窄内槽采用等宽内槽切刀一刀或两刀切出（槽深时中间退一刀以利于断屑和排屑），宽内槽多采用内槽刀多次切削成形后精镗一刀。

4）切削内沟槽时，进刀采用从孔中心先进 $-Z$ 方向，后进 $-X$ 方向，退刀时先退少量 $-X$，后退 $+Z$ 方向。为防止干涉，退 $-X$ 方向时退刀尺寸必要时需计算。

5）中空工件的刚性一般较差，装夹时应选好定位基准，控制夹紧力大小，以防止工件变形，保证加工精度。

6）工件精度较高时，按粗精加工交替进行内、外轮廓切削，以保证形位精度。

7）换刀点的确定要考虑镗刀刀杆的方向和长度，以免换刀时刀具与工件、尾架（可能有钻头）发生干涉。

8）因内孔切削条件差于外轮廓切削，故内孔切削用量较切削外轮廓时选取小些（小30%~50%）。但因孔直径较外廓直径小，实际主轴转速可能会比切外轮廓时大。

3. 刀具的使用及分类

内镗刀可以作为粗加工刀具，也可以作为精加工刀具，精度一般可达IT7~IT8、表面粗糙度值 $Ra1.6~Ra3.2\mu m$，精车时的表面粗糙度值可达 $0.8\mu m$ 或更小。内镗刀可分为通孔刀和不通孔刀两种，通孔刀的几何形状基本上与外圆车刀相似，但为了防止后刀面与孔壁摩擦又不使后角磨得太大，一般磨成两个后角。不通孔刀是用来车不通孔或台阶孔的，刀尖在刀杆的最前端并要求后角与通孔刀磨的一样。

4. 常见装夹及车削过程

1）一次装夹车削完成。

2）二次装夹即掉头后用软卡爪或开缝同心轴套装夹车削完成。

5. 对刀及加工方法

对刀的方法与车外圆的方法基本相同，所不同的是毛坯若不带内孔必须先钻孔，再用内孔车刀试切对刀。为使测量准确，内径对刀时须用内径百分表测量尺寸。

第二节　内套的车削

【实例】 车削内套零件如图13-1所示。

1. 刀具选择

1）有断屑槽的90°内孔机夹镗刀。

2）45°端面刀。

3）ϕ23mm 麻花钻头。

2. 工艺分析

1）用自定心卡盘装夹 ϕ60mm 工件，毛坯外圆车右端面。

2）掉头装夹 ϕ60mm 工件毛坯外圆，车左端并保证长度 40 ± 0.12 mm。

3）用尾座手动钻 ϕ23mm 通孔。

4）用90°内孔镗刀粗车内孔径向留0.8 mm 精车余量，轴向留 0.5 mm 精车余量，精车孔径至尺寸。

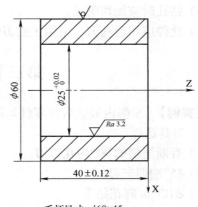

毛坯尺寸：ϕ60×45

材料：45钢

图 13-1 内套零件

3. 相关计算

（孔径公差取中间值，略）

4. 参考程序

【FANUC 0i 系统】

$\vdots$

G71　U2.0　R0.5；

G71　P10　Q20　U – 0.4　W0.4　F0.2；

$\vdots$

G70　P10　Q20；

G28　U0　W0　T0　M02；

【华中 HNC-21T 系统】

%0091	//T01 为 1 号内孔镗刀
T01；	
G54　G00　X100　Z100；	//选定坐标系到程序起点
M03　S700；	//主轴正转，转速 7000r／min
G40　X23　Z2；	//到内孔循环点，取消刀补
G72　W1.1　R1　P10　Q20　X – 0.8　Z0.5　F200；	//内端面粗车循环加工
N10　G00　X25.01；	//到精车起点，加左刀补
N20　G01　Z – 42；	//精车零件各部分尺寸，取消刀补
G00　X100　Z100；	//返回对刀位置
M02；	

5. 注意事项

1）FANUC 系统编程中内腔车削一般用 G71，华中系统也可以用 G71。

2）该零件钻孔前必须先平端面，中心处不允许有凸台，否则钻头不能自动定心，将导致钻头折断。钻头刚接近工件和快钻通时应减小进给量。

3）钻孔时应加切削液。

4）此件应用通孔刀，采用正的刃倾角有利于前排屑。

第三节 内台阶的车削

【实例】 车削内表面台阶零件如图13-2所示。

1. 刀具选择

1）有断屑槽的 90°内孔镗刀。

2）45°端面车刀。

3）$\phi10$mm 麻花钻头。

2. 工艺分析

1）用卡盘装夹 $\phi60$mm 工件毛坯外圆车右端面。

2）掉头装夹 $\phi60$mm 工件毛坯外圆，车左端并保证长度 35mm。

3）用 $\phi10$mm 麻花钻头钻通孔。

4）用 90°不通孔内镗刀粗车，内孔径向留 0.8mm 精车余量，轴向留 0.5mm 精车余量，精车各孔径至尺寸。

3. 相关计算（孔径公差取中间值，略）

4. 参考程序

【FANUC 0i 系统】

O0092

T0101；

G40 G97 G99 S700 M03；

G00 X10.0 Z2.0 M08；   //到内孔循环点

G71 U2.0 R0.5；

G71 P10 Q20 U − 0.8 W0.5 F0.2；   //内端面粗车循环加工

N10 G00 X30.015；   //移动到精车起点处

G01 Z − 17.0；

X20.015；

Z − 28.0；

X12.0；   //精车零件各部分尺寸

Z − 36.0；

N20 G00 X10.0；

G70 P10 Q20；

G28 U0 W0 T0 M05；   //返回参考点，主轴停转

M30

【华中 HNC-21T 系统略】

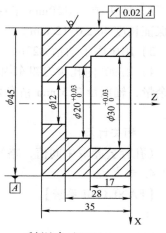

毛坯尺寸：$\phi60×38$

材料：45钢

图 13-2 内表面台阶零件

【实例】 车削端盖内台阶如图13-3所示，（未注倒角 *C*1），外轮廓已加工完毕。

1. 刀具选择

1）内孔镗刀。

2）45°外圆车刀。

2. 工艺分析

1）夹 ϕ120mm 外圆，找正，加工 ϕ145mm 外圆、ϕ112mm 外圆和 ϕ98mm 内孔。

2）加工工艺路线为：粗加工 ϕ98mm 内孔→粗加工 ϕ112mm 内孔→精加工 ϕ98mm 和 ϕ112mm 内孔及孔底平面→加工 ϕ145mm 外圆。

3. 参考程序

【SIEMENS 802C/S 系统】

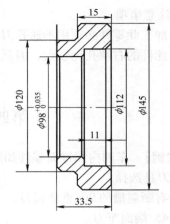

毛坯尺寸：ϕ150×40
材料：Q235

图 13-3　端盖零件

程序	注释
SC902. MPF	//程序名
⋮	
N40　G54　G90　G94　G23;	//设工件坐标系，绝对偏程，mm／min 进给，直径编程
N45　T2　D2;	//调2号内孔镗刀，建立坐标系
N45　S300　M03;	//主轴正转，转速 300r／min
N50　G00　X97.5　Z5;	//快速进刀
N55　G01　Z－34　F100;	//粗镗 ϕ98mm 孔，留 0.5mm 余量
N60　G00　X97　Z5;	//快速退刀
N65　X105;	//快速进刀
N70　G01　Z－10.5　F100;	//粗镗第一刀 ϕ112mm 内孔
N75　G00　X100　Z5;	//快速退刀
N80　X111.5;	//快速进刀
N85　G01　Z－10.5　F100;	//粗镗第二刀 ϕ112mm 内孔
N90　G00　X105　Z5;	//快速退刀
N95　X116　Z1;	//进刀
N100　G01　X111　Z－1　F100;	//倒角
N105　Z－11;	//精镗 ϕ112mm 内孔
N110　X100;	//精镗内孔台阶
N115　X98　Z－12;	//倒角 *C*1
N120　Z－34;	//精镗 ϕ98mm 内孔
N125　G00　X95;	//退刀
N130　Z100;	
N135　X160;	
N140　T1　D0;	//换外圆车刀，取消刀补
N145　M02;	//程序结束

4. 注意事项

1）加工此零件必须用不通孔刀，前孔小不便排屑应采用负的刃倾角有利于后排屑。

2）此件的右端孔比较大，因此，为了增加其刀杆的强度，可在一定范围内适当增大其直径。

第四节　内圆锥的车削

【实例】　车削内圆锥面零件如图13-4所示。

1. 刀具选择

1）有断屑槽的90°重磨镗刀。

2）45°端面车刀。

3）$\phi 12mm$ 麻花钻头。

2. 工艺分析

1）用自定心卡盘装夹 $\phi 60mm$ 工件毛坯外圆，车右端面。

2）掉头装夹 $\phi 60mm$ 工件毛坯外圆，车左端并保证长度30mm。

3）用 $\phi 12mm$ 麻花钻头钻通孔，用90°内镗刀，内孔径向留0.6mm 精车余量，轴向留0.4 mm 精车余量，精车各孔径至尺寸。

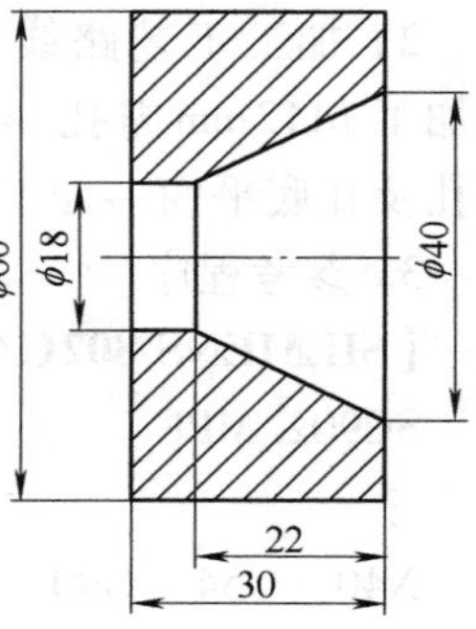

3. 相关计算

计算圆锥小端直径 d：$(D-d)/L = 3mm/4 = 0.75mm$，所以 $d = D - CL = 40mm - 0.75mm \times 22mm = 23.5mm$

车削内锥孔时应加工到内锥延长线处，即 $Z=3$ 处，该点 $X=43$。

4. 参考程序

毛坯尺寸：$\phi 60 \times 35$

材料：45 钢

图 13-4　内圆锥面零件

【华中 HNC-21T 系统】

%0093	//T01 为 1 号内镗刀
T0101；	//调 1 号内镗刀，确定坐标系
G00　X100　Z100；	//到程序起点
M03　S700；	//主轴正转，转速 700r/min
G40　X10　Z2；	//到内孔循环起点，取消刀补
G72　W1.1　R1　P10　Q20　X-0.6　Z0.4　F200；	//内端面粗车循环加工
N10　G00　Z-32；	//到内径延长线
G01　X18	
Z-22；	//精车零件各部分尺寸
X23.5；	
X43	
N20　Z3；	//到内锥延长线
G00　X100　Z100；	//返回对刀位置
M30	

【实例】　内锥接头零件如图13-5所示。

已知底孔 φ30mm 外轮廓已加工完毕。

1. 刀具选择

1）有断屑槽的 90°重磨内镗刀。

2）45°端面车刀。

2. 工艺分析

φ32mm 直孔精度稍高，可分两刀镗出。锥孔精度不高，锥度余量不大，可一刀镗出，但可考虑和 φ32mm 孔一起加工，也可分两刀完成。

3. 参考程序

【SIEMENS 802C/S 系统】

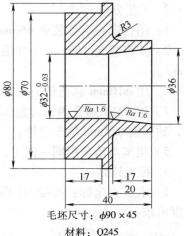

毛坯尺寸：φ90×45

材料：Q245

图 13-5 内锥接头零件

⋮

SC904. MPF；	//程序名
N10　G54；	//G54
N20　G90　G94　G23；	//绝对编程，mm/min 进给，直径编程
N30　S600　M03；	
N40　T1　D0；	//换 1 号刀，设刀补为零
N50　G00　X34　Z2；	//快速进刀
N60　G01　Z0　F300；	
N70　X31.5　Z−20；	//粗车削内锥孔
N80　Z−41；	//粗车削 φ32mm 内孔
N90　G00　X30　Z2；	//退刀
N100　G01　X36　Z0　F300；	//到精车起点
N110　X32　Z−20　F200；	//精镗内锥孔
N120　Z−41；	//精镗 φ32mm 内孔
N130　G00　X30　Z5；	
N140　X50　Z100；	//退刀
N150　M02；	//程序结束

4. 注意事项

1）用重磨刀可不加刀补。

2）为了使内腔与端面过渡好，应车至内腔延长线处。

3）加工此零件必须用不通孔刀，后锥孔敞开应采用负的刃倾角，有利于后排屑。

第五节　内球的车削

【实例】 车削内球零件如图13-6所示。

1. 刀具选择

1）有断屑槽的 90°不通孔内镗刀。

2）45°端面刀。

3）φ10mm 麻花钻头。

2. 工艺分析

1）用自定心卡盘装夹 ϕ60mm 工件毛坯外圆，车右端面。

2）掉头装夹 ϕ60mm 工件毛坯外圆，车左端并保证长度 30mm。

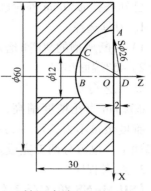

毛坯尺寸：ϕ60×35

材料：45钢

图 13-6 内球零件

3）用 ϕ10mm 麻花钻头钻通孔。

4）用 90°不通孔内镗刀粗车内孔，径向留 0.6mm 精车余量，轴向留 0.4mm 精车余量。

5）粗车与精车用同一把刀，精车各孔径至尺寸。

3. 相关计算

1）求 A 点坐标：连接 DA 即在 Rt△ADO 可计算出 OA 的长度可求：

$$OA = \sqrt{DA^2 - OD^2} = \sqrt{13^2 - 2^2}\,\text{mm} = 12.845\text{mm}$$

即   A 点的直径量为 $2 \times 12.69\text{mm} = 25.69\text{mm}$

所以，A 点坐标为（25.69、0）。

2）求 C 点坐标：过 C 点作垂线 CB，连接 CD。

$$BD = \sqrt{CD^2 - CB^2} = \sqrt{13^2 - 6^2}\,\text{mm} = 11.532\text{mm}$$

即 $OB = BD - OD = 11.532\text{mm} - 2\text{mm} = 9.532\text{mm}$

故 C 点坐标为（12、9.532）。

车削内锥孔时，应加工到内锥延长线处，即 Z = 3 处，该点 X = 43。

4. 参考程序

【华中 HNC-21T 系统】

%0094	//T01 为 1 号内镗刀
T0101；	//调 1 号内镗刀，确定坐标系
G00 X100 Z100；	//到程序起点
M03 S700；	//主轴正转，转速 700r/min
G01 X9 Z2 M08；	//到内孔循环起点
G72 W1.5 R1 P10 Q20 X-0.6 Z0.4 F200；	//内端面粗车循环加工
N10 G00 Z-32；	//到精车起点处，内径延长线
G01 X12；	//精车零件 ϕ12mm 内径
Z-9.532；	//精车零件各部分尺寸
G02 X25.69 Z0 R13；	
N20 G01 Z2 M09；	//精车终点处，内球延长线
G00 X100 Z100；	//返回对刀位置
M02；	

【实例】 加工右侧内球窝，如图13-7所示。已知底孔 ϕ20mm。外轮廓已加工完毕。

1. 刀具选择

1）有断屑槽的 90°不通孔内镗刀。

2）45°端面车刀。

2. 工艺分析

1）装夹 $\phi 42$mm 外圆找正，加工 $SR20$mm 内球面及 $\phi 22$mm 内孔。

2）加工工艺路线为粗加工 $SR20$mm 内球面→粗加工 $\phi 22$mm 内孔→精加工 $SR20$mm→精加工 $\phi 22$mm 内孔。

3. 相关计算

计算 $\phi 22$mm 内孔和 $SR20$mm 内球交点坐标，将该交点与球心点连接，利用勾股定理可求交点坐标

$$Z = \sqrt{20^2 - (22/2)^2} = 16.703$$

4. 参考程序

【华中 HNC-21T 系统】

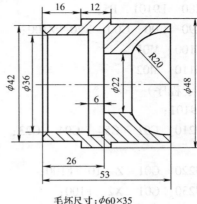

毛坯尺寸：$\phi 60 \times 35$
材料：45钢

图 13-7　内球窝零件

```
%0105
G55   G00   X100   Z100;                      //选定工件坐标系
M03   S600;                                    //主轴正转，转速600r/min
T0100;                                         //调1号内孔镗刀
G90   G00   X22   Z5;                          //绝对编程，快速进刀
G01   Z-28   F200;                             //镗 φ22mm 内孔
X20;                                           //退刀
Z5;
G72   W1   R1   P100   Q20   X-0.5   Z0.5   F230;    //端面复合循环切削内球面
N10   G00   Z-16.703;                          //到精车起点处
G01   X22;
N20   G03   X40   Z0   R20;                     //精车零件各部分尺寸
G00 Z5;
X100 Z100
M05;
M30;
```

【SIEMENS 802C/S 系统】

```
SC910.MPF                                      //程序名
N10   G54   G90   G94   G23;                    //设工件坐标系，绝对偏程，mm/min 进
                                                  给，直径编程
N20   S600   M03;                              //主轴正转，转速600r/min
N30   T1   D0;                                  //换1号镗刀，取消刀补
N40   G00   X22   Z5;                           //快速进刀到切削点
N50   G01   Z-28   F200;                        //镗 φ22mm 内孔
N60   G00   X20;                                //快速退刀
N70   X22   Z10;
```

N80   L9101   P5；   //调用子程序

N90   G90   G00   X20 Z100；   //回换刀点

N100   M05；   //主轴停转

N110   M02；   //主程序结束

（子程序）

L9101；   //子程序头

N210   G91   G54   G94   G23；   //设工件坐标系，相对偏程，mm/min 进
　　　　　　　　　　　　　　　　　　　　　　　　给，直径编程

N220   G01   Z－10 F100；

N230   G01   X2 F100；

N240   G03   X－18 Z－16.704   CR＝20；//车削右端内球面

N250   G00   Z26.704；

N255   X18；

N260   RET；   //子程序结束

注：SIEMENS 802C/S 系统没有复合循环指令，但该加工采用调用子程序的编程方式，孔加工时需注意子程序的进给方向。

5. 注意事项

1）加工此零件必须用不通孔刀，后球体敞开应采用负的刃倾角，有利于后排屑。

2）加工中需注意刀具和工件的干涉，通常将刀具的主、副偏角磨大些（即尖刀）。

第六节　内槽的车削

【实例】　加工内槽零件，如图13-8所示，已知底孔尺寸为 $\phi35mm$。

1. 刀具选择

1）有断屑槽的90°不通孔内镗刀。

2）45°端面车刀。

3）内沟槽车刀刀宽4.0mm。

4）$\phi35mm$ 麻花钻头

2. 工艺分析

1）用卡盘装夹 $\phi95mm$ 工件毛坯外圆，车右端面。

2）调头装夹 $\phi95mm$ 工件毛坯外圆，车左端并保证长度46mm。

3）用 $\phi35mm$ 麻花钻头钻通孔。

4）用90°不通孔内镗刀粗车内孔径向留0.8mm精车余量，轴向留0.6mm精车余量。

5）粗车与精车用同一把刀，精车各孔径至尺寸及车内沟槽。

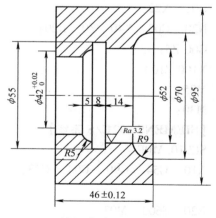

毛坯尺寸：$\phi95\times50$
材料：Q235

图 13-8　内槽零件

3. 相关计算

各公差取其中间值（略）。

4. 参考程序（采用 T 指令对刀，内轮廓编程略）

【华中 HNC-21T 系统】

⋮

T0202；	//调 2 号内槽车刀，确定坐标系
M03　S500；	//主轴正转，转速 800r/min
G00　X48；	
Z－31；	//到内槽起点处
G01　X55.5　F20；	
G00　X48；	//车削内槽
Z－27；	
G01　X55　F20；	//车削内槽
Z－31；	
G00　X20；	
Z100　X100；	//返回对刀位置
M02；	

5. 注意事项

1）内沟槽的车削方法与外沟槽的方法相似，对于宽度比较小的内沟槽，可以将内沟槽刀宽度磨成与槽宽相等用直进法一次车削完成。对于宽度较大的则采用排刀法分几次完成。

2）内槽加工属加工难点，主要原因是刀具刚性差，切削条件差。但一般内槽的加工精度要求不高，表面粗糙度值要求不小，所以其加工编程不难。影响精度的因素主要在于刀具的刃磨和对刀。

3）用内槽刀排切时应有压刀和最后精车。

4）由于内槽刀前端刀头悬出其强度最差，因此应极其注意进给量要非常小，转速不要太高。

【实例】　加工图13-9所示套筒零件。

已知：钻底孔 ϕ20mm，孔口倒角 $C1$，外轮廓已加工完毕。

1. 刀具选择

1）有断屑槽的 90°不通孔内镗刀。

2）45°端面车刀。

3）内槽车刀刀宽 5.0mm。

4）ϕ20mm 麻花钻头。

2. 工艺分析

该零件直孔 ϕ22mm 用镗刀（T02）两刀镗出；切出一边孔口倒角；内槽用刀宽 5mm 的内槽车刀（T03）车槽三次后精镗一刀。

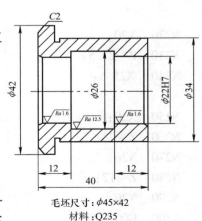

毛坯尺寸：ϕ45×42
材料：Q235

图 13-9　套筒零件

3. 参考程序

【SIEMENS 802C/S 系统】

SC906. MPF	// 程序名	
N20　G54　G90　G94　G23；	// 设工件坐标系，绝对偏程，mm/min 进给，直径编程	
N30　S600　M03；	// 主轴正转，转速 600r/min	
N40　T2　D2；	// 换 2 号镗刀	
N50　G00　X21.5　Z2；	// 快速进刀	
N60　G01　Z-41　F100；	// 粗镗 ϕ22mm 直孔，先至尺寸 ϕ21.5mm 留精车余量 0.5mm	
N70　X18；	// X 向退刀	
N80　G00　Z2；	// Z 向快速退刀	
N90　G00　X24　Z1；	// 快速到倒孔角位置	
N100　G01　X22　Z-1　F50；	// 倒孔角	
N110　Z-41；	// 精镗 ϕ22mm 直孔	
N120　X18；	// X 向退刀	
N130　G00　Z100；		
N140　X100；	// 快速到换刀点位置	
N150　T3　D3；	// 换 3 号内槽刀刀宽为 5mm	
N160　G00　X20　Z2	// 快速进刀	
N170　Z-17.5；	// 快速进至车槽位置	
N180　G01　X25.5　F50；	// 第一次车至 ϕ25.5mm，留精加工余量 0.5mm	
N190　X20；	// X 向退刀	
N200　Z-22.5；	// Z 向进刀	
N210　X25.5；	// 第二次车至 ϕ25.5mm，留精加工余量 0.5mm	
N220　X20；	// X 向退刀	
N230　Z-27.5；	// Z 向进刀	
N240　X25.5；	// 第三次车至 ϕ25.5mm，留精加工余量 0.5mm	
N250　X20；	// X 向退刀	
N260　Z-28；	// Z 向进刀	
N270　X26；	// X 向进刀至 ϕ26mm 图样尺寸	
N280　Z-17；	// 槽 Z 向精车至尺寸	
N290　X20；	// X 向退刀	
N300　G00　Z5；	// Z 向退刀	
N310　X100　Z100；	// 返回换刀点	
N320　T2　D0；	// 换 2 号刀，取消刀补	

N330　　M05；　　　　　　　　　　　　　　//主轴停转

N340　　M02；　　　　　　　　　　　　　　//主程序结束

4. 注意事项

1）用内槽刀排切时应有压刀和最后精车。

2）由于内槽刀前端刀头悬出，其强度最差，因此应注意进给量要非常小，转速不要太高。

第七节　车内螺纹

一、内螺纹的数控加工相关知识

1）掌握螺纹刀具偏角与螺纹牙形的关系，螺纹刀具左右后角与螺纹导程的关系。

2）螺纹刀具安装要使用安装样板。

3）螺纹底孔的加工理论值的螺纹底孔尺寸：$D_小 = D_{公称} - 1.3P - (0.05 \sim 0.2)$ mm，但实际加工中一般应用实际经验值（理论值加工螺纹过尖），即 $D_小 = D_{公称} - 1.0825P - (0.05 \sim 0.2)$ mm。

4）进刀次数与每刀背吃刀量的关系：螺纹牙形深度（直径理论值）$h = 1.3P$。

例：若 $P = 1.5$，则 $h = 1.95$，取 $a_{p1} = 1$；$a_{p2} = 0.6$；$a_{p3} = 0.25$；$a_{p4} = 0.1$。

5）螺纹数控加工通常采用螺纹切削固定循环指令，各系统的螺纹切削固定循环指令差别较大，使用时注意各参数的设置。

6）为减少螺纹头部的螺距误差，螺纹切削的起刀点一般离螺纹端部两倍导程以上。

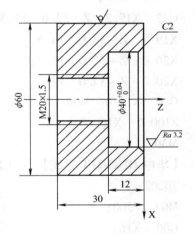

图 13-10　内螺纹零件

二、实例

【实例1】　加工内螺纹零件，如图13-10所示。已知底孔尺寸为 $\phi15$mm。

1. 刀具选择

1）有断屑槽的90°不通孔内镗刀。

2）45°端面车刀。

3）60°内螺纹车刀。

4）$\phi15$mm 麻花钻头。

2. 工艺分析

1）用自定心卡盘装夹 $\phi60$mm 工件毛坯外圆，车右端面。

2）掉头装夹 $\phi60$mm 工件毛坯外圆，车左端并保证长度30mm。

3）用 $\phi15$mm 麻花钻头钻通孔，用90°内孔镗刀粗车，内孔径向留 0.8mm 精车余量，轴向留 0.6mm 精车余量。

4）粗车与精车用同一把刀，精车各孔径至尺寸及车内螺纹。

3. 相关计算

内径公差取其中间值 $\phi40.02$mm，M20 × 1.5 内螺纹小径尺寸为 $D_1 = D - 1.0825P =$

18.376mm。

所以车削内孔螺纹尺寸为 18.376mm + 0.13P = 18.571mm

螺纹的工作高度 $h_1 = 0.5413P \approx 0.812$mm。

4. 参考程序（采用T指令对刀，内轮廓编程略）

【FANUC 0i 系统】

%0096   //T01 为 1 号内镗刀，T02 为 2 号内螺纹刀

⋮

T0202；

   M03   S500；   //主轴正转，转速 500r/min；

   G00   X16.0；

   Z - 11   M08；   //到内螺纹起点处

   G92   X19.2   Z - 32.0   F1.5；

   X19.7   Z - 32.0   F1.5；   //分三刀车削内螺纹

   X20.0   Z - 32.0   F1.5；

   X20.0   Z - 32.0   F1.5；   //内螺纹光整加工一次

   G00   X16.0   M09；

   Z100.0   X100.0；   //返回对刀位置

   M30；

【华中 HNC-21T 系统】   （采用T指令对刀，内轮廓编程略）

T0202；   //调内螺纹车刀，确定坐标系

   M03   S500；   //主轴正转，转速 500r/min

   G00   X16；

   Z - 11   M08；   //到内螺纹起点处

   G82   X19.2   Z - 32   F1.5；

   X19.7   Z - 32   F1.5；   //分三刀车削内螺纹

   X20   Z - 32   F1.5；

   X20   Z - 32   F1.5；   //内螺纹光整加工一次

   G00   X16   M09；

   Z100   X100；   //返回对刀位置

   M30；

【实例2】   加工螺母套筒零件，如图13-11所示。底孔 $\phi32$mm 外轮廓已加工完毕。

1. 刀具选择

1）宽度为 5mm 的内槽车刀。

2）内孔镗刀。

3）60°内螺纹镗刀。

4）$\phi15$mm 麻花钻头。

2. 工艺分析

车螺纹退刀槽→镗螺纹底孔至 $\phi34.37$mm→车螺纹。

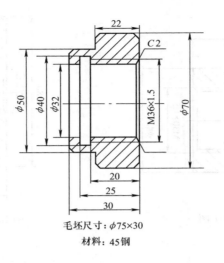

毛坯尺寸：$\phi75\times30$

材料：45钢

图 13-11 螺母套筒

3. 相关计算

内螺纹小径尺寸 $D_1 = D - 1.0825P = 36mm - 1.0825 \times 1.5mm = 34.37mm$

4. 参考程序

【SIEMENS 802C/S 系统】（车槽、镗孔程序略）

SC908. MPF	//程序名
⋮	
T3 D3 ;	//换三号内螺纹镗刀
G00 X32 Z5 ;	//快速至切螺纹起点处
R100 = 36 R101 = 0 R102 = 36 R103 = −25 R104 = 1.5 R105 = 2;	
R106 = 0.1 R109 = 2 R110 = 1 R111 = 0.947 R112 = 0 R113 = 4 R114 = 1;	
LCYC97 ;	//调用螺纹切削循环
G00 Z100 X100 ;	//退回换刀点
M02 ;	//主程序结束

5. 注意事项

1）车内螺纹的方法与外螺纹的方法相似，要分几次车削完成，每次也要算出其车削量。

2）因为螺纹在后端要求刀体长，所以在安排每次背吃刀量、进给量时要小走刀、要慢。还要注意刀杆长在换刀安排换刀点时，应考虑防止刀架转动时和工件、尾座发生碰撞。

复习思考题

13-1 编制图 13-12 及图 13-13 所示内腔、内螺纹零件的加工程序，并上机操作。图 13-12 零件毛坯尺寸为 $\phi42mm \times 60mm$；图 13-13 零件毛坯尺寸为 $\phi80mm \times 40mm$。

13-2 编写图 13-14 和图 13-15 所示零件的内成形面及内螺纹加工程序并上机操作。图 13-14 零件毛坯尺寸为 $\phi80mm \times 60mm$；图 13-15 零件毛坯尺寸为 $\phi80mm \times 40mm$。

13-3 编写图 13-16 和图 13-17 所示零件的内腔、内螺纹加工程序并上机操作。图 13-16 零件毛坯尺寸为 $\phi60mm \times 76mm$；图 13-17 零件毛坯尺寸为 $\phi40mm \times 33mm$。

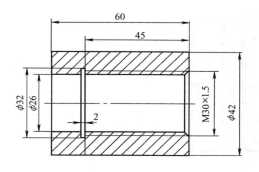

图 13-12　题 13-1 图

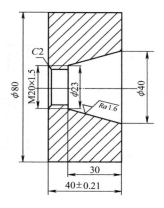

图 13-13　题 13-1 图

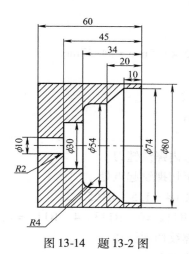

图 13-14　题 13-2 图

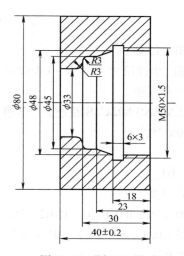

图 13-15　题 13-2 图

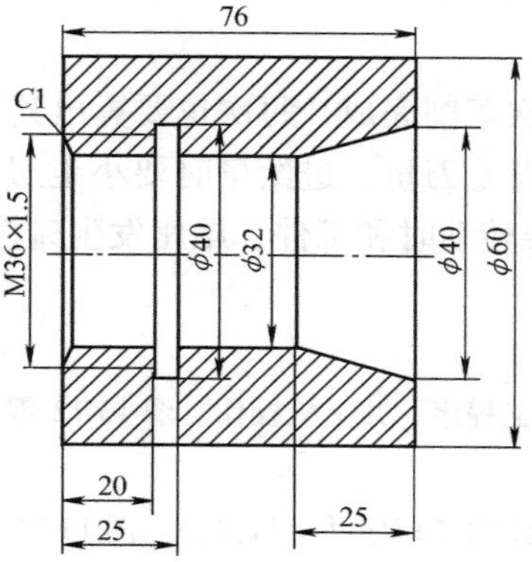

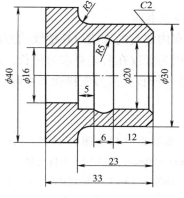

图 13-16　题 13-3 图

图 13-17　题 13-3 图

课 题 十 一
内外轮廓集一体的典型零件加工与操作

【学习目的】

1) 掌握在多步数控加工过程中进行中间检测方法，能够分析质量异常的原因，找出解决问题的途径和必要的处理。
2) 能独立地选择并自行调整符合数控加工的有关切削用量。

【学习重点】

掌握内外轮廓集一体的典型零件程序编制技巧及在数控车床上车削基本操作的方法。

第一节 车削内外轮廓集一体零件的相关知识

外轮廓、内腔集一体的零件，如复杂的传动轴、轴承套、复合轴等，它们大都具有带圆柱的孔、内锥、内螺纹、内沟槽和外锥、外螺纹、外沟槽及外曲面，这是一种内、外形较复杂而加工又繁琐的常见综合零件。

1. 技术要求

此类零件一般都要求具有较高的孔尺寸精度、圆度、圆柱度和表面粗糙度，具有较高的内孔与外圆的同轴度及端面与轴线的垂直度。

2. 零件加工特点

1) 对于此类件一般都要经过掉头装夹。

2）加工深孔时，孔的轴线容易歪斜；钻孔时，钻头易偏。

3）切屑不易排除，切削液不易进入切削区，因此切削温度高，冷却困难。

4）加工内腔时，观察、测量困难，加工质量难保证。

3. 车削加工要点

1）加工此类零件在编程时先从工艺角度看，是否有接刀，根据实际需要编出内腔一组或两组程序，外轮廓需要一组或两组程序。

2）加工时，先装夹加工内腔的所有刀具，对刀，调内腔程序加工内腔；加工完成后，将刀具换下再装夹加工外轮廓的所有刀具，再一次对刀，调外轮廓程序加工，直至完成整个零件的加工。

3）尽量将内腔或外轮廓全部车削一次完成，若实在无法完成，应找好接刀点的位置，最好以内外台阶、变径、车槽处作为接刀点，尽量避免以内外圆柱面、内外锥面、内外圆弧面作为接刀点，以避免产生接痕影响内外表面质量。

4）掉头装夹应垫铜皮或用软卡爪，夹紧力要适当，不要将已加工好的外圆夹伤。

4. 刀具的装夹

1）一般数控机床刀架上装夹刀具的数量有限，而加工这种零件所使用的刀具往往多达6～8把，因此需要在加工过程中停机进行手动换刀。

2）装夹内孔膛刀时，要注意主切削刃应稍高于主轴线。因刀杆有"让刀现象"，并根据所加工孔的实际深度，决定刀杆伸出的长短。要适宜，既不能过短也不能过长。

第二节　综合加工实例（1）

【实例】　加工锥孔复合件如图14-1所示。

一、刀具选择

1. 加工内腔刀具

1）有断屑槽的90°重磨内孔镗刀，粗车、精车一把。

2）φ25mm麻花钻头。

2. 加工外轮廓刀具。

1）选机夹90°左偏刀。

2）45°端面车刀。

3）60°螺纹车刀。

4）刀宽为4mm的车槽刀。

二、工艺分析

1）用自定心卡盘装夹φ90mm工件毛坯外圆,车右端面。

2）用φ25mm麻花钻头钻通孔。

3）用90°内孔镗刀粗车内孔，径向留0.6mm精车余量，轴向留0.5mm精车余量。

4）用循环指令加工零件外轮廓粗、精车至尺寸并保证长度40±0.22mm处车断。

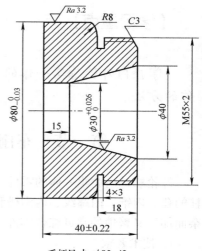

毛坯尺寸：φ85×42
材料：Q235

图14-1　锥孔复合件

5）由于刀架刀位数有限，所以内腔加工完工件不动，应换刀加工外轮廓。

三、相关计算

1）外径公差取其中间值（略）。

2）车削 M55×2 外螺纹要求外轮廓尺寸为 $55-0.13P=54.74$mm。

3）M55×2 外螺纹底径尺寸为：$55-1.0825P=55$mm-2.165mm$=52.835$mm。

4）计算内锥孔延长线 Z=2 处的 X 值，利用三角形之比，可求得 X=40.8。

四、参考程序

【华中 HNC-21T 系统】

1. 加工内腔程序

（T01 为 1 号粗镗刀，T02 为 2 号精镗刀）

%0110	
T0101；	//调 1 号粗镗刀，确定坐标系
M03　S800；	//主轴正转，转速 800r/min
G00　X100　Z100；	//到程序起点
G00　X22　Z2；	//到内孔循环起点
G72　W1.5　R1　P10　Q20　X－0.6　Z0.5　F200；	//内端面粗车循环加工
G00　X100　Z100　M05；	//退回换刀位置换刀
T0202；	//调 2 号精镗刀，确定坐标系
M03　S1300；	//主轴正转，转速 1300r/min
G00　X22　Z2；	//2 号精镗刀到循环起点
N10　G00　Z－42；	//到精车起点处，内径延长线
G01　X30.013；	//精加工轮廓开始点
W17；	//精车内孔部分尺寸
N20　X40.8　W27；	//精车内锥，并到延长线处
G00　X100；	
Z100；	//退回换刀位置换刀
M02；	//主程序结束

2. 加工外轮廓程序

（T01 为 1 号外圆粗车刀，T02 为 2 号外圆精车刀，T03 为 3 号车槽刀，T04 为 4 号螺纹车刀）

%0111	
T0101；	//调 1 号外圆粗车刀，确定坐标系
G00　X100　Z100；	//到程序起点或换刀点位置
M03　S800；	//主轴正转，转速 800r/min
G00　X80　Z3；	//到外圆循环点
G71　U1.2　R1.1　P10　Q20　X0.8　Z0.4　F200；	//外轮廓粗车循环加工
G00　X100　Z100　M05；	//回换刀点主轴停
T0202；	//调 2 号精车外圆刀，确定坐标系
M03　S1200；	//主轴正转，转速 1200r/min

```
G00    X80    Z3；                              //到外圆循环点
N10    G00    X42.74；                         //移动到精车起点处
G01    X54.74    Z-3；  ⎫
Z-18；                    ⎪
X63.985；                 ⎬                       //精车零件各部分尺寸
G03    X79.985   W-8   R8；  ⎭
N20    G01    Z-40；
G00    X100    Z100；                          //退回换刀点
M05；
T0303；                                         //调3号螺纹车刀，确定坐标系
M03    S500；                                   //主轴正转，转速500r/min
G00    X58    Z2；                              //到螺纹循环起点处
G82    X54    Z-15    F2；
X53.4；                                          //分三刀车削螺纹
X53；
X52.835；
G04    P2                                        //螺纹光整加工
G00    X100；
Z100；                                           //返回对刀位置
M30；
```

五、注意事项

1）此件只须一次装夹，内腔、外轮廓都无接刀，严格保证轴向 40±0.22mm 的长度。

2）内镗刀的刀杆伸出刀架的距离以能满足要求为准，不要伸出过长以改善其刚性，减少振动。

第三节　综合加工实例（2）

【实例】　加工零件如图14-2所示。

一、刀具选择

1. 加工内腔刀具

1）有断屑槽的90°重磨内镗刀，粗精车共用一把。

2）内槽车刀，刀宽4mm。

3）ϕ25mm 麻花钻头。

4）60°内螺纹车刀。

2. 加工外轮廓刀具

1）选机夹90°左偏刀，粗车与精车共用一把刀。

2）45°端面车刀。

3）60°内螺纹车刀。

二、工艺分析

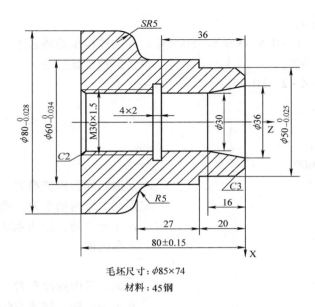

毛坯尺寸：$\phi85\times74$

材料：45钢

图 14-2　综合训练图例

1）用自定心卡盘装夹 $\phi85mm$ 工件毛坯外圆，粗、精车右端面。

2）掉头装夹 $\phi85mm$ 工件毛坯外圆，粗、精车左端并保证长度 $80\pm0.15mm$。

3）用 $\phi25mm$ 麻花钻头钻通孔。

4）内腔粗车后径向留 0.6mm 精车余量，轴向留 0.5mm 精车余量。

5）外轮廓粗车后径向留 0.8mm 精车余量，轴向留 0.4mm 精车余量。

6）由于内镗刀的限制，内锥不能倒向车削，所以在车内孔时须掉头加工，掉头时应用铜皮垫或做开口缝同轴套并在内槽处分界。

7）装夹车削加工 $M30\times1.5$ 处内孔、内沟槽、内螺纹和外圆 $\phi80_{-0.028}^{0}mm$，保证公差尺寸，长度车至 30mm 以保证外轮廓接刀足够尺寸。

8）掉头装夹车削内锥侧内腔和外轮廓 $\phi50_{-0.025}^{0}mm$ 至 $SR5mm$ 与 $\phi80_{-0.028}^{0}mm$ 交接处。

三、相关计算

1）外径公差取其中间值（略）。

2）$M30\times1.5$ 内螺纹处车削的内圆直径尺寸为

$$(30-1.0825P)-0.13P=(30-1.6238)mm-0.195mm\approx28.175mm$$

3）计算内锥孔延长线 Z = 2 处的 X 值，利用三角形之比可求 X = 36.75 。

四、参考程序

（FANUC 系统：加工 $M30\times1.5$ 内孔、内沟槽、内螺纹与左侧 $\phi80mm$ 外圆）

（T01 为 1 号内镗刀，T02 为 2 号内槽车刀，T03 为 3 号内螺纹车刀，04 为 4 号外圆车刀）

O0102

T0101；	//调 1 号镗刀，确定坐标系
M03　S700；	//主轴正转，转速 700r／min
G00　X100.0　Z100.0；	//到程序起点
G40　X22.0　Z2.0　M08；	//到内孔循环起点

```
G71   U2.0   R0.5;
G71   P10   Q20   U-0.6   W0.5   F0.15;      //内腔粗车循环加工
N10   G00   X33.805;                          //到精车起点处
G01   X28.175   Z-2   F0.25;
Z-42.0;
N20   X22.0;
G70   P10   Q20;
G00   Z200.0   M09;
X100.0   M05;                                 //退回换刀位置换刀
T0202;                                        //调2号内槽车刀，确定坐标系
M03   S400;                                   //主轴正转，转速400r／min
G00   X22.0;                                  //车内槽
  ⋮
T0303;                                        //调3号内螺纹车刀，确定坐标系
M03   S500;                                   //主轴正转、转速500r/min
G00   X27.0   Z2.0   M08;                     //到螺纹循环起点处
G92   X29.0   Z-41.0   F1.5;                  //分三刀车削螺纹
  ⋮                                           //返回对刀位置
M05;
T0404;                                        //调4号外圆刀，确定坐标系，加工外轮廓
M03   S1000;                                  主轴正转，转速1000r/min
  ⋮
M02;
```

五、注意事项

1）根据零件特点，此件因刀具干涉只有在外圆处接刀，所以加工时应注意找正。

2）此件孔较深，要注意钻孔时钻头不要偏斜。

3）内槽车削走刀一定要慢。

第四节　综合加工实例（3）

【实例】　加工如图14-3的复合轴零件。

一、刀具选择

1. 加工内腔刀具

1）有断屑槽的90°重磨内镗刀，粗、精车共用一把。

2）$\phi 20mm$ 麻花钻头。

2. 加工外轮廓刀具

1）机夹90°左偏刀。

2）45°端面车刀。

3）选择刀宽3mm的车槽刀和刀宽为5mm车槽刀。

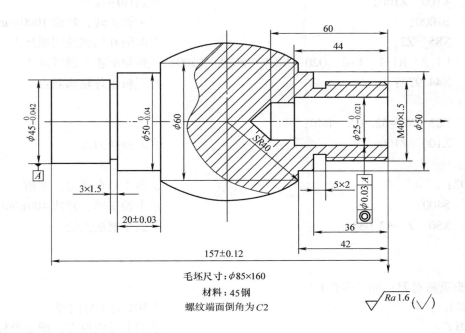

毛坯尺寸：$\phi 85 \times 160$

材料：45钢

螺纹端面倒角为C2

$\sqrt{\dfrac{Ra\,1.6}{}}(\sqrt{\ })$

图 14-3　综合训练图例

4）60°外螺纹车刀。

二、工艺分析

1）用自定心卡盘装夹 $\phi 85$mm 工件毛坯外圆用 45°端面刀粗、精车右端面。

2）此零件需要掉头两端加工，第一次加工 $\phi 45_{-0.042}^{\ 0}$mm 端外轮廓至整个圆弧球面结束，即 42mm 分界处。

3）第二次掉头用铜皮垫或做开口缝同轴套装夹左端保证长度 157 ± 0.12mm。

4）车内腔先用 $\phi 20$ 麻花钻头钻孔至 60mm 深度，粗车后径向留 0.6mm 精车余量，轴向留 0.5mm 精车余量。

5）外轮廓粗车后径向留 0.8 mm 精车余量，轴向留 0.4 mm 精车余量。

三、相关计算

1）计算 $SR40$mm 圆弧球面的轴向尺寸，由图可知圆弧中心线在轴向上左右对称，根据勾股定理得：圆弧轴向长度 $= 2\sqrt{40^2 - 30^2}$mm $= 52.915$mm。

2）外径公差取其中间值（略）。

3）计算 M40 × 1.5 外螺纹小径尺寸，即 $d_1 = d_{(实)} - 1.0825\,P = 40$mm $- 1.6238$mm ≈ 38.376mm

4）车削 M 40 × 1.5 螺纹的外圆的尺寸，$d = d_{(实)} - 0.13P = 39.805$mm

四、参考程序（华中系统：加工外轮廓左侧至整个圆弧球面结束）

%1030	//T01 为 1 号外圆车刀、T02 为 2 号车槽刀刀宽 3 mm
T00101;	//调 1 号外圆车刀，确定坐标系

G00   X100   Z100;   //到程序起点

M03   S1000;   //主轴正转，转速 1000r/min

G40   X85   Z2;   //取消补偿到外圆循环点

G71   U1.2   R1.1   P10   Q20   X0.8   Z0.4   F200; //外轮廓粗车循环加工

N10   X44.979;   //至精车外轮廓起点

⋮

N20   G03   W－52.915   R40;

G00   X100   Z100;   //返回换刀点

M02;

T0202;   //调 2 号车槽刀，车槽

M03   S400;   //主轴正转，转速 400r/min

G00   X50   Z－42.085;   //到车槽起点处

⋮

M05;

（掉头重新对刀，加工内孔）

%1031   //T01 为 1 号内镗刀

T0101;   //调 1 号内镗刀，确定坐标系

M03   S500;   //主轴正转，转速 500r/min

G00   X100   Z100;   //到程序起点

G00   X18   Z2;   //到内孔循环起点

G72   W1.5   R1   P10   Q20   X－0.6   Z0.5   F150; //内端面粗车循环加工

N10   G00   Z－44;   //到精车起点处，内径底

G01   X24.989;   //精加工轮廓开始点

N20   W46;   //精车内孔至延长线

G00   X100   Z100;   //退回换刀位置换刀

M05;

（重新换刀、对刀：加工右侧外轮廓程序，略）

（FANUC 系统，略）

五、注意事项

1）$\phi25_{-0.021}^{0}$mm 处有同轴度的要求，掉头须严格找正，最好用开缝同轴套来保证。

2）SR40mm 的形状位置精度应由样板检验保证。

3）$\phi25_{-0.021}^{0}$mm 内孔直径较小，又是不通孔，车削应选择负的刃倾角，这样有利于后排屑。

4）内孔切削时切削速度不宜过高。切削液应注入到切削区。

复习思考题

14-1   使用 G71、G72 完成图 14-4 所示外轮廓、内腔集一体的内螺纹综合零件的加工程序编制，并上机操作。毛坯尺寸为 $\phi85$mm×42mm。

14-2   使用 G71、G72 完成图 14-5 所示外轮廓、内腔集一体的内、外螺纹综合零件的加工程序编制，

并上机操作。毛坯尺寸为 φ100mm×50mm。

14-3 对图 14-6、图 14-7、图 14-8、图 14-9 所示零件进行工艺分析，制订刀具卡片和工艺卡片，编写零件加工程序，完成零件加工，并对零件进行精度检验，拟写实训报告（主要说明具体的加工步骤，如对刀方法、换刀点的确定、工件的装夹、刀具的选择、走刀路径、切削用量的选择等）。

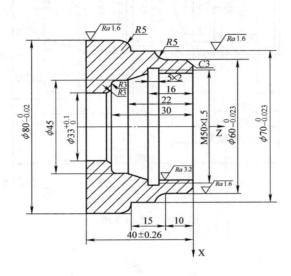

图 14-4 题 14-1 图

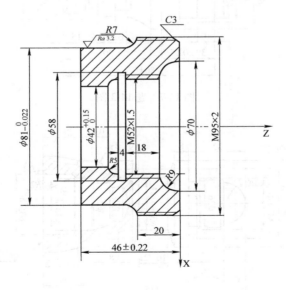

图 14-5 题 14-2 图

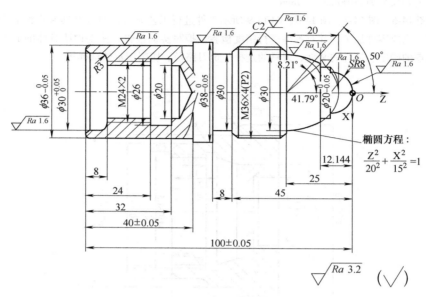

图 14-6　题 14-3 图

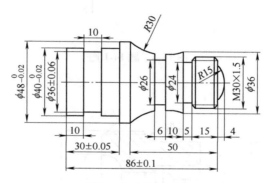

图 14-7　题 14-3 图

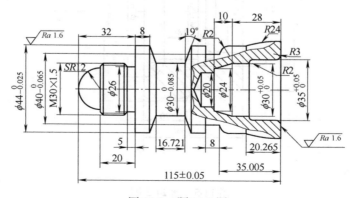

图 14-8　题 14-3 图

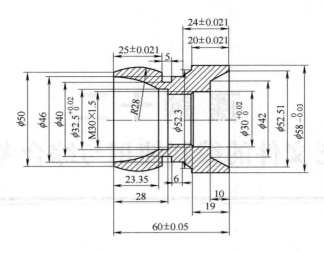

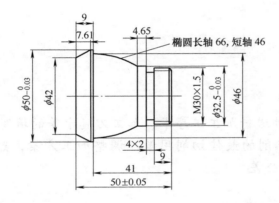

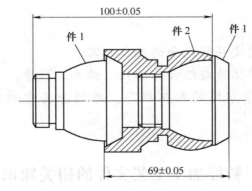

图 14-9　题 14-3 图

课题十二
工艺文件的编制使用与综合考核

【学习目的】

1）能够对一般零件进行加工工序卡、加工刀具卡等的填写和编制。

2）掌握符合数控车削的最佳切削用量，调整加工方案，熟练使用精密量具进行测量和检测几何公差。

【学习重点】

1）掌握数控加工工艺文件所包含的基本内容。

2）能独立编制各种单体件与组合件的粗、精加工程序。

3）能独立阅读较复杂零件的加工程序，并领会其中的设计思想和编程技巧。

第一节 数控加工工艺文件的相关知识

数控加工工艺文件是编程员在编制加工程序单时作出的与程序单相关的技术文件，它主要包括数控加工工序卡、数控加工刀具卡、数控加工程序单等。它是数控零件加工、产品验收的依据，也是操作人员遵守、执行的规程，但对于不同的数控机床加工工艺文件的格式和内容也有所不同。

1. 数控加工工序卡

数控加工工序卡主要反映的是使用的辅具、刃具切削参数、切削液等，它是操作者配合数控程序进行数控加工的主要指导性工艺文件，它是编程工作的原始资料。在工序加工内容比较简单时，可在卡中附工序简图，并在图中注明编程原点及对刀点。

2. 数控加工刀具卡

数控加工刀具卡主要反映的是刀具编号、刀具结构、尾柄规格、组合件名称代号、刀片型号和材料等，它是组装和调整刀具的依据。

3. 数控加工程序单

数控加工程序单是一种记录数控加工工艺过程、工艺参数及刀具位移数据等数字信息的文件，操作者依据程序单向数控系统输入加工程序，实现数控加工。

【**实例**】　加工组合对配零件如图 15-1 所示。

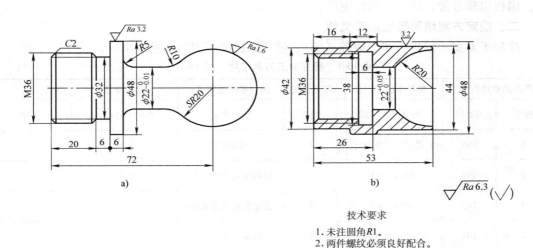

技术要求
1. 未注圆角 $R1$。
2. 两件螺纹必须良好配合。
3. 不允许使用砂布或锉刀修饰表面。

图 15-1　组合对配零件

第二节　组合对配零件一加工工艺文件

该组合对配零件具有内，外螺纹相互配合，内外球面相互配合形成活动关节等（图 15-1a）。

一、数控加工工艺方案分析

1. 方案一

工件坐标系设定在零件的左端面，采用左右偏刀，一个程序，一次装夹加工完成。

加工顺序如下。

1）加工平端面。用自定心卡盘夹棒料毛坯一端，在 MDI 方式下，用 45°右偏刀平端面。

2）外表面加工。在自动操作方式下，用 93°左、右外圆偏刀从右至左进行加工。

3）螺纹加工。在自动操作方式下，用 60°螺纹车刀进行加工。

4）车断。

该方案一次装夹完成加工，省时省料，但要使用左外圆偏刀，并涉及五把刀具，四工位刀架上装刀需换刀、重新对刀。该方案适用于车削加工中心及大批量生产。数控车床上使用此方案时，可以省略工步 1）。

2. 方案二

工件坐标系设定在零件的右端面，采用两次装夹，两个程序，调头加工。

加工顺序如下。

1）平端面。用自定心卡盘夹棒料毛坯一端，在 MDI 方式下，用 45°右偏刀平端面。

2）加工螺纹段并留 φ30mm×30mm 料头以方便调头装夹。

3）加工球头段。

4）车断。

该方案两次装夹，影响加工精度，生产率较低，并有料头，浪费材料，但使用只三把刀，编程也较方便，适用于单件生产。

二、确定方案填写数控加工文件

按加工方案一编程（华中数控系统），使用数控加工刀具卡见表 15-1。

表 15-1 数控加工刀具卡片（图 15-1a）

产品名称或代号		数控车削实训件	零件名称	典型零件图 15-1a	零件图号	10-a
序号	刀具号	刀具规格名称	数量	加工表面	刀尖半径/mm	备注
1	T05	45°硬质合金端面车刀	1	车端面	0.5	
2	T02	93°右偏刀	1	自右至左车外表面	0.2	
3	T03	93°左偏刀	1	自左至右车外表面	0.2	
4	T04	60°螺纹车刀	1	普通螺纹加工		
5	T01	车断刀	1	车退刀槽、车断		

使用数控加工工序卡见表 15-2。

表 15-2 数控加工工序卡（图 15-1a）

单位名称		产品名称或代号		零件名称		零件图号	
		数控车削实训件		典型零件图 15-1a			
工序号	程序编号	夹具名称		使用设备		车间	
001	%1001	自定心卡盘		CJK6140 数控车床			
工步	工步内容	刀具号	刀具规格 /mm	主轴转速 /（r/min）	进给速度 /（mm/min）	背吃刀量 /mm	备注
1	车端面	T05	20×20	600	100	1	
2	自右至左车外表面	T02	25×25	600	100	1	
3	自左至右车外表面	T03	25×25	600	100	1	
4	车退刀槽	T01	20×20	300			
5	加工螺纹	T04	20×20	600			

第三节　组合对配零件二加工工艺文件

一、数控加工工艺方案分析（图 15-1b）

加工顺序如下。

1）平端面。自定心卡盘夹毛坯一端，在 MDI 方式下，用 45°右偏刀加工端面。

2）外表面加工。在自动操作方式下，用 93°右偏刀进行加工。

3）钻中心孔。在 MDI 方式下，用中心钻，钻深 3~5mm 的中心孔，钻孔，在 MDI 方式下，用 ϕ22mm 的钻头钻通孔。

4）内表面加工。在自动操作方式下，用镗刀进行球窝加工。

5）掉头加工螺纹底孔。软爪装夹，在自动操作方式下，用镗刀进行螺纹底孔加工。

6）车退刀槽。在 MDI 方式下，用内槽车刀加工；也可在自动方式，运行加工程序。

7）螺纹加工。在自动操作方式下，用 60°内螺纹车刀进行螺纹孔加工。

二、确定方案填写数控加工文件

零件 15-1b 加工按如上方案编程（华中数控系统），使用数控加工刀具卡见表 15-3。

表 15-3　数控加工刀具卡片（图 15-1b）

产品名称或代号		数控车削实训件	零件名称	典型零件 15-1b	零件图号	10 – b
序号	刀具号	刀具规格名称	数量	加工表面	刀尖半径	备注
1	T01	45°硬质合金端面刀	1	车端面	0.5mm	
2	T02	93°右手外圆偏刀	1	自右至左车外表面	0.2 mm	
3	T03	93°左手外圆偏刀	1	自左到右车外表面	0.2mm	
4	T05	中心钻	1	钻中心孔		
5	T04	ϕ22 钻头	1	钻孔		
6	T05	镗刀	1	镗内表面	0.4	
7	T06	内槽车刀	1	切退刀槽	5mm（刀宽）	
8	T07	内螺纹车刀	1	普通内螺纹加工	0.3mm	

使用数控加工工序卡见表 15-4。

表 15-4　数控加工工序卡（图 15-2b）

单位名称		产品名称或代号		零件名称		零件图号
		数控车削实训件		典型零件图 15-2a		
工序号	程序编号	夹具名称		使用设备		车间
002	%1002	自定心卡盘		CJK6140 数控车床		
工步	工步内容	刀具号	刀具规格 /mm	主轴转速 /（r/min）	进给速度 /（mm/min）	背吃刀量 /mm	备注
1	车端面	T01	20×20	600		1	
2	外轮廓加工	T02、T03	20×20	600		1	
3	钻中心孔	T04	ϕ4	900			
4	钻孔	T05	ϕ22	200			

（续）

单位名称		产品名称或代号		零件名称		零件图号	
		数控车削实训件		典型零件图 15-2a			
工序号	程序编号	夹具名称		使用设备		车间	
002	%1002	自定心卡盘		CJK6140 数控车床			
工步	工步内容	刀具号	刀具规格 /mm	主轴转速 /（r/min）	进给速度 /（mm/min）	背吃刀量 /mm	备注
5	内轮廓加工	T06		320	40	0.8	
6	车退刀槽	T07		200			
7	加工螺纹	T08		320	40		

第四节　综合考核作业

一、球体销轴件

1）数控车削球体销轴零件图如图 15-2 所示。毛坯尺寸为 $\phi36mm \times 100mm$。材料为 45 钢。要求：

① 在零件图上标出工件坐标系。

② 正确选择刀具、量具等，根据工艺需要填写刀具表。

③ 合理安排加工工艺过程，并合理写出加工方案。

④ 编制程序，书写清楚，并加注程序说明。

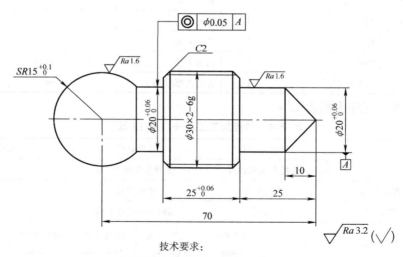

技术要求：
1. 圆球末端允许有5mm平台。
2. 不允许用其他工具打磨、修刮毛刺。

图 15-2　球体销轴件

2）工、量、刀具准备清单（填表 15-5）。

表 15-5 工、量、刀具准备清单

名 称	规 格	精 度	数 量

3）数控车工艺简卡（填表 15-6）。

表 15-6 数控车工艺简卡

工 种		图 号		得 分	
机床编号		姓 名			
加工时间		班 级			
序 号	工序名称及加工程序号		选用刀具		备注
记录		监考		考评	

4）数控车床操作考核评分标准（填表 15-7）。

表 15-7 数控车床操作考核评分标准

准考证号			零件名称			姓名			
定额时间			考核日期			总得分			

序号	考核项目	考核内容及要求		配分	评分标准	检测结果	扣分	得分	备注
1	外圆	$\phi20^{+0.06}_{0}$ mm		2×8	每超差 0.01 扣 2 分				
		$Ra1.6\mu m$		6	降一级扣 2 分				
		$Ra3.2\mu m$		3	降一级扣 2 分				
2	长度	$25^{+0.06}_{0}$ mm		10	每超差 0.01 扣 2 分				
		10mm		4	超差 1 不得分				
		25mm		4	超差 1 不得分				
		70mm		4	超差 1 不得分				
		槽宽		3	超差 0.5 不得分				
3	球面	$SR15mm$	尺寸	10	每超差 0.02 扣 3 分				
			$Ra1.6\mu m$	5	降一级扣 2 分				
4	螺纹	M30	中径	15	每超差 0.02 扣 4 分				
			牙型	5	不正确不得分				
			表面粗糙度	5	降一级扣 2 分				
5	同轴度	$\phi0.05mm$		10	每超差 0.03 扣 3				

（续）

序号	考核项目	考核内容及要求	配分	评分标准	检测结果	扣分	得分	备注
	准考证号			零件名称		姓名		
	定额时间			考核日期		总得分		
6	文明生产	按有关规定违反一项从总分中扣 3 分，发生重大事故者取消考试			扣分不超过 10 分			
7	其他项目	一般按照 GB/T 1804—M 工件必须完整，考件局部无缺陷（夹伤等）			扣分不超过 10 分			
8	程序编制	程序中有严重违反工艺的则取消考试资格，小问题则视情况酌情扣分			扣分不超过 25 分			
9	加工时间	150min 后尚未开始加工则终止考试；超过定额时间 5min 扣 1 分；超过 10min 扣 3 分，超过 15min 扣 7 分；超过 20min 扣 15 分；超过 25min 扣 30 分；超过 30min 停止考试						
10	记录员		监考人		检验员		考评人	

二、球面、螺纹对配件

1）数控车削球面、螺纹对配零件如图 15-3 所示。球轴毛坯尺寸为 $\phi35\text{mm} \times 78\text{mm}$，套件毛坯尺寸为 $\phi45\text{mm} \times 84\text{mm}$。材料为 45 钢。要求如下：

① 以小批量生产条件进行编程。

② 正确选择刀具、量具等，根据工艺需要填写刀具表。

③ 合理安排加工工艺过程，并合理写出加工方案。

④ 编制程序，书写清楚。

2）工、量、刀具准备清单（填表 15-8）。

表 15-8 工、量、刀具准备清单

名 称	规 格	精 度	数 量

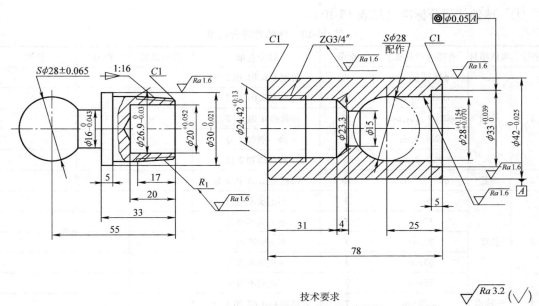

技术要求

1. 毛坯尺寸为 $\phi 35 \times 78$、$\phi 45 \times 84$。
2. 外球面与内球面着色对配，着色面积大于50%。
3. 内、外锥管螺纹在基面对配。

图 15-3 球面、螺纹对配件

3）数控车工艺简卡（填表 15-9）。

表 15-9 数控车工艺简卡

工　种		图　号		得　分	
机床编号		姓　名			
加工时间		班　级			
	序　号	工序名称及加工程序号		选用刀具	备　注
球轴					
套件					
	记录		监考	考评	

4）数控车床操作考核评分标准。

① 球轴件评分标准（填表15-10）。

表15-10 球轴件评分标准

序号	考核项目	考核内容及要求	配分	评分标准	检测结果	得分	备注
1	外圆	$\phi16_{-0.043}^{0}$ mm	9	每超差0.01扣2分			
		$\phi30_{-0.021}^{0}$ mm	12	每超差0.01扣2分			
		$\phi26.9_{-0.033}^{0}$ mm	10	每超差0.01扣2分			
		$Ra1.6\mu m$	5	降一级扣2分			
		$Ra3.2\mu m$	2	降一级扣2分			
2	内孔	$\phi20_{0}^{+0.052}$ mm	10	每超差0.01扣2分			
3	长度	5mm	3	不正确不得分			
		17mm	3	不正确不得分			
		20mm	3	不正确不得分			
		33mm	3	不正确不得分			
		55mm	3	不正确不得分			
4	外球面	$S\phi28$mm	7	每超差0.02扣3分			
5	外锥管螺纹	中径	10	每超差0.02扣4分			
		牙型	5	不正确不得分			
		锥度	10	不正确不得分			
		$Ra1.6$mm	5	降一级扣2分			
6	文明生产	按有关规定违反一项从总分中扣3分，发生重大事故者取消考试			扣分不超过10分		
7	其他项目	一般按照GB1804—M。工件必须完整，考件局部无缺陷（夹伤等）			扣分不超过10分		
8	程序编制	程序中有严重违反工艺的则取消考试资格，小问题则视情况酌情扣分			扣分不超过25分		
9	加工时间	150min后尚未开始加工则终止考试；超过定额时间5min扣1分；超过10min扣3分；超过15min扣7分；超过20min扣15分；超过25min扣30分；超过30min停止考试					

② 套件评分标准（填表15-11）。

表15-11 套件评分标准

序号	考核项目	考核内容及要求	配分	评分标准	检测结果	得分	备注
1	内孔	$\phi24.42_{0}^{+0.13}$ mm	8	每超差0.01扣2分			
		$\phi28_{+0.070}^{+0.154}$	8	每超差0.01扣2分			
		$\phi33_{0}^{+0.039}$	8	每超差0.01扣2分			
		$\phi23.3$	3				
		$\phi15$mm	3				
		$2\times Ra1.6\mu m$	10	降一级扣2分			
		$Ra3.2\mu m$	2	降一级扣2分			

（续）

序号	考核项目	考核内容及要求	配分	评分标准	检测结果	得分	备注
2	外圆	$\phi 42 {}^{0}_{-0.025}$ mm	9	每超差 0.01 扣 2 分			
		$Ra1.6\mu m$	5	降一级扣 2 分			
3	长度	5mm	3	不正确不得分			
		25mm	3	不正确不得分			
		31mm	3	不正确不得分			
		78mm	3	不正确不得分			
4	内球面	$S\phi 28$mm	7	每超差 0.02 扣 3 分			
5	内锥管螺纹	中径	10	每超差 0.02 扣 4 分			
		牙型	5	不正确不得分			
		$Ra1.6\mu m$	5	降一级扣 2 分			
6	同轴度	$\phi 0.05$mm	5				
配 合 部 分							
7	锥管螺纹对配		50	不能配合不得分			
8	圆球对配		50	不能配合不得分			
9	文明生产	按有关规定违反一项从总分中扣 3 分，发生重大事故者取消考试			扣分不超过 10 分		
10	其他项目	一般按照 GB/T 1804—M。工件必须完整，考件局部无缺陷（夹伤等）			扣分不超过 10 分		
11	程序编制	程序中有严重违反工艺的则取消考试资格，小问题则视情况酌情扣分			扣分不超过 25 分		
12	加工时间	150min 后尚未开始加工则终止考试；超过定额时间 5min 扣 1 分；超过 10min 扣 3 分；超过 15min 扣 7 分；超过 20min 扣 15 分；超过 25min 扣 30 分；超过 30min 停止考试					

课题十三

数控车工技能竞赛试题

【学习目的】

通过操作技能竞赛题目，增强知识的综合运用能力以及锻炼速度与精度控制的能力。

【学习重点】

学习操作不同层次数控车工技能大赛试题。

第一节　中等职业学校 2009 年数控技能大赛
数控车实操加工试题

一、题目描述

已知件 1 的毛坯尺寸为 $\phi55mm \times 120mm$，件 2 的毛坯尺寸为 $\phi55mm \times 90mm$，材料均为 45 钢，根据图 16-1 所示的尺寸，设定工件坐标系，制订正确的工艺方案，选择合理的刀具和切削工艺参数，手工编制数控加工程序，填写工艺卡，并完成零件的数控加工。

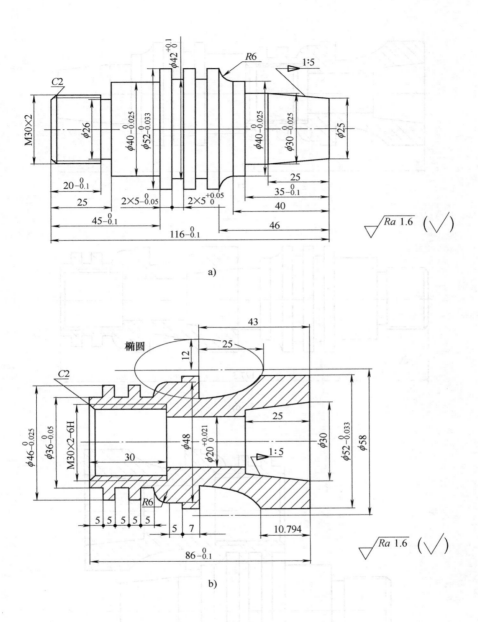

图 16-1　2009 年实操加工试题 a、b

a) 件 1　　b) 件 2

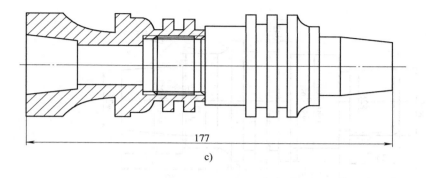

c)

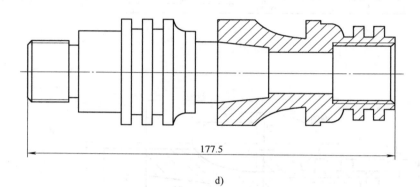

177.5

d)

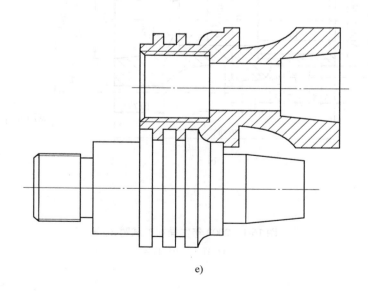

e)

图 16-1　2009 年实操加工试题 c、d、e（续）

c）配合 1　　d）配合 2　　e）配合 3

二、工艺卡（填写表16-1）

表16-1 工艺卡

工种	数控车床	图号			工件号			得分	
时间			（定额时间：240min。到时间停止。）						

数控车床工艺简卡

序号	工序名称及加工程序号	工艺简图 （标明定位、装夹位置） （标明程序原点和对刀点位置）	工步序号及内容	选用刀具	备注
			1.		
			2.		
			3.		
			4.		
			5.		
			6.		
			7.		
			8.		
			9.		
			10.		
			1.		
			2.		
			3.		
			4.		
			5.		
			6.		
			7.		
			8.		
			9.		
			10.		
记录员		监考人	检验员		考评人

三、评分标准（填写表16-2）

表16-2 评分标准

工种	数控车床		单位				姓名		得分	
竞赛批次			机床编号				完成时间			
序号	考核项目	考核内容及要求		评分标准	配分	检测结果	扣分	得分	备注
1	件1	$\phi 40_{-0.025}^{0}$ mm	尺寸精度	每超差0.01mm扣1分	3				
2			$Ra1.6\mu m$	降一级扣1分	2				

（续）

序号	考核项目	考核内容及要求		评分标准	配分	检测结果	扣分	得分	备注
3	件1	$\phi 52_{-0.033}^{0}$ mm	尺寸精度	每超差0.01mm扣1分	3				
4			$Ra1.6\mu$m	降一级扣1分	2				
5		$\phi 40_{-0.025}^{0}$ mm	尺寸精度	每超差0.01mm扣1分	3				
6			$Ra1.6\mu$m	降一级扣1分	2				
7		$\phi 30_{-0.025}^{0}$ mm	尺寸精度	每超差0.01mm扣1分	3				
8			$Ra1.6\mu$m	降一级扣1分	2				
9		M30×2		超差不得分	4				
10		R6mm		超差不得分	2				
11		锥度1:5	几何精度	超差不得分	2				
12			Ra	降一级扣1分	2				
13		$20_{-0.1}^{0}$ mm		超差不得分	2				
14		$2×5_{-0.05}^{0}$ mm		超差不得分	2				
15		$2×5_{0}^{+0.05}$ mm		超差不得分	2				
16		$35_{-0.1}^{0}$ mm		超差不得分	2				
17		$45_{-0.1}^{0}$ mm		超差不得分	2				
18		$116_{-0.1}^{0}$ mm		超差不得分	2				
19		端面 $Ra1.6\mu$m		降一级扣1分	2				
20		倒角		错、漏扣1分	1				
21	件2	$\phi 46_{-0.025}^{0}$ mm	尺寸精度	每超差0.01mm扣1分	3				
22			表面粗糙度	降一级扣1分	2				
23		$\phi 36_{-0.05}^{0}$ mm	尺寸精度	每超差0.01mm扣1分	3				
24			表面粗糙度	降一级扣1分	2				
25		$\phi 52_{-0.033}^{0}$ mm	尺寸精度	每超差0.01mm扣1分	3				
26			表面粗糙度	降一级扣1分	2				
27		椭圆	几何精度	超差不得分	8				
28			表面粗糙度	降一级扣1分	2				
29		M30×2-6H		超差不得分	4				
30		18.794mm		超差不得分	2				
31		$86_{-0.1}^{0}$ mm		超差不得分	2				
32		端面 $Ra1.6\mu$m		降一级扣1分	2				
33		R6mm		超差不得分	2				
34		锥度1:5	几何精度	超差不得分	2				
35			表面粗糙度	降一级扣1分	2				
36		倒角		错、漏扣1分	1				

（续）

序号	考核项目	考核内容及要求	评分标准	配分	检测结果	扣分	得分	备注
37	配合	螺纹配合	超差不得分	5				
38		177.5mm	超差不得分	2				
39		环槽配合	漏光一处扣1分	6				
40	文明生产	1. 着装规范，未受伤 2. 刀具、工具、量具的置 3. 工件装夹、刀具安装规范 4. 正确使用量具 5. 卫生、设备保养 6. 关机后机床停放位置不合理 7. 发生重大安全事故.严重违反操作规程者，取消考试	总分5分，每违反一条酌情扣1分，扣完为止					
41	规范操作	1. 开机前的检查和开机顺序正确 2. 回机床参考点 3. 正确对刀，建立工件坐标系 4. 正确设置参数 5. 正确仿真校验	总分4分，每违反一条酌情扣1分，扣完为止					
42	工艺分析	填写工序卡，工艺不合理酌情扣分（详见工序卡） 1. 工件定位和夹紧不合理 2. 加工顺序不合理 3. 刀具选择不合理 4. 关键工序错误	总分8分，每违反一条酌情扣2分，扣完为止					
43	程序编制	1. 指令正确，程序完整 2. 运用刀具半径和长度补偿功能 3. 数值计算正确.程序编写表现出一定的技巧，简化计算和加工程序	总分3分，每违反一条酌情扣1分，扣完为止					
44	其他项目	以下扣分将从选手得分中扣除。 1. 竞赛过程中每发生一次刀具崩刃扣1分 2. 竞赛过程中每发生一次断刀（含机夹刀片的碎裂）扣2分，发生三次则停止竞赛 3. 竞赛过程中发生撞刀事件一次扣5分，第二次发生则停止竞赛 4. 竞赛过程发生撞机事件（含工夹具）一次扣10分，第二次则停止竞赛 5. 发生重大事故（人身和设备安全事故等）、严重违反工艺原则和情节严重的野蛮操作等，由裁判长决定取消其实操竞赛资格						

记录员		监考人			检验员		考评人	

第二节　江苏省职业学校2010年数控技能大赛
数控车实操加工试题

一、题目描述

在数控车床上加工图16-2所示的配合件，要求如下：

1）总分287分。

2）不得用砂布及锉刀等修饰表面，否则表面粗糙度项目的成绩全部扣除。

3）未注公差尺寸按IT14加工。

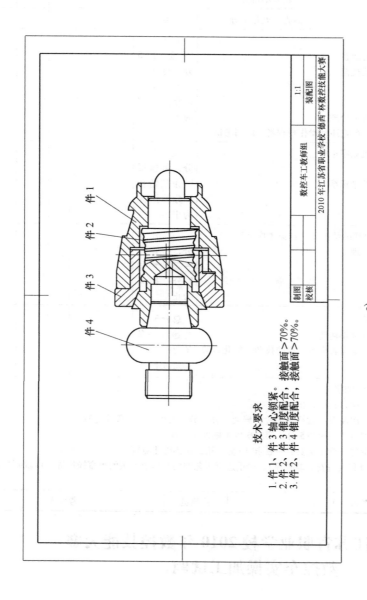

技术要求

1. 件 1、件 3 轴心锁紧。
2. 件 2、件 3 锥度配合，接触面 >70%。
3. 件 2、件 4 锥度配合，接触面 >70%。

		数控车工教师组		
制图		2010 年江苏省职业学校"德西"杯数控技能大赛		装配图
校核				1:1

a)

图 16-2 2010 年实操加工试题

a) 配合件

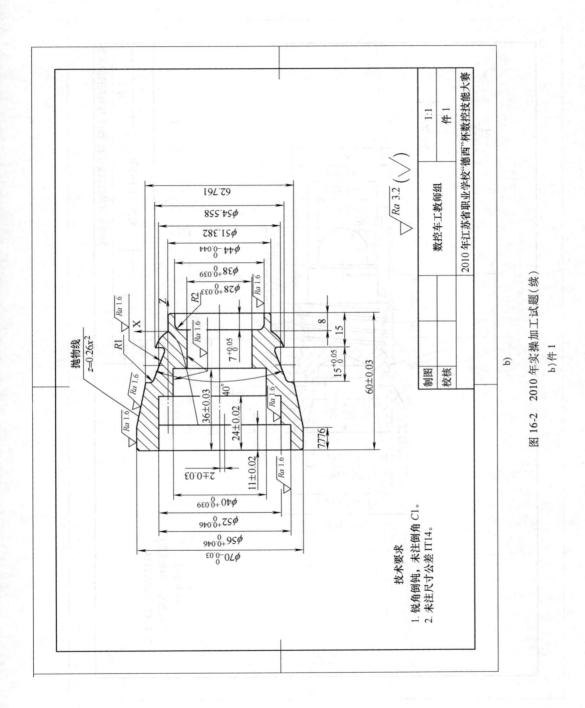

图 16-2　2010 年实操加工试题（续）

b）件 1

技术要求
1. 锐角倒钝，未注倒角 C1。
2. 未注尺寸公差 IT14。

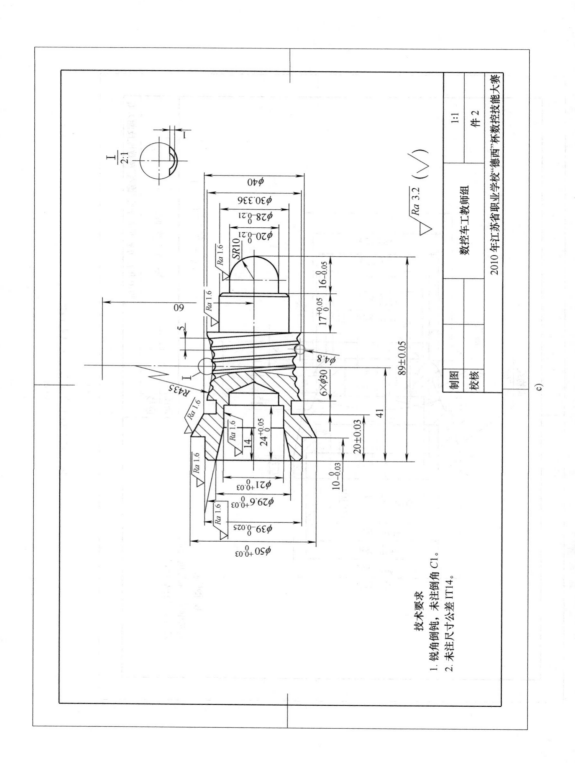

技术要求
1. 锐角倒钝，未注倒角 C1。
2. 未注尺寸公差 IT14。

2010 年江苏省职业学校"德西"杯数控技能大赛

| 制图 | | 数控车工教师组 | 1:1 |
| 校核 | | | 件 2 |

$\sqrt{Ra\ 3.2}$ ($\sqrt{\ }$)

c)

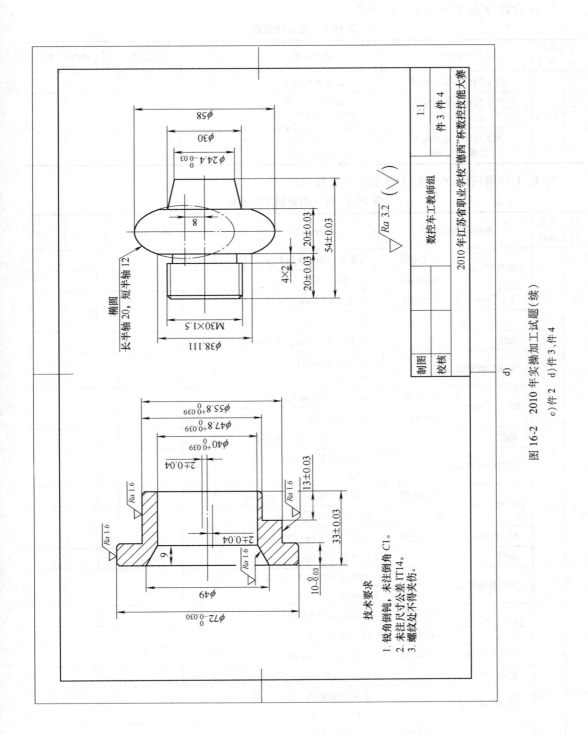

技术要求
1. 锐角倒钝，未注倒角 C1。
2. 未注尺寸公差 IT14。
3. 螺纹处不得夹伤。

图 16-2 2010 年实操加工试题（续）

c）件 2 d）件 3、件 4

二、评分标准

1. 配合评分表（30 分）（表 16-3）

表 16-3 配合评分表

序号	考核项目	考核内容及要求	评分标准	配分	检测结果	扣分	得分	备注
1	配合	件 1 与件 2 偏心锁紧	完成锁紧得分	10				
2		件 2 与件 3 锥度配合 接触面 >70%	≥70% 得 8 分 60% ~69% 得 6 分 50% ~59% 得 4 分 40% ~49% 得 2 分 小于 40% 不得分	10				
3		件 2 与件 4 锥度配合 接触面 >70%		10				

2. 件 1 检测精度评分表（85 分）（表 16-4）

表 16-4 件 1 检测精度评分表

序号	考核项目	考核内容及要求		评分标准	配分	检测结果	扣分	得分	备注
1	孔	$\phi 38_{0}^{+0.039}$ mm	尺寸精度	每超差 0.01mm 扣 1 分	3				
			$Ra1.6\mu m$	降一级不得分	1				
		$7_{0}^{+0.05}$ mm	尺寸精度	每超差 0.01mm 扣 1 分	1				
		$R2$ mm		未加工不得分	1				
		编程		尺寸超差 0.5mm，不得分	3				
		完成形状轮廓加工		有明显缺陷扣 1 分，未加工不得分	2				
		$\phi 28_{0}^{+0.033}$ mm	尺寸精度	每超差 0.01mm 扣 1 分	3				
			$Ra1.6\mu m$	降一级不得分	1				
		编程		尺寸超差 0.5mm，不得分	2				
		完成形状轮廓加工		有明显缺陷扣 1 分，未加工不得分	2				
		$\phi 40_{0}^{+0.039}$ mm	尺寸精度	每超差 0.01mm 扣 1 分	3				
			$Ra1.6\mu m$	降一级不得分	1				
		36 ± 0.03 mm	尺寸精度	每超差 0.01mm 扣 1 分	1				
		编程		尺寸超差 0.5mm，不得分	2				
		完成形状轮廓加工		有明显缺陷扣 1 分，未加工不得分	2				
		$\phi 52_{0}^{+0.046}$ mm	尺寸精度	每超差 0.01mm 扣 1 分	3				
			$Ra1.6\mu m$	降一级不得分	1				
		24 ± 0.02 mm	尺寸精度	每超差 0.01mm 扣 1 分	1				
		编程		尺寸超差 0.5mm，不得分	2				
		完成形状轮廓加工		有明显缺陷扣 1 分，未加工不得分	2				
		$\phi 56_{0}^{+0.046}$ mm	尺寸精度	每超差 0.01mm 扣 1 分	3				
			$Ra1.6\mu m$	降一级不得分	1				

（续）

序号	考核项目	考核内容及要求		评分标准	配分	检测结果	扣分	得分	备注
1	孔	11 ± 0.02mm	尺寸精度	每超差0.01mm扣1分	1				
		偏心距 2 ± 0.03mm	尺寸精度	每超差0.01mm扣1分	5				
		编程		尺寸超差0.5mm，不得分	2				
		完成形状轮廓加工		有明显缺陷扣1分，未加工不得分	2				
2	外圆	$\phi70_{-0.03}^{0}$mm	尺寸精度	每超差0.01mm扣1分	2				
			$Ra1.6\mu m$	降一级不得分	1				
		$\phi44_{-0.044}^{0}$mm	尺寸精度	每超差0.01mm扣1分	1				
			$Ra1.6\mu m$	降一级不得分	1				
		编程		尺寸超差0.5mm，不得分	2				
		完成形状轮廓加工		有明显缺陷扣1分，未加工不得分	2				
3	抛物线	抛物线轮廓	尺寸精度	符合样板得分。有明显缺陷扣2分，未加工不得分	5				
			$Ra1.6\mu m$	降一级不得分	1				
		编程		尺寸超差0.5mm，不得分	2				
4	锥面	槽$15_{0}^{+0.05}$mm，$40°$	尺寸精度	有明显缺陷扣1分，未加工不得分	2				
			$Ra1.6\mu m$	降一级不得分	1				
		编程		尺寸超差0.5mm，不得分	2				
5	总长	60 ± 0.03mm	尺寸精度	超差、未加工不得分	2				
6	其他项目	毛坯未做扣2分 出现安全事故、违反操作规程者扣5分 未注尺寸公差按照IT14超差扣3分 锐角未倒钝扣2分			10				
记录员		检验员			复核		统分		

3. 件2检测精度评分表（65分）（表16-5）

表16-5 件2检测精度评分表

序号	考核项目	考核内容及要求		评分标准	配分	检测结果	扣分	得分	备注
1	外圆	$\phi20_{-0.021}^{0}$mm	尺寸精度	每超差0.01mm扣1分	2				
			$Ra1.6\mu m$	降一级不得分	1				
		$SR10$mm		有明显缺陷扣1分，未加工不得分	2				

（续）

序号	考核项目	考核内容及要求		评分标准	配分	检测结果	扣分	得分	备注
1	外圆	$16_{-0.05}^{\ 0}$ mm	尺寸精度	每超差 0.01mm 扣 1 分	1				
		编程		尺寸超差 0.5mm，不得分	2				
		完成形状轮廓加工		有明显缺陷扣 1 分，未加工不得分	2				
		$\phi 20_{-0.021}^{\ 0}$ mm	尺寸精度	每超差 0.01mm 扣 1 分	2				
			$Ra1.6\mu m$	降一级不得分	1				
		$17_{0}^{+0.05}$ mm	$Ra1.6\mu m$	降一级不得分	1				
		编程		尺寸超差 0.5mm，不得分	2				
		完成形状轮廓加工		有明显缺陷扣 1 分，未加工不得分	2				
		$\phi 39_{-0.025}^{\ 0}$ mm	尺寸精度	每超差 0.01mm 扣 1 分	2				
			$Ra1.6\mu m$	降一级不得分	1				
		$10_{-0.03}^{\ 0}$ mm	尺寸精度	超差 0.01mm 扣 1 分	1				
		编程		尺寸超差 0.5mm，不得分	2				
		完成形状轮廓加工		有明显缺陷扣 1 分，未加工不得分	2				
2	锥面	$\phi 50_{0}^{+0.03}$ mm	尺寸精度	每超差 0.01mm 扣 1 分	2				
			$Ra1.6\mu m$	降一级不得分	2				
		20 ± 0.03 mm	尺寸精度	每超差 0.01mm 扣 1 分	2				
		完成轮廓加工		有明显缺陷扣 1 分，未加工不得分	2				
3	异形螺纹	牙型 $\phi 4.8$ mm，1mm		牙型正确	4				
		$R43.5$ mm 轮廓		轮廓符合样板	2				
		编程		尺寸超差 0.5mm，不得分	2				
		完成轮廓加工		有明显缺陷扣 1 分，未加工不得分	2				
4	槽	$6 \times \phi 30$ mm		共两处，每处 5 分 每超差 0.01mm 扣 1 分	10				
5	总长	89 ± 0.05 mm	尺寸精度	超差、未加工不得分	1				
6	其他项目	毛坯未做扣 2 分 出现安全事故、违反操作规程者扣 5 分 未注尺寸公差按照 IT14，超差扣 3 分 锐角未倒钝扣 2 分			10				

记录员			检验员			复核		统分	

4. 件3检测精度评分表（65分）（表16-6）

表16-6　件3检测精度评分表

序号	考核项目	考核内容及要求		评分标准	配分	检测结果	扣分	得分	备注
1	偏心外圆	$\phi47.8^{+0.039}_{0}$ mm	尺寸精度	每超差0.01mm扣1分	2				
			$Ra1.6\mu m$	降一级不得分	1				
		13 ± 0.03	尺寸精度	超差、未加工不得分	1				
		倒角 C1		未加工不得分	1				
		$\phi55.8^{+0.039}_{0}$ mm	尺寸精度	每超差0.01mm扣1分	2				
			$Ra1.6\mu m$	降一级不得分	2				
		2 ± 0.04 mm		共两处，每处5分 每超差0.01mm扣1分	10				
		$180°$ 偏心			8				
		完成偏心加工		有明显缺陷扣3分，未加工不得分	6				
		编程		尺寸超差0.5mm，不得分	2				
		完成轮廓加工		有明显缺陷扣1分，未加工不得分	2				
2	孔	$\phi40^{+0.039}_{0}$ mm	尺寸精度	每超差0.01mm扣1分	2				
3	锥孔	$\phi49$ mm，9mm	尺寸精度	有明显缺陷扣2分，未加工不得分	4				
4	外圆	$\phi72^{0}_{-0.030}$ mm	尺寸精度	每超差0.01mm扣1分	2				
			$Ra1.6\mu m$	降一级不得分	1				
		$10^{0}_{-0.03}$ mm	尺寸精度	每超差0.01mm扣1分	1				
		倒角 C1		共两处，每处1分，未加工不得分	2				
		编程		尺寸超差0.5mm，不得分	2				
		完成轮廓加工		有明显缺陷扣1分，未加工不得分	2				
5	长度	33 ± 0.03 mm	尺寸精度	超差0.02mm扣1分	2				
6	其他项目	毛坯未做扣2分 出现安全事故、违反操作规程者扣5分 未注尺寸公差按照IT14，超差扣3分 锐角未倒钝扣2分			10				

| 记录员 | | 检验员 | | | 复核 | | 统分 | | |

5. 件 4 检测精度评分表（42 分）（表 16-7）

表 16-7 件 4 检测精度评分表

序号	考核项目	考核内容及要求		评分标准	配分	检测结果	扣分	得分	备注
1	椭圆轮廓	20 ± 0.03mm	尺寸精度	每超差 0.02mm 扣 1 分	1				
		椭圆轮廓		符合样板得分。有明显缺陷扣 2 分，未加工不得分	5				
		编程		尺寸超差 0.5mm，不得分	2				
		完成轮廓加工		有明显缺陷扣 1 分，未加工不得分	2				
2	锥面	$\phi 24.4_{-0.03}^{\ 0}$mm，$\phi 30$mm		有明显缺陷扣 2 分，未加工不得分	4				
		编程		尺寸超差 0.5mm，不得分	2				
3	槽	4mm$\times 2$mm		有明显缺陷扣 1 分，未加工不得分	2				
4	螺纹	$M30 \times 1.5$	尺寸精度	通、止规每合格一项给 3 分	6				
		20 ± 0.03mm	尺寸精度	超差 0.02mm 扣 1 分	1				
		两端倒角 $C1$		未加工不得分	2				
		编程		尺寸超差 0.5mm，不得分	2				
		完成轮廓加工		有明显缺陷扣 1 分，未加工不得分	2				
5	长度	54 ± 0.03mm	尺寸精度	超差、未加工不得分	1				
6	其他项目	毛坯未做扣 2 分 出现安全事故、违反操作规程者扣 5 分 未注尺寸公差超差扣 1 分 锐角未倒钝扣 2 分			10				

记录员		检验员		复核		统分	

第三节 数控技能大赛数控车实操加工试题集锦

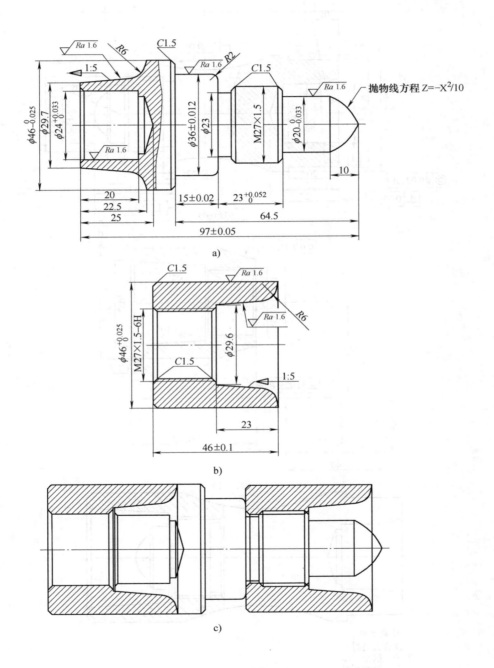

图 16-3 数控车工竞赛实操题（一）

a）件1 b）件2 c）装配图

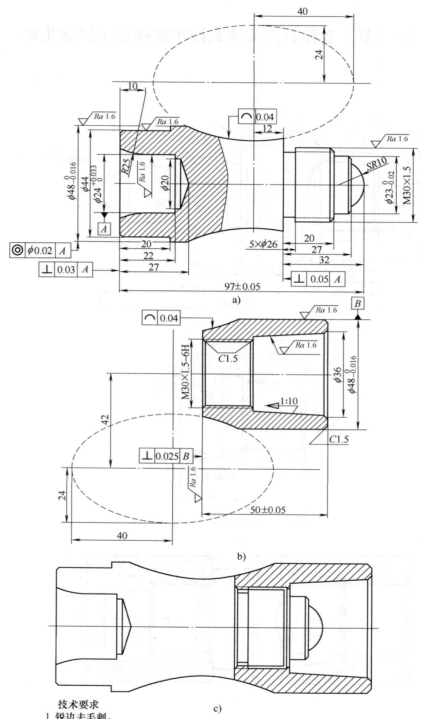

技术要求
1. 锐边去毛刺。
2. 未注倒角 C1。
3. 圆柱过渡光滑。
4. 未注尺寸公差按 GB/T 1804—m 加工检验。

图 16-4　数控车工竞赛实操题 （二）
a) 件1　b) 件2　c) 装配图

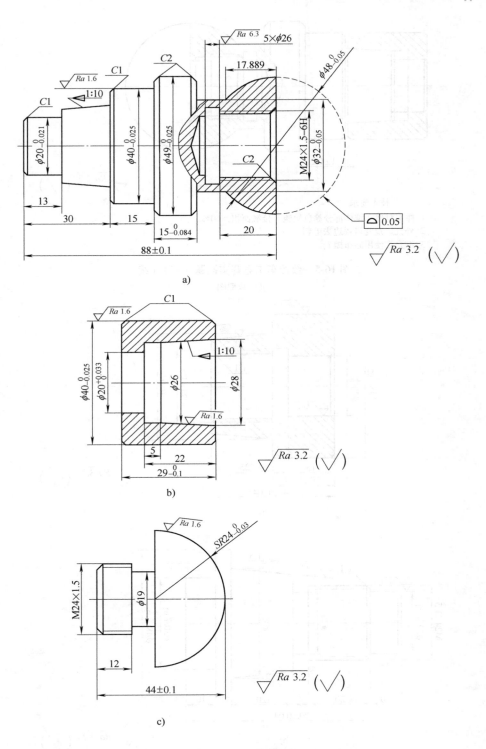

图 16-5 数控车工竞赛实操题（三）

a) 件1 b) 件2 c) 件3

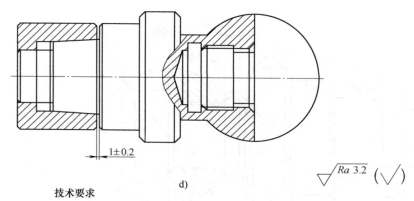

技术要求

1. 件 1 对件 2 锥体部分涂色检验，接触面积 >60%。
2. 外锐边及孔口锐边去毛刺。
3. 不允许使用砂布抛光。

图 16-5　数控车工竞赛实操题（三）（续）

d）装配图

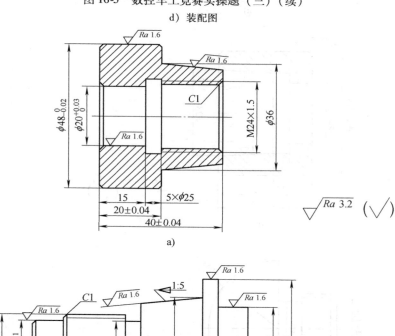

a）

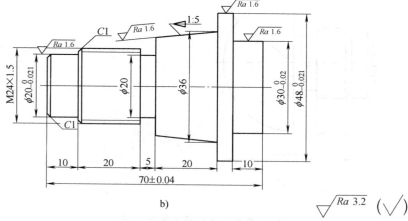

b）

图 16-6　数控车工竞赛实操题（四）

a）件 1　b）件 2

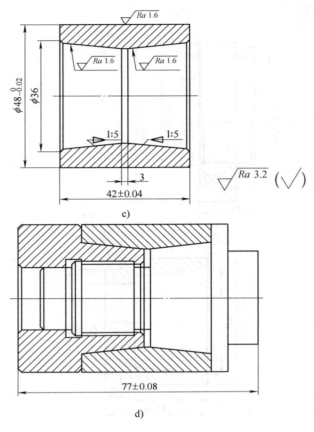

c)

d)

技术要求

1. 件3与件1和件2端面间隙小于0.05mm。
2. 外锐边及孔口锐边去毛刺。
3. 锥面接触面积大于60%。

图16-6 数控车工竞赛实操题（四）（续）

c）件3 d）装配图

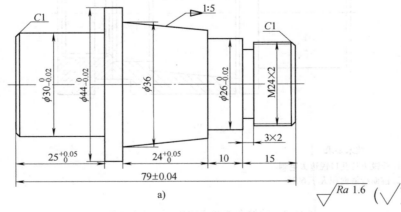

a)

图16-7 数控车工竞赛实操题（五）

a）件1

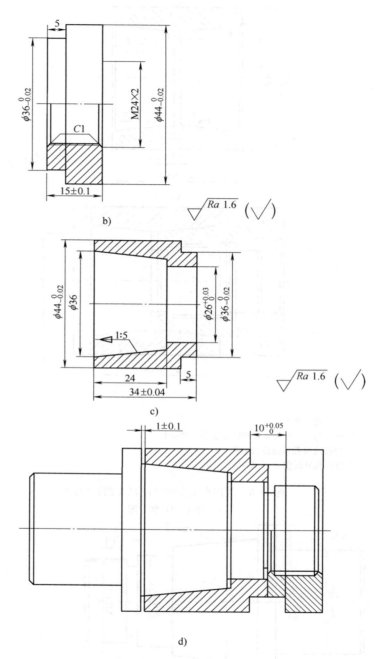

技术要求

1. 外锐边及孔口锐边去毛刺。

2. 锥面接触面积大于 60%。

图 16-7　数控车工竞赛实操题（五）（续）

b）件 2　c）件 3　d）装配图

课题十四
数控车床故障诊断及排除

数控车床通常由电气控制、机械传动控制、液压传动等系统组成，它们之间相互制约，相互关联，每一部分出现故障时都会牵涉到整个机床的运行状态。当数控系统故障发生后，如何迅速诊断的故障并解决问题，恢复其正常运行，是提高数控设备使用率的迫切需要，所以对于数控机床的故障的排除，从整体上维护好数控机床有着很重要的意义。

现有数控机床上的数控系统品种较多，有国产的，如华中数控 HNC-21 系列、广州数控等；有国外的，如 FANUC 0 系列、SIEMENS 802 系列等等。对于数控机床集成的复杂综合的系统，故障诊断是遵循一定的规律，需要综合运用各方面的知识进行判断和处理，一般操作者只需要处理与操作有关系的故障与报警问题。通常采用以下方法进行故障诊断与处理。

1）通过观察故障或报警时，是否有异响，发生在何处，何处出现焦糊味，何处发热异常，何处有异常振动等，就能判断故障发生的主要部分。这是处理数控系统故障首要的切入点，也是最直接、最行之有效的方法。例如，电气部分常见的异常声响有电源变压器、阻抗变换器与电抗器等因铁芯松动、锈蚀等原因引起的铁片振动的吱吱声；继电器、接触器等磁回路间隙过大，短路环断裂，动静铁芯或衔铁轴线偏差，线圈欠压运行等原因引起的电磁嗡嗡声或触头接触不好的嗞嗞声以及元器件因过流或过压运行失常引起的击穿爆裂声；而伺服电动机、气控或液控器件等发生的异常声响基本上和机械故障方面的异常声响相同，主要表现为机械的摩擦声、振动声与撞击声等。

2）利用数控系统的报警功能去观察判断，数控系统中设置有多种硬件报警装置，如在系统主板上，各轴控制板上，电源单元、主轴伺服驱动模块、各轴伺服驱动单元等部件上均有发光二极管或多段数码管，通过指示灯显示状态（如数字、符号等）指示故障所在位置及其类型。数控系统一旦检测到故障，立即将故障以报警的方式显示在 CRT 上或点亮面板上报警指示灯，如误操作报警、有关伺服系统报警、设定错误报警、各种行程开关报警等。处理时，可根据报警内容提示来查找问题的症结所在。

3）利用数控系统状态显示的诊断功能，数控系统不但能将故障诊断信息显示出来，而且能以诊断地址和诊断数据的形式提供诊断的各种状态，可以利用CRT画面的状态显示来检查数控系统是否将信号输入到机床；或是机床侧各种主令开关、行程开关等通断触发的开关信号是否按要求正确输入到数控系统中。

下面结合华中数控系统等数控车床在操作中出现的故障进行分析，指出如何处理。

一、数控机床回零及其故障诊断

【现象】 回参考点不能到位，屏幕坐标显示零点位置不为零。

【原因】 行程开关不起作用，碰到急停开关停住，并报警；进行"回零"操作时，刀架位置与参考点太近，导致"回零"失败。

【解决】 检查行程开关，开关内进水造成短路或开关触头弹性不好造成。

移动X、Z轴向位置，让刀架离参考点有一定距离，保证"回零"时坐标移动有一个升速距离。

注意：

不同生产厂家的机床零点的设置不同，通常有两种方式，一个硬回零开关，检查挡块或行程开关；另一种是软回零开关，就需要查系统内部的参数设置了。

【现象】 SIEMENS 802C/S回参考点方式，按轴+键（或轴−键），屏幕上坐标不变化，机床不移动。

【原因】 系统缺少使能，机床数据丢失，机床参数设置错误。

【解决】 按一下使能键；或调用存储数据；或正确设置机床参数。

二、行程报警

【现象】 操作某方向轴，位置超过其设计的行程范围，如镗孔时X轴负方向行程不够用。

【原因】 操作范围超出车床设定的活动范围。

【解决】 调整机床的行程范围，如微小范围可调整挡块的位置；调整车床轴参数。

三、车削中形状变形

【现象】 车削过程中编程形状与实际加工后的形状相差较大，如圆球加工后成椭圆。

【原因】 Z、X方向比例不正确。

【解决】 调整设置外部脉冲当量分子和外部脉冲当量分母以改变电子齿轮比，保证正常形状的要求。

四、急停不能取消

【现象】 "急停"报警不能取消。

【原因】 急停回路没有闭合。

【解决】 检查超程限位开关的常闭触头；检查急停按钮的常闭触头；检查电源模块故障联锁；检查电源模是否报警。

五、车削螺纹故障

【现象】 啃刀。

【原因】 车刀安装得过高或过低，工件装夹不牢或车刀磨损过大；工件装夹不牢，刚性不能承受车削时的切削力，产生大的挠度，改变了车刀与工件的中心高度。

【解决】 重新调整车刀。

过高，则吃刀到一定深度时，车刀的后刀面顶住工件，增大摩擦力，甚至把工件顶弯，造成啃刀现象；过低，则切屑不易排出，车刀径向力的方向是工件中心，加上横进丝杠与螺母间隙过大，致使背吃刀量不断自动趋向加深，从而把工件抬起，出现啃刀。此时，应及时调整车刀高度，使其刀尖与工件的轴线等高。在粗车和半精车时，刀尖位置比工件的中心高出 $1\%D$ 左右（D 表示被加工工件直径）。

应把工件装夹牢固，可使用尾座顶尖等，以增加工件刚性。

【现象】　切削螺纹螺距不对，"乱牙"。

【原因】　加工过程中调整倍率开关，造成编码器定位不准；编码器松动等造成 Z 脉冲信号反馈不对；程序未执行完重新执行或崩刀后换刀加工。

【解决】　使用中不能使用倍率开关；程序加工螺纹时必须一次加工完成；紧固编码器安装组件。

【现象】　螺距不正确。

【原因】　系统内编码器线数设置不对，轴向窜动；电子齿轮比不正确。

【解决】　调整参数，调整轴向间隙；或齿轮比数。

六、刀架转不到位

【现象】　换刀指令执行后，刀架升至某一位置不能下降，停止动作。

【原因】　刀架反转指令执行时，继电器不工作造成刀架不能锁紧，或反转延时时间短。

【解决】　更换继电器；修正 PLC 内延时开关时间长度。

七、程序通信不行

【现象】　程序不能传递。

【原因】　机床侧与 PC 侧的通信参数设置不一致；通讯线焊接不对。

【解决】　调整通信参数。

西门子系统要求主程序与子程序的扩展名有区别，要求在主程序第一行中写 "%_N_程序名·MPF"，子程序第一行中写 "%_N_子程序名·SPF"，可以放在一个文本文件中，传输后系统会自动分开。

法那科系统主程序与子程序文件不能组成在一个文本文件内，程序结尾须加 "%"，否则易出错报警，如 "P/S 8" 等。

八、轴初始化错

【现象】　"轴初始化错"报警。

【原因】　坐标轴控制（串口）电缆错误；数控装置上电时序不正确。

【解决】　检查坐标轴控制（串口）电缆；检查 HNC—21 上电时序；正确设置参数，并正确连接坐标轴控制电缆。

九、冷却泵不能输送切削液

【现象】　切削液上不来。

【原因】　电动机缺相或反相；泵底被杂质堵住。

【解决】　判断电动机是否运转，冷却管有无液体上升，若无，检查电动机相序；若有，拆除泵体检查，清除杂物。

十、控制面板死机

【现象】　按面板上所有的键都没有反应。

【原因】 "死机"原因一般由主板故障、内存空间不够用或系统散热不良造成。

【解决】 检查散热风扇，删除程序。

十一、数控车床 X、Z 轴向移动时噪声过大

【现象】 在滑板移动，或静止时伴有连续"叽叽"的响声。

【原因】 电动机电流过大和机床的转动惯量不适配；机械磨损严重，阻尼大。

【解决】 调节交流伺服驱动器位置环、速度环、电流环的增益参数；检查轴向支撑丝杠的轴承、滚珠丝杠等部件。

十二、过载闷车

【现象】 车削过程中突然闷车报警。

【原因】 进给运动的负载频繁正反向运动。

【解决】 调整数控加工程序，以适应数控车床承受负载；检查主轴电动机传动装置，有无松动现象。

十三、电源接通后无基本画面显示

【现象】 监控灯闪烁，黑屏；黑屏，无任何反应。

【原因】 电源不正确；亮度太低或太高。

【解决】 检查电源插座；检查输入电源是否正常，应该为 AC24V 或 DC24V，接线极性是否正确，调整背部的亮度调节旋钮。

十四、碰撞

【现象】 刀架与尾座、卡盘、工件等发生碰撞。

【原因】 在回零、移动坐标轴、取消刀补等情况下未能正确考虑刀架的运行范围和移动特征。

【解决】 谨慎操作，如调试中，倍率调整到较小位置。

在操作过程中，操作者往往是因为操作不当造成报警故障，操作者在使用数控车床时可采用下面建议：

1. 利用模拟显示功能

一般较为先进的数控机床有图形显示功能。当输入程序后，可以调用图形模拟显示功能，详细地观察刀具的运动轨迹，以便检查刀具与工件或夹具是否有可能碰撞。

2. 利用空运行功能

利用机床的空运行功能可以检查走刀轨迹的正确性。当程序输入机床后，可以装上刀具或工件，然后按下空运行按钮，按程序轨迹自动运行。

3. 提高编程技巧

程序编制是数控加工至关重要的环节，提高编程技巧可以在很大程度上避免一些不必要的碰撞。

十五、华中数控系统注册失效

【现象】 在使用中，特别是在产品刚使用不久出现"注册码失效"，车床不能使用。

【原因】 华中数控系统软件注册限制。

【解决】 根据系统提示，记录系统注册码，与华中数控技术服务部联系，进行注册，输入到系统中就可以。

十六、系统不能正常启动

【现象】　系统不能启动。

【原因】　1）文件被破坏。2）电子盘或硬盘物理损坏。3）SIEMENS 802C/S 系统不能进入操作界面。

【解决】　1）用软盘运行系统；用杀毒软件检查软件系统；重新安装系统软件。

2）更换电子盘或硬盘；用软盘运行系统。

3）将 ECU 面板上的开关拔至"3"挡，重新启动。

参 考 文 献

［1］　王洪．数控加工程序编制［M］．北京：机械工业出版社，2002.

［2］　刘雄伟，等．数控加工理论与编程技术［M］．北京：机械工业出版社，2000.

［3］　唐应谦．数控加工工艺学［M］．北京：中国劳动社会保障出版社，2000.

［4］　全国数控培训网络天津分中心．数控编程［M］．北京：机械工业出版社，1997.

［5］　许兆丰，等．数控车床编程与操作［M］．北京：中国劳动出版社，1993.